U0180918

住房城乡建设部土建类学科专业“十三五”规划教材
高等学校城乡规划专业系列推荐教材

城乡制度与规划管理

唐 燕 等 编著

中国建筑工业出版社

图书在版编目（CIP）数据

城乡制度与规划管理 / 唐燕等编著 .—北京：中国建筑工业出版社，2021.9

住房城乡建设部土建类学科专业“十三五”规划教材 高等学校城乡规划专业系列推荐教材

ISBN 978-7-112-26575-6

Ⅰ.①城… Ⅱ.①唐… Ⅲ.①城乡规划—管理—中国—高等学校—教材 Ⅳ.① TU982.29

中国版本图书馆 CIP 数据核字（2021）第 188839 号

《城乡制度与规划管理》为住房城乡建筑部土建类学科专业“十三五”规划教材、高等学校城乡规划专业系列推荐教材，共分为 12 章，具体内容包括绪论，制度分析理论与方法，政治、经济、社会制度环境，城乡规划管理制度演进历程，城乡规划管理法律法规体系，国土空间规划管理制度建设，城乡土地制度，城乡住房制度，城市社区治理制度，城市更新制度，城市非正规性与规划治理，结语：规划管理的制度发展走向等。

本教材不仅适合城乡规划专业本科生学习、研究生深度讨论，还可为其他对城市和城乡规划感兴趣的读者们提供了解城市、乡村与规划制度的入门知识链。

为更好地支持本课程的教学，我们向使用本书的教师免费提供教学课件，有需要者请与出版社联系，邮箱：jgcabpbeijing@163.com。

责任编辑：杨　虹　周　觅
责任校对：姜小莲

住房城乡建设部土建类学科专业“十三五”规划教材
高等学校城乡规划专业系列推荐教材
城乡制度与规划管理
唐　燕　等　编著
*
中国建筑工业出版社出版、发行（北京海淀三里河路 9 号）
各地新华书店、建筑书店经销
北京雅盈中佳图文设计公司制版
北京同文印刷有限责任公司印刷
*
开本：787 毫米 ×1092 毫米　1/16　印张：$19^{1}/_{4}$　字数：383 千字
2022 年 4 月第一版　2022 年 4 月第一次印刷
定价：49.00 元（赠教师课件）
ISBN 978-7-112-26575-6
（38054）

序

“规划管理”对于建成环境的可持续发展至关重要，很大程度上决定了人居环境的建设品质和自然生态的文明状况。它是一项以政府行政为核心、聚焦城乡空间规划建设引导的动态工作过程。新中国成立以来，我国的规划管理在长期的发展演进过程中,经历了从“城市规划管理”“城乡规划管理”到“国土空间规划管理”的体系变革。

在不同时期，国家和地方独特的社会、政治、经济环境深刻影响着规划管理的工作内容和开展方式，使得规划管理所处的“制度环境”及其自身“制度设计”成为决定规划管理运作成效的关键所在。清华大学建筑学院唐燕老师主持新编的城乡规划学科教材《城乡制度与规划管理》，显然深刻洞悉了这一点。

立足清华大学城乡规划学科本科四年级的多年课堂教学探索,《城乡制度与规划管理》的教材编写进行了大胆创新，通过提供一个与传统规划管理教材主要聚焦“法律法规”解读等的不同编写视角，在“管理”与“制度”之间搭建起相对稳定的理论与实践框架，来应对规划管理教材编写常常面临的动态适应性不足、时效性短、内容单一等挑战，可谓是一次有益的教材改革尝试。

规划管理相关法律法规和政策引导不时调整的客观状况，使得相关教学亟需一本可动可静、既有稳定知识构成又有前沿变革信息的课堂教材的支持。《城乡制度与规划管理》从“制度”这一独特视野切入，探索了规划管理教材编写在“动静应对”和“内容组织”上的新路径和新方法。教材突破了以介绍公共行政基础知识、规划管理演进历程、法定规划体系、规划法律法规与标准等为核心（近似法律法规汇编）的传统教材编写结构，尝试从决定规划管理应该如何开展的“制度”入手，一方面提供了稳定的制度知识、制度理论与分析方法、基本制度与制度环境（社会、政治、经济、土地等）等内容;另一方面结合规划管理的最新发展演变,探讨了涵盖城市规划、城乡规划、国土空间规划等不同时期规划法律法规（正式制度），以及曾长期被忽视的非法定规划、非正式治理（非正式制度）等要点的规划管理知识体系。

城乡建设和空间规划是前瞻性、交叉性、综合性特征极其鲜明的工作领域，对规划管理制度环境和相关制度的框架搭建、信息供给，无疑可以为学生提供一个有助于从多维度理解规划、认识规划管理的全新知识架构。例如，对土地制度的学习能帮助学生深度洞悉“空间”的用途管制和利用要求；对户籍制度的介绍能帮助学生感知人口、社会与城乡发展的关系；对更新制度的讨论可以推动学生明晰城乡建设从“增量扩张”到“存量提质”的动态转型趋势等。

《城乡制度与规划管理》教材在细节写作和组织安排上也下了功夫。在每章前面，教材提炼了各章节的知识要点以形成利于检索的“知识纲要”；每章后面则安排了延伸阅读推荐，并精心挑选短而精彩的案例材料或分析材料，配以相应的思考题设置，来方便课堂讨论的组织和开展。这种“以课堂为中心”的教材编写，能够更好地激发学生学习兴趣和调节课堂氛围。

作为规划管理教材编写改革的一次新探索，《城乡制度与规划管理》期待着时间和课堂应用的检验与反馈。作者对教材进行持续更新和打磨的决心亦令人期待，如怎样深化以制度工具分析不同规划管理现象的做法、完善规划管理核心内容的体系性等。《城乡制度与规划管理》，未来可期。

楊保軍

中国城市规划学会，理事长

中华人民共和国住房和城乡建设部，总经济师

2022 年 4 月于北京

前言

本教材的关键变革性探索体现在两方面：一是对传统城乡规划管理在研究范畴和内核上的转变，将过去规划管理仅关注法律法规等“正式制度”扩展到亦涵盖对非正规住宅等“非正式制度”的探讨上；二是利用时下盛行的新制度经济学等提供的制度研究方法和工具，对影响城乡规划管理的基本“制度”和“制度环境”进行分析，对规划管理的自身制度构成和工作特点等进行解读，以多维度地理解和辨析城乡规划管理议题。

在清华大学城市规划系本科生四年级“城乡（市）规划管理”课程的多年教学中，我们明显感受到有一种来自教材的困境持久地制约着课堂教学的内容安排和成效。具体来看，传统城乡规划管理教材大多以法律法规体系为依托，重在介绍城乡规划从编制、审批、实施到监督检查等的种种法定性规定（并增补一些公共行政知识），且基本都以《城市 / 乡规划管理与法规》来命名——而《城市 / 乡规划管理与法规》亦是注册规划师考试的重要组成科目之一，使得这种教材传统变得更加顺理成章。

然而，使用以法律法规为内核的城乡规划管理教材难免会面临种种挑战，那就是随着法律法规（包括技术标准和规范等）的时时更新和不断变化，很可能刚刚出版的教材就面临着因过时而被束之高阁的风险，例如当前国家机构改革和“国土空间规划体系”的建立，就让长久以来积累的许多教材内容要点快速变成了跟不上时宜的“过去式”。这一方面造成规划管理课程在应对新时代的新变化和新需求时常常捉襟见肘，课程的核心内容亟待重构；另一方面，围绕法律法规授课的内容与方式相对单调，如何激发学生学习志趣也需要进行课堂变革。客观上，规划管理教学的教材特点似乎不应该如此，规划管理的科学思考、实践推进与认知积累，显然不应和多大程度上掌握法律法规的具体细则划上绝对的等号——而这正是本教材诞生的初始缘由。

或许，我们需要一种新的教材，其通过对规划管理现象、规则和逻辑等的梳理与分析，形成相对稳定的课堂讲授内容（规划管理的制度与制度环境）；与此同时，这种教材也依然会借助对当下关键法律法规的内容解读，及不时地更新与补充来紧跟行业发展的最新变革和动态。通常在课堂上，当学生们忙于理解和记忆那些纷繁复杂的法律法规体系及其具体条款时，我们无疑想要引导他们思考：为什么会产生这样的法规条款？它们的设定受到哪些制度因素影响？它们在客观世界中的实施与运作效果到底如何？它们还需要朝着什么方向改变或完善？而这些，从传统的教材上似乎找不到答案，相关探讨只能通过教师的课堂讲解和发挥得以实现。显然，城乡规划是综合的，跨学科交叉融合是城乡规划的显著特点，因此对城乡规划管理活动的学习需要与政治、经济、社会基本制度环境以及土地、住房、治理等重要相关城乡制度结合讨论。这有助于学生理解更为真实的城乡规划管理的运作环境、行为实施及其影响因素，从而实现对规划管理在理解、判断能力上的综合提升，避免陷入仅仅围绕自身领域对孤立法规要点与规则的学习。

回到最初的问题，我们到底需要一本什么样的城乡规划管理教科书？我想，应该是一本基于时代精神的、具有稳定知识系统和内核、倡导新思维和新视野的教材吧。正是基于这种构想，我们方才决定开启这样一次教材创新的尝试，或者说是一次实验，而所能做的仅有勇往直前。感谢许景权（第 6 章）、邵挺（第 8 章）、陈宇琳（第 11 章）为教材章节所作的贡献，他们的研究极大程度充实了本教材的厚实度。感谢蔡智（第 3、7 章）、祝贺和杨东（第 4 章）、井琳和张璐（第 9 章）、于睿智等同学在不同阶段对教材相关篇章进行的内容整理、资料收集或要点撰写。感谢本教材的编辑在写作过程中给予的及时建议，使之在体例安排上更趋完备。本教材融合了相关学者在不同制度领域的研究探索，在此向这些相识或未曾谋面的学者们致谢。没有他们的贡献，这本教材不可能完成，具体包括毕国华、薄大伟、蔡玉梅、陈超、陈光中、陈家喜、陈利根、陈尧、陈钟毅、丁寿颐、董鉴泓、甘欣悦、高中岗、耿毓修、郭晓鸣、何海兵、华伟、黄玫、焦思颖、康宇、李斌、刘守英、任远、史云贵、孙婕、万川、王海光、王珏青、王丽华、王琦、魏莉华、魏娜、吴春花、易晋、尹强、喻文莉、章百家、张光杰、张京祥、赵冈、周建军、朱新华等，遗憾此处无法一一列举完整。

本教材内容不仅适合本科生学习，其丰富集成的“制度”议题也适用在研究生课堂进行深度讨论。教材还可为其他对城市和城乡规划感兴趣的读者们，提供了解城市、乡村与规划制度的入门知识链，书中汇集的“制度大全”是快速摸索城乡规划建设及相关领域规则性知识的一条便捷途径。由于时间与能力所限，教材在国土空间规划变革的制度分析上依然存在深化空间，将在后续随着我国国土空间规划体系的建立健全而不断补充与完善。望本书的努力和尝试，能为规划管理教学提供一些新思考。

既为尝试，便期待指正和反馈，因为那是在亮起一盏盏指路的明灯。

唐燕

清华大学建筑学院，副教授

2021 年 12 月于北京

目录

第1章

绪论

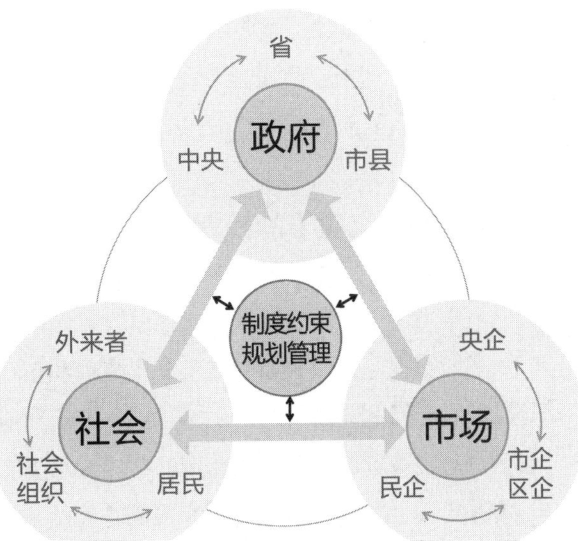

【章节要点】制度与制度环境的定义；制度为什么重要；城市规划、城乡规划、国土空间规划的概念演进与内涵区别；公共管理与公共行政的异同；行政法的基本要素概念与公务员制度安排。

本章阐述了从制度维度学习和研究规划管理的意义所在，这既有助于将规划管理的认知范畴从传统的法律法规等“正式制度”拓展到更加广阔的“非正式制度”上；也是将规划管理置于复杂的社会、政治、经济等制度环境和重要制度安排下进行深度理解和解读的重要手段。本章介绍了制度的基本概念和理论，界定了城市规划、城乡规划、国土空间规划及其管理的三者差异，简要梳理了公共管理与公共行政的基础知识，从而为后续章节的内容展开做好概念认知和陈述铺垫。

1.1 制度维度下的规划管理

本书侧重对影响城乡规划管理的重要“制度”和“制度环境”的分析介绍，以及“城乡规划管理”这一领域的自身制度梳理和系统总结。从“制度”视角切入探讨城乡规划管理问题，这与过去以“法规”为依托研究城乡规划管理的传统思路有着显著不同，这种思考维度转型在新的时代背景下有其必要性。法律法规作为重要的“正式制度”，虽然明确规定了城乡规划管理的主体与客体、内容与流程、责权关系分配、监督检查设定等关键要求，却只能反映城乡规划管理的一个切面，其他基于社会诉求而客观存在的诸多“非正式制度”与行为，如城中村里的非正规住宅、老旧工业区转化为文化创意园区的非正规土地利用等，往往会因此被遗忘在讨论体系之外。另一方面，即便就正式制度而言，影响城乡规划管理途径与实施成效的制度并不局限于城乡规划领域的专类“法律法规”，而是广泛受到来自社会、政治、经济等领域中一些基本制度建构的影响，如户籍制度、土地制度、社会主义市场经济制度等——这些都曾深刻地塑造并改变了我国城乡规划的运作体系。

2018 年我国推行新一轮的国家机构改革之后，规划管理在我国开始从过去的“城市规划管理”“城乡规划管理”向“国土空间规划管理”转型。这次改革实现了对原有国土资源、城乡规划、环境保护等多个部门或其相关机构的系统整合，要求新的规划编制、实施与监督等体系在“多规合一”的基础上重新建构，也意味着规划管理体系要在更为广阔的制度视角下进行综合改进与治理转型。

顺应我国规划管理转型发展的最新趋势，本书引入经济学、公共管理学、政治学等相关领域的制度研究方法，在界定制度概念（第 1 章）和归纳制度分析工具（第 2 章）的基础上，揭示“制度”与“规划管理”之间的内在关系；进而概述政治制度、经济制度、社会制度等国家基本制度环境（第 3 章）；然后重点探讨规划管理的内在制度设计及其成效（第 4 章到第 6 章），从而多角度地分析总结我国规划管理相关制度的演进历程、制度特点、运作得失、变革议题、发展方向等，为全面理解我国规划管理工作的特色、方法、内容与流程等提供基础知识体系支撑和研究分析思考；之后，围绕密切影响规划管理的土地、住房、社区治理、城市更新、城市非正规性等制度展开多视角的制度演进分析和问题探讨（第 7 章到第 11 章），并在最后一章（第 12 章）总结和展望规划管理的未来发展。

1.2 关于制度①

“制度”作为一种确定的规则约束，对于现代城乡规划建设及其管理运作的重要性不言而喻，制度一方面确定了城乡管理与运行的基本逻辑、秩序与规则，另一方面为理解和促进城乡发展提供了重要的理论分析和实践优化工具。“没有规矩，不成方圆”，制度或规则（包括群体习俗与惯例的存在）对形成稳定预期和维系社会的行为秩序起到了不可替代的作用②。制度如此重要是因为在社会生活中，一切人际与交往行动都需要一定程度的确定性和可预见性——当且仅当人们的行为受到规则和制度的约束时，个人行为和决策才变得稳定而可预见。

《辞海》对制度的释义为“要求成员共同遵守的、按一定程序办事的规程或行动

① 内容主要整理和来源自：唐燕．城市设计运作的制度与制度环境 [M]. 北京：中国建筑工业出版社，2012.

② 顾自安．制度演化的逻辑——基于认知进化与主体间性的考察 [M]. 北京：科学出版社，2011.

准则”[①]。我国作为礼仪之邦，制度作为一定对象必须遵守的规定、准则或习俗这一思想古已有之。《商君书》中记载：“凡将立国者，制度不可不察也”，“制度时，则国俗可化，而民从制”；《礼记·礼运》曰：“故天子有田以处其子孙，诸侯有国以处其子孙，大夫有采以处其子孙，是谓制度”；《荀子·儒效》提及：“缪学杂举，不知法后王而一制度”；《汉书·元帝纪》有载：“汉家自有制度，本以霸王道杂之”，《汉书·严安传》曰：“臣愿为民制度以防其淫，使贫富不相耀以和其心”。

20世纪以来，用经济学方法研究制度的“新制度经济学”全面兴起，其注重历史、注重环境差异、注重归纳总结、注重真实世界和实用性的研究思想对经济学理论产生了革命性影响，并因强大的理论解释力和方法穿透力在不同学科领域获得广泛应用。传统经济学理论由于建立在一系列对“人”的假设上[②]，因此造成了局限和争议，即每个人都以追求自身利益或效用的最大化为目标，个体在选定目标后，可以理性地对达成目标的各种行动方案根据成本和收益作出选择。受德国历史学派、美国实用主义思潮、达尔文进化论等的影响，新制度经济学与传统经济学研究忽视人性、制度、时间等人文因素的做法不同，它充分强调制度因素对社会经济研究的重要意义，即经济的增长和社会的发展是人们在新的制度安排的激励下，通过有序竞争寻求更高效率和经济价值的过程中实现的，从而形成了一种有别于传统经济学（建立在抽象演绎法基础上）的研究新范式。由此，新制度经济学将经济学研究的焦点从新古典经济学“对特定过程和均衡结果的考察”转向了“对普遍、抽象的规则和制度建构过程的考察”。

新制度主义学者通常关注的研究领域包括[③]：①交易成本和产权；②政治经济学和公共选择；③数量经济史（一般以一种制度的微观经济学框架为基础）；④认知、意识形态及路径依赖的作用。新制度经济学的研究思想和分析工具，有助于我们理解和辨析当前转型过程中，我国城乡规划领域里大量混沌不清的信息和各种错综复杂的关系，也为解答我国城乡规划与建设实践的现实难题提供了新的视角和方法支撑。

1.2.1 制度的概念

诺斯（D. C. North）指出制度是“人为设计出来构建政治、经济和社会互动关系的约束，它由‘非正式的制度（Informal Constraints）’和‘正式的制度（Formal Constraints）’组成”[④]。因此制度是大家共同遵循的一系列行为规则[⑤]，“制度是社会的

---

① 辞海编辑委员会.辞海[M].上海：上海辞书出版社，1999：2750.

② 关于“经济人”的假设，起源于享受主义哲学和英国经济学家亚当·斯密关于劳动交换的经济理论。

③ 约翰.N.德勒巴克，约翰.V.C.奈.新制度经济学前沿[M].张宁燕，等译.北京：经济科学出版社，2003：2.

④ 道格拉斯·C·诺斯.制度、制度变迁与经济绩效[M].刘守英，译.上海：上海三联书店，1994.

⑤ T. W. 舒尔茨.制度与人的经济价值的不断提高[M].陈剑波，译//R.科斯，A.阿尔钦，D.诺斯，等.财产权利与制度变迁——产权学派与新制度经济学派译文集.上海：上海人民出版社，2003：251-265.

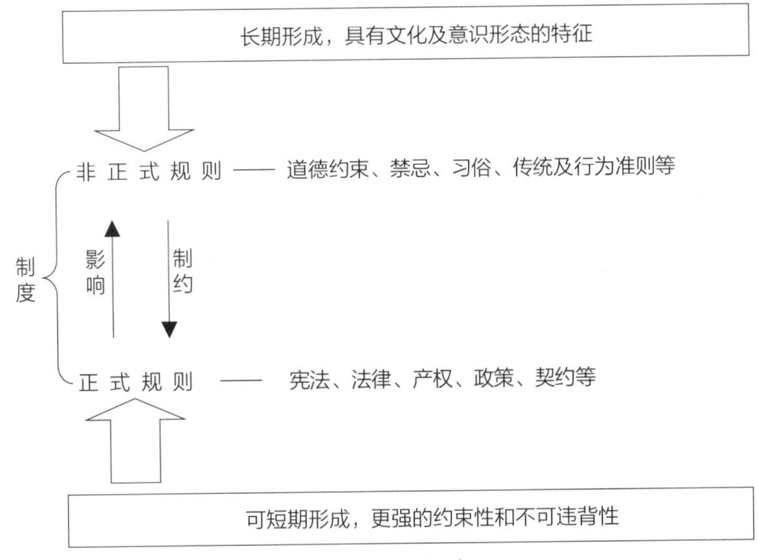

图 1-1　制度的构成

资料来源：唐燕．城市设计运作的制度与制度环境 [M]. 北京：中国建筑工业出版社，2012.

博弈规则，或更严格地说，是人类设计的制约人们相互行为的约束条件……制度定义和限制了个人的决策集合”[①]。制度的核心内容是行为、组织与程序的价值稳定性，它既包括规范人行为模式的各种风俗习惯、道德标准等非正式制度，也涵盖一系列法规、政策、契约等正式制度（图 1-1）。

（1）非正式制度。又称非正式约束、非正式规则，是人们在长期社会交往过程中逐步形成并得到社会认可的约定成俗、共同恪守的行为准则，包括价值信念、风俗习惯、文化传统、道德伦理、意识形态等。非正式制度往往经过很长的时期才得以形成，具有文化及意识形态特征且生命力持久。非正式制度总在影响和制约着正式制度的作用效果，可形成某种正式制度安排确立前的先验模式，为正式制度的建立奠定基础。

（2）正式制度。又称正式约束、正式规则，指有意识建构或设计出来的具有相当强制力的规则，包括政治规则、经济规则和契约等。正式制度具有相对明确的具体存在和表现形式，涵盖了从宪法到成文法与不成文法，到特殊细则，再到个别契约等一系列规则所构成的等级结构，它们共同约束着人们的行为。相比非正式制度具有的自发性、非强制性、广泛性和持续性，正式制度具有更强的约束性和不可违背性，是可以短期形成的行为规范。

从实施成本来看，非正式制度的实行主要依靠社会风尚和习惯、人们的自觉与自愿，无需设立专门的组织机构和雇佣专门的人员来进行执行和监督；正式制度的

① 道格拉斯·C·诺斯．制度、制度变迁与经济绩效 [M]. 刘守英，译．上海：上海三联书店，1994.

制定和执行是一个公共选择过程，通常都需要建立一套专门的组织机构并明确工作程序，执行过程会明确消耗社会资源和付出运行成本。在没有特别说明的情况下，本书讨论的“城乡制度”或“规划制度”通常都指具有明确强制力和规定性的“正式制度”，对于非正式制度的内容讨论会直接给出说明。

正式制度和非正式制度作为制度构成不可分割的两个部分，是对立的统一体，既相互依存又在一定的条件下可以相互转化。针对现实世界，斯科特指出①，“正式制度在很大程度上总是寄生于非正规过程，虽然正式制度并不承认非正规过程的存在，但没有它们又无法生存；同时，没有正式制度，非正式制度也无法自我创造或者保持。”

1.2.2 制度环境

在所有制度中，一些制度是最为基本和影响最为广泛的，它们构成了其他制度建立和运行的基本环境，即“制度环境”。戴维斯（L.E.Davis）与诺斯在《制度变迁的理论：概念与原因》一文中指出，“制度环境是一系列用来建立生产、交换与分配基础的基本的政治、社会和法律基础规则”②，如法律和产权规则、规范和社会传统等。从国家层面来看，其实质是一国的基本制度规定，其约束力具有普遍性，是制定规则的规则，决定和影响着其他的制度安排（制度的具体化）。制度环境具有相对稳定性，制度安排必须在制度环境的框架中进行，制度环境决定着其他制度安排的性质、范围、进程等；同时制度的变化也会对制度环境和其他制度产生影响。我国城乡规划运作的制度环境主要包括政治制度、经济制度和社会制度三个维度的基本规则安排。

（1）政治制度。即政治体制，指统治阶级为实现阶级专政而采取的统治方式、方法的总和，包括国家政权的组织形式、国家结构形式、政党制度及选举制度等。由于国家的类型不同，或同一类型国家所处的具体历史条件不同，其政治制度也会有差异。按政权的组织形式分，有君主制、共和制、议会制和人民代表制等；按中央和地方管理的权限分，有中央集权制和地方分权制等。中国实行人民代表大会制的政权组织形式和单一制的国家结构形式。③

（2）经济制度。指国家的统治阶级为了反映在社会中占统治地位的生产关系的发展要求，建立、维护和发展有利于其政治统治的经济秩序，而确认或创设的各种

① 詹姆斯·C. 斯科特. 国家的视角：那些试图改善人类状况的项目是如何失败的 [M]. 王晓毅，译. 北京：社会科学文献出版社，2017：238.

② L. E. 戴维斯，D. C. 诺斯. 制度变迁的理论：概念与原因 [M]. 刘守英，译 //R. 科斯，A. 阿尔钦，D. 诺斯，等. 财产权利与制度变迁——产权学派与新制度经济学派译文集 [M]. 上海：上海人民出版社，1994：270.

③ 邹瑜，顾明. 法学大辞典 [M]. 北京：中国政法大学出版社，1991.

有关经济问题的规则和措施的总称。经济制度是组织社会经济活动的根本原则，是在社会经济活动的一定（或全部）范围内，人们普遍承认且实际共同遵守的一种行为规范。

（3）社会制度。指反映并维护一定社会形态或社会结构的各种制度的总称，广义的社会制度是社会的经济、政治、法律、文化、教育等制度的总和。社会生产力和生产关系的发展是社会制度发展的根本原因，其中经济制度确认了一定社会的经济基础，政治、法律、文化等制度是在此之上的上层建筑[①]。安德鲁·斯考特认为社会制度是“社会的全体成员都赞成的社会行为中带有某种规律性的东西”。本书讨论的社会制度概念相对狭义，主要探讨确定社会中个人或群体的社会身份状态与社会权利等的制度安排，如户籍制度等。

1.2.3 制度的作用

制度时时存在于我们身边，规范着我们的日常行为，制度的重要作用和广泛影响可见一斑。制度对人们可能采取的机会主义行为具有约束作用，它可以有效维护社会系统的秩序化运转，帮助人们避免并缓和冲突，为个人自由和权利提供可靠的保护，并增进社会劳动和知识的分工，从而促进社会经济的秩序和繁荣。

卢现祥认为制度是一种约束人们行为的规则，这些规则是人们不断反复探寻的结果，且有几个特点[②]：一是公平性，它至少是符合大多数人利益的；二是效率性，没有效率的规则是不可能长期存在下去的；三是对人的行为约束是基于人没有机会主义行为倾向的一面。制度具有激励功能和约束功能，“制度的产生在某种意义上讲就是为了克服人的弱点或不足，如人的有限理性，人的机会主义行为倾向，人并不是总是善的。一个有效的制度，在人做得不好的时候（或违规）能处罚人；在人做得好的时候，能奖励人”[②]。制度的功能及其对个人行为的影响由此概括起来主要有：降低交易成本；为经济提供服务；为合作创造条件；提供激励机制；外部利益内部化；抑制人的机会主义行为等（图 1–2）。

制度是在一定历史条件下满足人类社会生活需要的行为模式或社会规范体系，在现实生活中的使用范围非常广泛。仅就正式制度而言，大至国家机关、社会团体、各行业、各系统，小至单位、企业、个体之间，他们为维护正常的社会、经济、政治秩序所制定的法令、政策、章程、守则、契约等法规性或约束性规定，都是对促进国家社会综合发展、公共秩序与个体利益的合理维护等起着重要作用的制度安排。

---

① 邹瑜，顾明．法学大辞典 [M]. 北京：中国政法大学出版社，1991.

② 卢现祥．西方新制度经济学（修订版）[M]. 北京：中国发展出版社，2003：20.

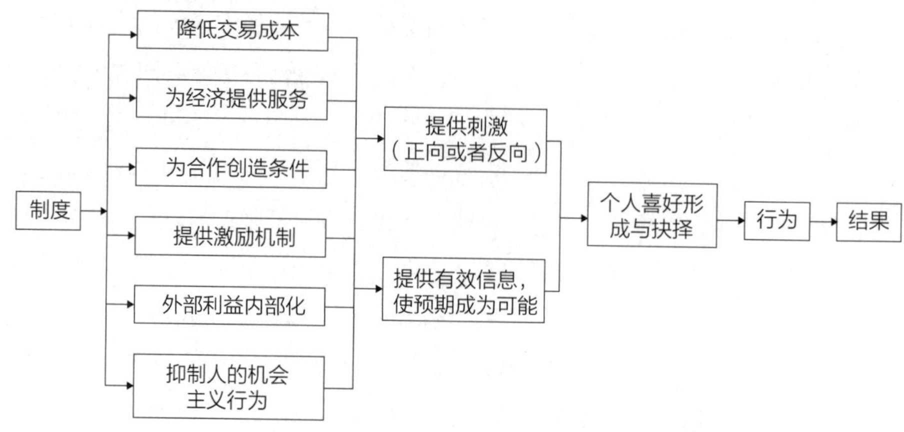

图 1-2　制度功能及对个人行为的影响

资料来源：卢现祥．西方新制度经济学（修订版）[M]. 北京：中国发展出版社，2003：72.

1.3　城乡制度与规划管理

1.3.1　城乡制度

缺少制度的保驾护航，城乡规划成果可能沦为规划技术人员的美好愿望而“纸上画画，墙上挂挂”。城乡的规划与建设过程涉及多方面制度安排，与城乡综合发展或城乡居民空间行为相关联的各项正式与非正式规定都可能成为“城乡制度”研究的组成内容。

本书关注和探讨的“城乡制度”对象聚焦城乡规划管理相关制度，既涵盖由基本政治制度、经济制度和社会制度共同构成的城乡规划管理运作的制度环境，也包括城乡规划管理活动自身的各种关键制度设计。制度环境对城乡规划管理具有重要约束作用，城乡规划管理活动需适应制度环境的要求，在其构建的框架之内运行。城市与乡村的综合行政管理体制及其外部制度环境是城乡规划管理的运作保障，而城乡规划的编制、实施、运行维护与监督检查等则是规划管理制度建设的重要组成内容。

1.3.2　城市规划、城乡规划与国土空间规划

从空间层次、学科领域、理论或实践等不同维度切入，城乡规划可以有不一样的解释和定义。城乡规划在概念和理解上的模糊与多元，给相关话题的探讨带来了语境歧义和共识困境，特别是在我国当前推进国土空间规划的新时期，讨论城乡规划更需要有清楚的边界限定。城市规划作为国际通行的学科领域，呈现出内涵与外延相对宽泛，理论研究与实践行动多学科交叉的突出特点。城乡规划的解释可大可小，从广义上来看，城乡规划有时被用于泛指各个层级的空间规划活动，区域规划也涵

盖在其概念之下。从实践维度来看，狭义的城乡规划是指对城市和乡村建设地区开展的空间规划工作，主要用于指导和管控城市与乡村的空间建设与空间发展。

聚焦法定规划体系，可以发现自中华人民共和国成立以来，城乡规划相关概念在我国是一个动态变化的概念范畴，大致经历了从“城市规划（2008年前）”到“城乡规划（2008—2018年）”，再到“国土空间规划（2018年以来）”的发展历程。这可以从1989年《中华人民共和国城市规划法》的颁布（以下简称《城市规划法》），2007年《中华人民共和国城乡规划法》的出台（以下简称《城乡规划法》），以及2018年中华人民共和国自然资源部的成立作为重要时间划定节点。

（1）城市规划。我国的城市规划在中华人民共和国成立后经历了改革开放前的波折动荡与改革开放后的繁荣崛起。在计划经济体制下，城市规划的任务是根据已有的国民经济发展计划和城市既定的社会经济发展战略，确定城市的性质和规模，落实国民经济发展计划项目，进行各项建设投资的综合部署和全面安排[①]。进入市场经济时期，城市规划的基本任务是合理、有效、公正地创造有序的城市秩序与建设品质，以及建立高效的空间布局与土地利用格局等，从而指导城市空间的和谐发展，满足社会、经济、文化、生态等多重需求。1989年，我国城市规划、建设和管理方面的第一部法律《城市规划法》由全国人大常委会通过，规定了我国城市规划的制定要求、目的、任务、方针、原则和各项工作等，并据此明确了我国的城市规划工作主要包括城市“总体规划”和城市“详细规划”两个阶段。1998年建设部发布的《城市规划基本术语标准》将城市规划定义为[②]：“城市规划是对一定时期内城市的经济和社会发展、土地利用、空间布局以及各项建设的综合部署、具体安排和实施管理”[③]。

（2）城乡规划。随着城市规划相关工作从过去关注“城”，逐渐发展到同时关注“城”和“乡”之后，城市规划在我国逐步被新的“城乡规划”概念所升级和迭代。“城乡规划”是指合理保护和利用城乡土地资源，协调城乡的空间布局和各项建设等作出的综合部署和具体安排。依据2007年颁布的《城乡规划法》，“城乡规划”是城镇体系规划、城市规划、镇规划、乡规划和村庄规划的统称，是建设和管理城乡的基本依据，是保证城乡土地合理开发利用和有效运行的前提与基础，是实现城乡社会经济发展目标的综合手段。这个时期，狭义的城市规划被视为是新的城乡规划体系的一个组成部分，但广义上时常具有和城乡规划近似的内涵，并在一些情况下被互通和互用。

---

① 戴慎志. 城市规划与管理[M]. 北京：中国建筑工业出版社，2014：6.

② 中华人民共和国建设部. 中华人民共和国国家标准城市规划基本术语标准（GB/T 50280—98）.1998年8月发布，1999年2月施行。

③ 这个定义反映出当时我们对城市规划的理解还带有一定的计划经济色彩，强调规划对城市建设和发展的自上而下的空间综合部署和安排。

（3）国土空间规划。2018年，伴随国家机构改革和自然资源部的成立，曾经的城乡规划开始迈向“国土空间规划”的新阶段。“国土空间”是指国家主权与主权权利管辖下的地域空间，包括陆地国土空间和海洋国土空间；“国土空间规划”是对国土空间的保护、开发、利用、修复等作出的总体部署与统筹安排。新时期建立“全国统一、责权清晰、科学高效”的国土空间规划体系，是对我国过去存在的“规划类型过多、内容重叠冲突，审批流程复杂、周期过长，地方规划朝令夕改等问题”[①]作出的积极回应，是对各类关联规划进行的一次工作整合与体系重构。2019年《关于建立国土空间规划体系并监督实施的若干意见（中发〔2019〕18号）》指出，“将主体功能区规划、土地用规划、城乡规划等空间规划融合为统一的国土空间规划，实现‘多规合一’，强化国土空间规划对各专项规划的指导约束作用，是党中央、国务院作出的重要部署”。国土空间规划作为对一定区域国土空间的开发和保护在空间和时间上作出的统筹安排，包括总体规划、详细规划和相关专项规划三大规划类型；国土空间规划需要“整体谋划新时期国土空间开发保护格局，综合考虑人口分布、经济布局、国土利用、生态环境保护等因素，科学布局生产空间、生活空间、生态空间”[①]。可见，在我国新确定的“国土空间规划”法定体系中，城市规划（城乡规划）并未作为某一规划类型或规划层级出现，但其工作方法和工作内容在新的国土空间规划体系中仍将发挥重要作用。

1.3.3 城市规划管理、城乡规划管理与国土空间规划管理

与城乡规划的概念范畴演变相对应，本书探讨的“规划管理”在不同阶段涉及城市规划管理、城乡规划管理、国土空间规划管理等不同提法与内容。

（1）城市规划管理。指对城镇的土地使用、规划编制与各项建设安排开展的行政管理活动，主要指城市规划主管部门的职能和日常工作。城市规划管理工作的核心是依法组织编制、审批、实施城市规划并进行规划监督检查。

（2）城乡规划管理。指组织编制和审批城乡规划，并依法对城市、镇、乡、村庄的土地使用和各项建设安排实施控制、指导和监督检查的行政管理活动。其中，在城市层级（市/县）开展的相关城乡规划管理活动，便是狭义的城市规划管理。

（3）国土空间规划管理。国土空间规划管理是自然资源部的重要工作内容，涉及不同层级国土空间规划管理部门的工作和职能。根据2019年公布的《自然资源部职能配置、内设机构和人员编制规定》，自然资源部的主要管理职责包括“拟订国土空间规划相关政策，承担建立空间规划体系工作并监督实施。组织编制全国国土空间规划和相关专项规划并监督实施。承担报国务院审批的地方国土空间规划的审核、

---

① 中共中央，国务院．关于建立国土空间规划体系并监督实施的若干意见（中发〔2019〕18号）. 2019年5月9日正式印发。

报批工作，指导和审核涉及国土空间开发利用的国家重大专项规划。开展国土空间开发适宜性评价，建立国土空间规划实施监测、评估和预警体系。”由此，新时期的规划管理工作需要在新的空间规划体系下进行再认识，主要涉及不同层级空间规划的编制、评价、监测、实施及运作维护等。

1.4 公共行政

1.4.1 公共政策、公共管理与公共行政[①]

城乡规划被广泛认为是一种公共政策，城乡规划管理是一类公共管理或公共行政活动，因此公共政策、公共管理、公共行政研究的理论体系与实践做法适用于分析城乡规划管理[②]。

（1）公共政策。公共政策是公共权力机关经由政治过程所选择和制定的为处理公共事务、解决公共问题、达成公共目标、实现公共利益的行动规范和准则。其作用在于规范和指导有关机构、团体或个人的相关行动，表达形式包括法律法规、行政规定或命令、领导人口头或书面指示、政府规划等。公共政策与一般政策不同，它强调政策活动的公共性，即政策活动发生在公共领域、涉及公共权力的运用、注重公共利益的协调、遵循和坚持公共价值等。公共政策实质上反映了政府依据特定时期的日标，对全社会利益所作的有权威的分配及其行为要求。

（2）公共管理[③]。公共管理是以政府为核心的公共部门整合社会各种力量，广泛运用政治、经济、管理、法律等方法，来管理和实现公共福利与公共利益等的相关行为。公共管理属于一般管理范畴，其特点在于公共性，即通过依法运用公共权力、提供公共产品和服务等来实现公共利益，同时接受公共监督，这是公共管理区别于其他管理的标志。公共管理重视政府治理能力，强调提升政府绩效和优化公共服务品质，其特征在于：是发生在公共组织中的活动；以实现社会公共利益为总体目标；运作基础是公共权力；是协调社会资源的保障；主要任务是向社会全体成员提供公共产品和公共服务；强调公共部门的行为绩效；公共组织通过协调来实现目标等。综合一般管理和公共管理的特点，可以把公共管理的职能简要概括为计划、组织、领导、控制、决策和创新六个方面。

（3）公共行政。行政具有国家意志性、执行性、法律性和强制性的特征。公共

① 内容主要整理和来源自：耿毓修．城市规划管理[M]. 北京：中国建筑工业出版社，2007；边经卫．城乡规划管理——法规、实务和案例[M]. 北京：中国建筑工业出版社，2015；刘芊．中国行政法[M]. 北京：中国法制出版，2016；陈光中，舒国滢．法学概论[M]. 北京：中国政法大学出版社，2013；张光杰．中国法律概论[M]. 上海：复旦大学出版社，2005.

② 学者们对公共管理、公共行政、公共政策的概念界定并不唯一，这里给出的解释仅代表一部分观点。

③ 内容主要整理和来源自：欧文·E·休斯．公共管理导论：第四版[M]. 张成福，马子博，等译．北京：中国人民大学出版社，2015；孙宝文，王天梅．电子政务[M]. 北京：高等教育出版社，2008.

行政是公共管理组织（主要是国家行政机关）的管理活动，是公共机构制定和实施公共政策，以及组织、协调、控制等一系列管理活动的总和。这里的国家行政机关是依法成立的公共行政机关，由不同的层级组成，包括中央政府和地方各级政府。对于公共管理和公共行政的关系，目前存在不同看法，很多学者认为两者的关键区别在于：公共行政研究更加侧重公共行政机关的政府行为，公共管理研究则突出以政府为中心的社会多角色治理。

1.4.2 公共行政基础知识与公务员制度[①]

"依法行政"是公共行政的要求与行动依据，行政法规定了公共行政行为的关键内容，是了解公共行政基本知识的重要入手点。"行政法"作为国家重要的部门法之一，为公共行政提供了法律规范和原则——其调整的对象是行政关系和监督行政关系，即行政主体在行使行政职权和接受行政法制监督过程中而与行政相对人、行政法制监督主体之间发生的各种关系，以及行政主体内部发生的各种关系[②]。概括起来，行政法是规定国家行政机关行政管理活动的法律规范的总称[③]，是调整行政主体的组织、职权和行使职权的方式、程序以及对行使行政职权的监督等行政关系的法律规范的总称[④]。

与其他法律部门不同，行政法的实体规范与程序规范经常交织并存在于一个法律文件中。行政法的内容往往涉及社会生活的方方面面，因此社会发展带来的变化时刻影响着行政法，这使得行政法相对于其他部门法在变化修改上更为频繁[⑤]。行政法体系复杂，但核心离不开对行政法律关系主体、行政行为、行政程序的界定。

（1）行政法律关系主体。是行政法律关系中权益的享有者和义务的承担者，包括行政主体和行政相对方：①行政主体，是指能够以自己名义行使国家行政职权，做出影响公民、法人和其他组织权利、义务的行政行为，并能由其本身对外承担行

---

① 内容主要整理和来源自：耿毓修．城市规划管理[M]. 北京：中国建筑工业出版社，2007；边经卫．城乡规划管理——法规、实务和案例[M]. 北京：中国建筑工业出版社，2015；刘芊．中国行政法[M]. 北京：中国法制出版，2016；陈光中，舒国滢．法学概论[M]. 北京：中国政法大学出版社，2013；张光杰．中国法律概论[M]. 上海：复旦大学出版社，2005.

② 行政法的调整对象是国家行政机关在行政管理活动中发生的各种社会关系。这种社会关系必须是国家行政机关参与其间并起主导作用，包括行政机关与行政机关之间的关系、同一行政机关内部的关系、行政机关与其他社会组织以及个人的关系等。

③ 行政法由众多单行的法律、法规和规章以及其他规范性文件构成，分为一般行政法和特别行政法。一般行政法是对一般的行政关系加以调整的法律规范的总称，主要的规范性法律文件有：行政诉讼法、行政处罚法、行政许可法、行政复议法、公务员法等；特别行政法是对各专门行政职能部门管理活动适用的法律法规，主要规范性法律文件有：《城乡规划法》《国家安全法》《城市居民委员会组织法》《村民委员会组织法》《监狱法》《土地管理法》《高等教育法》《食品卫生法》《药品管理法》《海关法》等。

④ 张光杰. 中国法律概论[M]. 上海：复旦大学出版社，2005.

⑤ 特别是以行政法规、规章形式表现的行政法内容易于变动。

政法律责任，在行政诉讼中通常能作为被告应诉的行政机关和法律、法规授权的组织；②行政相对方，是指行政管理法律关系中与行政主体相对应的另一方当事人，即行政主体采取行政行为影响其权益的个人或组织。

（2）行政行为。是行政主体作出的能够产生行政法律效果的行为。行政行为是行政管理法律关系的客体，即双方当事人的权利义务指向的对象。行政行为的特点在于：其是行政主体的行为；是行使行政职权，进行行政管理的行为；是行政主体实施的能够产生行政法律效果的行为。具体来看，行政行为包括行政征收、行政许可、行政处罚、行政确认、行政给付、行政奖励、行政强制、行政监督、行政命令等。

（3）行政程序。是行政主体实施行政行为时所必须遵循的方式、步骤、空间、顺序以及时限的总和，反映着行政权的运行过程。行政程序将必要的行政行为通过明确的程序加以规范化，需要具有可操作性、公正性，同时兼顾刚性与弹性。行政程序具有国家权力性、过程性、形式性（时空表现形式）、民主参与性、法定性等特征。

在行政行为的具体实施过程中，公务员发挥着重要作用。公务员是“依法履行公职、纳入国家行政编制、由国家财政负担工资福利的工作人员”[①]。公务员不是行政主体，但行政活动是成千上万的公务员代表行政主体实施的，公务员代表行政主体行使行政权，以行政主体名义从事公务活动，其职务行为后果属其所属行政机关或授权组织。在我国，现行公务员制度已经发展几十年，可大致分为四个阶段[②]，包括1984—1988年的准备与决策阶段；1989—1993年的试点阶段；1993—2005年的全面推行阶段；以及2005年至今依托《中华人民共和国公务员法》（后简称《公务员法》）的依法管理阶段。

公务员的职务设置、职级设置与职务管理基本规定如下：

（1）公务员职务设置。职务设置[③]是公务员各类管理环节的基础，《公务员法》根据实际管理需要，将公务员分为专业技术类、行政执法类、综合管理类，以及法官、检察官类和其他类别：①专业技术类职位是指国家机关中从事专业技术工作，履行专业技术职责，提供专业技术支持的职位，例如一些从事工程技术的职位、公安部门的一些相关职位；②行政执法类职位是指政府部门中直接履行监管、处罚、强制、稽查等现场执法职责的职位，如公安、海关、环保等政府部门；③综合管理类职位

① 全国人大常委会．中华人民共和国公务员法（2018年修订版）．发布日期2018年12月29日，实施日期2019年6月1日。

② 内容主要整理和来源自：李如海．公务员制度概论[M].北京：中国人民大学出版社，2014.

③ 内容主要整理和来源自：全国人大常委会．中华人民共和国公务员法（2018年修订版）．发布日期2018年12月29日，实施日期2019年6月1日；李如海．公务员制度概论[M].北京：中国人民大学出版社，2014.

是指国家机关中除专业技术类、行政执法类之外的履行综合管理以及机关内部管理等职责的职位，具体从事规划、咨询、决策、组织、指挥、协调、监督以及机关内部管理工作；④《公务员法》虽未在条文中直接提及法官、检察官等职位，但此类职位较为特殊，其行使国家的审判权和检察权，具有司法强制性。以上四类职位之外，国家未来可根据实践需要设立新的职务类别。

（2）公务员职级设置[①]。国家公务员实行职务与职级并行制度，设置领导职务和职级序列。领导职务层次分为：国家级正职、国家级副职、省部级正职、省部级副职、厅局级正职、厅局级副职、县处级正职、县处级副职、乡科级正职、乡科级副职。职级序列在厅局级以下设置，其中综合管理类公务员职级序列分为：一级巡视员、二级巡视员、一级调研员、二级调研员、三级调研员、四级调研员、一级主任科员、二级主任科员、三级主任科员、四级主任科员、一级科员、二级科员。综合管理类以外其他职位类别公务员的职级序列，根据《公务员法》由国家另行规定。

（3）公务员的职务管理。公务员的职务管理是公务员制度的核心内容，其中包括公务员的录用、任免、升降等多个方面。公务员的录用是指公民按照一定条件和程序进入公务员系统、获得公务员身份的过程，录用原则包括公开、平等、竞争以及择优。《公务员法》规定，录用担任一级主任科员以下及其他相当职级层次的公务员，采取公开考试、严格考察、平等竞争、择优录取的办法。公务员职务任免是公务员任职和免职的统称，我国的公务员任职的方式有选任制、委任制、聘任制和考任制四种，其中以选任制和委任制为主。《公务员法》颁布后，公开选拔与竞争上岗成为有法律依据的公务员领导职务选拔任用的重要方式。降职则是指公务员由于各种原因不能胜任现任职务而改任较低职务的一种安排，需谨慎应用。

1.5 小结

综上所述，制度维度是研究城乡规划管理的重要视角，它将“正式规则”与“非正式规划”都纳入规划管理的观察与分析框架之中。传统的基于法律法规维度的规划管理研究注重正式制度分析与公共行政行为，而新的制度维度则将规划管理的考量延伸到正式与非正式规则，政府与市场、社会的关系，政府管理与多元参与等统筹考量的治理平台上。

我国的城乡规划管理因为实践演进经历了不同的名称和内涵变革，包括城市规划管理、城乡规划管理、国土空间规划管理等。在正式和非正式制度共同塑造下的

① 具体参见：方世荣，石佑启，徐银华，等．中国公务员法通论 [M]. 武汉：武汉大学出版社，2009；全国人大常委会．中华人民共和国公务员法（2018 年修订版）. 发布日期 2018 年 12 月 29 日，实施日期 2019 年 6 月 1 日。

城乡规划管理行动中，公共行政始终是行动的核心之一，了解和具备公共行政（公共管理）相关知识是开展规划管理研究的基础。

思考题

（1）什么是制度？制度为什么重要？制度环境如何影响规划管理？

（2）从城市规划到城乡规划、国土空间规划的规划管理变革节点是什么？

（3）公共政策、公共管理与公共行政的异同有哪些？

延伸阅读

[1] 道格拉斯·C·诺思．制度、制度变迁与经济绩效 [M]. 杭行，译．上海：格致出版社，2014.

[2] 欧文·E·休斯．公共管理导论：第四版 [M]. 张成福，马子博，等译．北京：中国人民大学出版社，2015.

[3] 张国庆．公共行政学 [M]. 4 版．北京：北京大学出版社，2017.

第 2 章

制度分析理论与方法

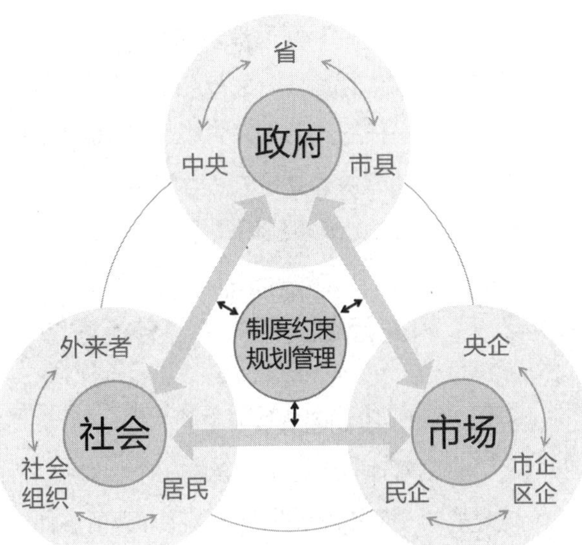

【章节要点】有关行动决策的制度分析方法（囚徒困境与博弈论、信息不对称与契约失灵、委托代理理论、公共选择理论）；有关产权管理的制度分析方法（公地的悲剧、产权理论、外部性与内部性）；有关成本和收益的制度分析方法（交易费用、成本—收益与边际分析法、寻租理论、分利集团）；有关制度变迁的理论方法（制度变迁与路径依赖、诱致性变迁与强制性变迁、创设式变迁与移植式变迁）。

新制度经济学、公共管理学、公共行政学等领域的诸多理论方法适用于认识和分析城乡制度与规划管理。随着学科发展的不断交叉与融合，不同理论与方法之间往往具有关联性和互通性，如公共管理学采用经济学中的“交易费用”和“产权”等制度概念对管理行为进行观察、分析和解释的情况已经十分普遍。城乡规划亦要充分借鉴和使用其他学科方法来充实自身的思想理论、分析工具和实践途径，因此本章从行动决策、产权关系、成本—收益、制度变迁四个维度梳理相关经典制度分析方法，它们经常被应用在规划管理中。

2.1 有关行动决策的制度分析方法

2.1.1 囚徒困境与博弈论

规划管理行为常常涉及在一个相对独立的事件中，如何认识和理解不同利益主体采取的“个体决策”及其最终导致的事件“整体结果”。以“囚徒困境”为代表的博弈论为分析这些不同角色的决策过程和决策方向选择提供了重要的方法工具。例如在城市再开发过程中，开发商选择对一片地区进行保留改造还是拆除重建，居民选择搬迁离开还是原址回迁，政府选择正向激励还是开发限制……这些都是多方力量角逐、制衡和判断的结果。博弈论作为运筹学的一部分，为诸如此类过程中的利益比较和决策预测等提供了重要的可显示、可推理乃至可量化的分析模型和方法。

博弈论（Game Theory）① 是研究具有斗争或竞争性质现象的数学理论和方法，主要研究公式化了的激励结构间的相互作用。博弈论考虑游戏中个体的预测行为和实际行为并探讨其优化策略，将制度视为博弈的规则或博弈的均衡，该理论的出现极大地丰富了制度分析的工具。“囚徒困境（Prisoner's Dilemma）”是指两个被捕的囚徒之间的一种特殊博弈，揭示了在合作对双方都有利时，为什么保持合作也是困难的。在囚徒困境设定的情景中，两个共谋犯罪的人被关入监狱，不能互相沟通情况。囚徒在被单独审问时的招供情况可能带来不同结果：如果两个人都不揭发对方，则由于证据不确定，每个人都坐牢一年；若一人揭发，而另一人沉默，则揭发者因为立功而立即获释，沉默者因不合作而入狱十年；若互相揭发，则因证据确凿，二者都判刑八年。由于囚徒无法信任对方，因此倾向于互相揭发而不是同守沉默，最终导致纳什均衡落在非合作点上。囚徒困境是博弈论的非零和博弈中的代表例子，反映的是个人最佳选择并非团体最佳选择。

博弈论冲击了新古典经济学的思维方式，引导人们重新认识经济世界和人们的经济行为。博弈的类型多元，主要可以分为合作博弈和非合作博弈②、静态博弈和动态博弈③、完全信息博弈和不完全信息博弈、有限博弈和无限博弈等。博弈论提供了多种假定模型，规划管理中的地价竞争、环境保护、违法处置等方面均可借用博弈论理论和模型进行分析。

2.1.2 信息不对称与契约失灵④

信息不对称理论（Asymmetric Information）由经济学家约瑟夫·斯蒂格利茨、乔治·阿克尔洛夫和迈克尔·斯彭斯提出。信息不对称是指在社会、政治、经济等活动中，不同人员对有关信息的了解是有差异的，掌握信息比较充分的人员往往处于比较有利的地位，而信息贫乏的人员则处于比较不利的地位。例如在市场交易中，卖方往往比买方更了解有关商品的各种信息；在城市建设和管理中，市民相比政府和开发

---

① 内容主要整理和来源自：杨懋，祁守成．囚徒困境 从单次博弈到重复博弈 [J]. 商业时代，2009（2）：14–15；袁瑞军．囚徒困境中的最佳选择——重复博弈条件下的集体行动困境初论 [J]. 科学决策，1998（5）：41–43.

② 合作博弈和非合作博弈的区别在于相互发生作用的当事人之间有没有一个具有约束力的协议：如果有，就是合作博弈；如果没有，就是非合作博弈。

③ 静态博弈是指在博弈中，参与人同时选择或虽非同时选择但后行动者并不知道先行动者采取了什么具体行动；动态博弈是指在博弈中，参与人的行动有先后顺序，且后行动者能够观察到先行动者所选择的行动。

④ 内容主要整理和来源自：周宏，林晚发，李国平．信息不确定、信息不对称与债券信用利差 [J]. 统计研究，2014，31（5）：66–72；邢会强．信息不对称的法律规制——民商法与经济法的视角 [J]. 法制与社会发展，2013，19（2）：112–119；尹志超，甘犁．信息不对称、企业异质性与信贷风险 [J]. 经济研究，2011，46（9）：121–132.

商等掌握的相关建设信息可能更少。信息不对称表明某些参与人拥有另一些参与人不拥有的信息，这种情况非常普遍，以至于影响了市场机制配置资源的效率，造成占有信息优势的一方在交易中获取太多的剩余，出现因信息力量对比过于悬殊，导致利益分配结构严重失衡的情况。由此，信息不对称被认为是市场经济的弊病，减少信息不对称对经济产生的危害需要发挥政府作用。从我国规划管理的政府方来看，当前已经通过公众参与、规划公示、信息公开等多种途径，使得城乡规划的过程和结果越来越公开和透明，未来将进一步通过制度建设减少信息获利、维护资源分配的效率及公平。

契约是指各类当事人（包括政府）之间依照法律、法规签订的合同及有法律效力的所有协议、文件和凭证等[①]。契约失灵（Contract Failure）由美国法律经济学家亨利·汉斯曼在1980年发表的《非营利企业的作用》一文中提出，是指由于信息不对称，导致仅依靠生产者和消费者之间的契约，难以防止生产者坑害消费者的机会主义行为的出现。“契约失灵”和“市场失灵”“政府失灵”关系紧密并互为补充，它解释了为什么一些物品要由非营利组织提供。其中，非政府组织即是消费者应对契约失灵的一种制度反应，非政府组织由于“非分配约束”[②]，在提供产品和服务时不会借信息不对称的优势获取利润，从而维护消费者的利益。契约失灵也为非政府组织等介入规划管理过程提供了有力的理论支撑。

2.1.3 委托代理理论

“委托代理（Principal-agent Theory）”是新制度经济学的核心理论之一。委托代理理论建立在非对称信息博弈论的基础上，重在研究解决委托人与代理人之间因高成本、信息不对称和激励问题等而导致出现的契约问题。詹森（Jensen）和威廉·麦克林（William Meckling）认为委托代理关系是指：一个或多个行为主体根据一种明示或隐含的契约，指定、雇佣另一些行为主体为其服务，同时授予后者一定的决策权利，并根据后者提供的服务数量和质量对其支付相应的报酬。其中授权者是委托人，被授权者是代理人。普拉特和泽克好瑟等经济学家更为简朴直接地定义了委托代理关系，认为只要一个人依赖于另一个人的活动，那么委托代理关系就产生了。现代意义的委托代理概念最早由罗斯提出，他认为“如果当事人双方，其中代理人一方代表委托人一方的利益行使某些决策权，则代理关系就随之产生。”

委托代理关系随着生产力的发展而出现，一方面生产力持续发展导致分工细化，使得权利的所有者因各种局限而无法亲自行使所有的权利；另一方面则是专业化分

① 王益.关于“契约失灵”问题的思考[J].理论研究，2000（3）：14-15.

② 非分配性原则约束是指不能将所得利益分配给组织实施控制和管理的成员。

工造就出一大批具有相关技能的人可以去代理行使好被委托的权利。然而，由于委托人与代理人的效应函数不一样，例如就经济领域来看，委托人追求自己财富的最大化，代理人追求自己工资津贴收入、奢侈消费和闲暇时间等的最大化，这就会导致两者的利益冲突，使得在缺少有效制度安排的情况下，代理人的行为很可能损害委托人的利益[①]。委托人为此提出满足代理人“参与约束（Participation Constraint）”和“激励相容约束（Incentive Compatibility Constraint）”的激励机制，以最大化自己的期望效用。

委托代理理论的基本假设包括有限理性经济人、外部性、目标冲突和信息不对称[②]等。委托代理理论的中心任务是研究在利益相冲突和信息不对称等环境下，委托人如何设计最优契约激励代理人。近些年，委托代理模型方法的迅速发展产生了分析委托代理关系的诸多重要工具，包括状态空间模型方法[③]、分布函数参数化方法[④]、一般分布方法、重复博弈模型、声誉效应模型（Reputation Effects）、棘轮效应模型（Ratchet Effects）、强制退休模型（Mandatory Retirement）、风险模型等诸多静态和动态模型。

不仅经济领域，社会、政治领域都广泛地存在着委托代理关系。在政府管理过程中，通常人民赋权给政府，由政府代理他们行使相关的职责和权力。城乡规划管理活动中，委托代理关系经常用来解释一些非期望的政府行动发生的缘由。在获得人民授权并代理公共事务的过程中，政府及其成员也有自己特殊的利益追求，有可能为了实现自身利益的最大化，而将人民委托的义务和责任放置在次要位置，导致追求短期政绩的短视行为、接受利益方游说的不合理决策、禁不起诱惑的利益寻租等不利情况的发生，引发委托代理关系的低效或失效。这个过程中，人民和政府拥有的信息通常并不对等，使得人民往往无法在公共事务过程中及时监督和规范委托人的行为，这就需要通过更优的激励机制设计并兼容约束，来解决这些委托代理困境。

2.1.4 公共选择理论

布坎南把经济人假定和经济学的“成本—收益”计算引入政治决策分析，认为政府工作人员也有自己的利益诉求（追求政绩等），他们并不是一心为民的救世主，

---

① 陆雄文.管理学大辞典[M].上海：上海辞书出版社，2013：62.

② 很多委托代理分析建立在非对称信息博弈论的基础上。在对称信息情况下，代理人的行为可以被观察到；委托人可以根据观测到的代理人行为对其实行奖惩，此时帕累托最优风险分担和帕累托最优努力水平都可以达到。在信息不对称情况下，委托人不能观测到代理人的行为，只能观测到相关变量，这些变量由代理人的行动和其他外生的随机因素共同决定。因而委托人不能使用“强制合同”来迫使代理人选择委托人希望的行动，激励兼容约束更起作用。于是，委托人的问题是选择满足代理人“参与约束”和“激励兼容约束”的激励合同以最大化自己的期望效用。

③ 威尔逊（Wilson，1969）、斯宾塞、泽克豪森（Spence and Zeckhauser，1971）和罗斯（Ross，1973）等最初使用。

④ 由莫里斯（Mirrlees，1974，1976）、霍姆斯特姆（Holmstrom，1979）等使用和发展。

从而推动了公共选择理论（Public Choice）的迅速发展。公共选择理论在对传统市场理论和凯恩斯主义经济学的批判过程中逐步兴起[①]，它不仅是经济学的一个流派，也是涉及现代政治学和行政学的重要研究领域。公共选择理论以微观经济学的基本假设（尤其是理性人假设）、原理和方法作为分析工具[②]，研究和刻画政治市场的运行及其主体的行为[③]，揭示选民、政治人物及政府官员等在民主体制或其他类似社会体制下进行的互动[④]。

公共选择理论的研究对象是公共选择问题，公共选择就是指人们通过民主决策的政治过程来决定公共物品的需求、供给和产量，是把私人的个人选择转化为集体选择的一种过程（也可以说是一种机制），是利用非市场决策的方式对资源进行配置[⑤]。公共选择理论的研究内容非常广泛，其中的官僚体系理论、投票规则分析、利益集团理论（参见 2.3 节）、寻租理论（参见 2.3 节）、俱乐部理论（以脚投票）等都运用了定量数学模型，从而使研究从价值规范走向科学实证[⑥]。公共选择理论的讨论焦点与争论表现在：一是经济人和个人主义的假定，这虽揭示出政治官员和政治家并不是传统所认为的那样代表公民利益，从而得出政府失灵的系列解释，但简化、一致的个人行为模型也使得相关演绎分析与客观世界有所差别；二是关于效用的衡量准则与社会福祉函数，公共选择理论认为个人福利可以采用基数的形式进行衡量，不同人的福利可以加总得到社会总福利，但对于效用是否为主观感受、是否可以用具体数值来衡量和进行人际比较，依然存在着不同看法；三是投票原则，包括一致同意规则（全体同意）和多数票规则（多数同意），其中一致同意规则由于实行一票否决而在现实生活中很难实施，多数原则“按人头论多少，于是把不平等的强度平等化了”[⑦]，投票的结果不能达到最优。

西方不同政党在选举中常常通过某些政策承诺来争取选民支持，以确保本政党当选，这种迎合在许多情况下可能导致“短视效应”，即追求近期目标而牺牲长远利益。城乡规划管理中讨论的“以脚投票”[⑧]，反映的也是一种选民进行“公共选择”

---

① 叶海涛 . 公共选择理论评析 [J]. 四川行政学院学报，2003（5）：5-8.

② 公共选择理论采用许多不同的研究工具开展研究，包括研究对效用最大化的局限、博弈论或决策论等。

③ 方福前 . 当代西方公共选择理论及其三个学派 [J]. 教学与研究，1997（10）：31-36.

④ 孔志国 . 公共选择理论：理解、修正与反思 [J]. 制度经济学研究，2008（2）：204-218.

⑤ 宋延清，王选华 . 公共选择理论文献综述 [J]. 商业时代，2009（35）：14-16.

⑥ 胡乘铭 . 公共选择理论研究方法评述 [J]. 学理论，2003（8）：7-8.

⑦ 这种规则不能反映投票人的偏好强度，即认为每个人投出的一票的分量（偏好强度）都是一样的。选民“理性的无知”也会影响投票结果，所谓“理性的无知”是指人们面对信息搜寻上的巨大成本和不确定性时，不能获取某些信息和知识的行为。具体参见：DahlR.A Preface to Democracy[M]. Chicago：The University of Chicago Press，1956：67.

⑧ 能够实现以脚投票的假设条件是：①客观差异性，即不同俱乐部提供的公共产品在数量和品质上是不同的；②完备信息性，即人们对俱乐部提供的公共产品种类、数量、质量和需要承担的成本等信息能够完全掌握；③完全排他性，即俱乐部提供的公共产品在由俱乐部成员承担相应成本的基础上，能够完全将不承担成本者排除在外，不具有效益的外溢性；④充分流动性，即资源和人员的流动是自由的、无障碍的、无成本的。

的方式，即在没有政策壁垒限制的情况下，选民可以为了争取最好的公共产品和公共服务等，通过判断一个地方的政府服务水平来决定自己是不是要从一地搬迁到更合适的另一地去。这个话题还经常与“城市经营”、企业型城市、城市竞争等讨论紧密相关，认为选民“以脚走人”的结果会导致资本、人才、技术流向能够提供更加优越的公共服务的行政区域，从而刺激各地政府不断改进工作以提升本地吸引力和竞争力。

2.2 有关产权关系的制度分析方法

2.2.1 公地的悲剧

公地的悲剧（Tragedy of Commons）由哈定（Garrit Hadin）在1968年提出，是指如果一种资源没有排他性的所有权，则会导致这种资源的过度使用。有关公地悲剧的讨论与英国的“圈地运动”和土地制度相关：英国曾将部分土地作为牧场（即“公地”）向牧民无偿开放，但由于每个牧民都想借这些公地养尽可能多的牛羊，结果导致牛羊数量无节制增加，公地牧场也最终因“超载”而沦为不毛之地，牛羊亦因此挨饿。哈定认为，在共享公有物的社会中，每个人（也就是所有人）都追求各自利益的最大化——这就是悲剧的所在，说明公有物的自由使用最终可能带来物品的损害。“公地的悲剧”因此经常被用于解释城市公共物品提供中的一些“搭便车”、过度利用和缺少维护等现象，并可结合更为广泛的产权关系、产权边界界定等进行分析讨论。城市规划管理中出现的公共服务、公共物品的超载使用或维护缺失现象，如城市交通拥堵、绿地养护不足、小区公共环境破坏等，均适用于公地悲剧的理论解释。

2.2.2 产权理论

产权制度是制度集合中最基本和最重要的制度[①]，诺斯认为“理解制度结构的两个主要基石是国家理论（国家是制度的最大供给者）和产权理论”[②]。产权的重要性催生出产权经济学[③]，其研究主要立足于交易费用理论、产权的“生产效率”、产权制度的效率比较、产权制度的演进等。

新制度经济学家一般认为“产权”是一种权利，也是一种社会关系，是规定人们相互行为关系的一种规则。阿尔钦认为“产权是一个社会所强制实施的选择一种

---

① 卢现祥．西方新制度经济学（修订版）[M]. 北京：中国发展出版社，2003：152.

② 道格拉斯・C・诺斯．经济史中的结构与变迁 [M]. 上海：上海三联书店，1991：17.

③ 现代产权理论是新制度经济学框架之下的理论分支，其代表人物是罗纳德·H·科斯（Coase）、威廉姆森（Williamson）、斯蒂格勒（Stigler）、德姆塞茨（Demsetz）和张五常等。

经济物品的使用的权利”，揭示出产权的本质是社会关系。产权本质上不是指人与物之间的关系，而是指由物的存在及关于它们的使用所引起的人们之间相互认可的行为关系①。产权是一个权利束，包括所有权、使用权、收益权、处置权等。当一种交易在市场中发生时，就发生了两束权利的交换，交易中的产权束所包含的内容影响物品的交换价值。

概括起来，产权具有以下主要特性②：①产权的完备性与残缺性，完备的产权应该包括关于资源利用的所有权利；②产权的排他性与非排他性，非排他性的产权容易造成过多人使用资源的“拥挤”现象，引发“公地的悲剧”和“搭便车”；③产权的明细性与模糊性，产权的明晰性有助于降低交易费用，否则为配置资源进行谈判的费用将非常高；④产权的实物性与价值性，实物性强调产权归谁所有，价值性表现在产权的可转让性、可交换性和可交易性上；⑤产权的可分割性、可分离性与可转让性，产权不会是一成不变和固化的，产权可以变化及流动；⑥产权的延续性和稳定性，产权的合理延续和合理稳定，有利于社会经济的可持续发展，产权的激励性功能一定程度上根源于此。

产权理论的主导思想为：产权的分配方式决定了个体行为，因为它反映了对个体的奖励和惩罚机制。不同的产权安排会对利益相关方的行为产生重要影响，产权经济学强调所有权、激励与经济行为的内在关系，认为产权会激励和影响行为是它的基本功能。产权安排确定了每个人相应于物时的行为规范，每个人都必须遵守他与其他人之间的关系，或者承担不遵守这种关系的成本。诺斯认为，私有产权可以限制政府的权力，避免政府权力扩大而挤占私人占有资源权力的空间。

H·登姆塞茨在《关于产权的理论》中指出，“一个所有者期望共同体能够阻止其他人对他的行动的干扰”，“产权包括一个人或者其他人受益或受损的权利”，从而把产权问题和外部性问题联系在了一起。产权的一个主要功能在于其是引导人们实现将外部性内在化的激励机制。产权不清是产生“外部性”和“搭便车”的主要根源，有效的产权可以降低甚至克服外部性问题。通过产权边界调整等，可以一定程度实现外部效益的内部化，例如针对政府投资建设的地铁，可以要求沿线物业业主缴纳一定的增值收益款来实现外部性的内部化，以此避免业主无偿获得政府投资收益的搭便车现象和公共投资损失。

在城乡建设与规划管理过程中，产权约束与产权关系处置始终是一个核心议题。2007 年我国《物权法》的出台强调了对产权的应有尊重，城乡规划建设行为不得损害公民的相关合法权利。进入存量规划时代以来，已开发建设的城市空间具有原本

① 卢现祥 . 西方新制度经济学（修订版）[M]. 北京：中国发展出版社，2003：153.

② 具体参见：卢现祥 . 西方新制度经济学（修订版）[M]. 北京：中国发展出版社，2003：165-172.

的产权归属和权力边界划定，对这些空间进行再次规划建设，无疑需要对复杂的产权构成现状和产权人意见加以协调和处理。这个过程涉及产权的转移、产权的置换、产权的合并与拆分、产权不定情况下的再确权等一系列工作，其结果往往成为城市更新构想能否顺利实施和推进的重要前提。

2.2.3 外部性与内部性

外部性（Externality）在经济学理论体系中也称外在效应、溢出效应等，包括正外部性（外部经济）和负外部性（外部不经济）①。马歇尔的“外部经济”理论、庇古的“庇古税”理论、科斯的“科斯定理”等均对外部性理论的发展作出了重要贡献。外部性的概念界定是个难题，它主要是指一个经济主体（国家、企业或个人等）对另一个经济主体产生了一种外部影响，却没能给予相应支付或得到相应补偿。外部性现象在经济生活中广泛存在，例如私家花园为路人带来美景享受而产生的正外部性，工厂向江河排放污水而产生的负外部性等。一般认为，外部性的存在是市场机制配置资源的缺陷之一，因此政府应该适度干预。现今，外部性问题已不再局限于邻近的企业之间、居民之间的纠纷，而是扩展到区际、国际和代际之间，如生态破坏、环境污染、资源枯竭、淡水短缺的负外部性已经开始危及我们子孙后代的生存②。

内部性（Interiority）与外部性概念相对应，本质上和外部性一样也是一个产权问题，史博普（1989）将其定义为由交易者所经受的但没有在交易条款中说明的交易的成本和效益。内部性亦存在“正的（内部经济）”和“负的（内部不经济）”两种效果，如生产中的工伤对雇工造成的伤害没有在交易合同中反映出来便是一种负内部性。按照巴泽尔的理论③，由于产权在事实中不可能完全界定清晰，所以现实中的一切交易过程如果存在交易双方信息不对称，就必然会产生所谓的内部性问题。由于交易费用为正，未界定的产权就会作为公共财富置于公共领域（Public Domain）中，交易双方在既定约束条件下可以自由进入公共领域攫取此类财富，如果一方凭借其信息优势而过度攫取公共领域的财富，就会对处于劣势的交易另一方带来在交易合同条款中界定的成本，造成所谓内部性④。

---

① 正外部性是某个经济行为个体的活动使他人或社会受益，而受益者无须花费代价；负外部性是某个经济行为个体的活动使他人或社会受损，而造成外部不经济的人却没有为此承担成本。

② 沈满洪，何灵巧．外部性的分类及外部性理论的演化 [J]. 浙江大学学报（人文社会科学版），2002（1）：152-160.

③ Y. 巴泽尔．产权的经济分析 [M]. 费方域，段毅才，译．上海：格致出版社，上海三联书店，上海人民出版社，1997.

④ 程启智．现代产权理论及其对会计学的启示 [J]. 会计论坛，2003（1）：42-51； Y. 巴泽尔．产权的经济分析 [M]. 费方域，段毅才，译．上海：格致出版社，上海三联书店，上海人民出版社，1997.

2.3 有关成本和收益的制度分析方法

2.3.1 交易费用

交易费用（Transaction Cost，又称交易成本）[①] 和产权（Property Rights）是西方新制度经济学中至关重要的两个基本概念。交易费用理论揭示了交易费用的含义、决定因素和性质，以便为各种交易类型找到合适的控制和监督机制。科斯和诺思等将交易费用理论作为分析制度的一项基本理论框架。

古典经济学家没有考虑市场运行的成本问题，在他们那里市场是一个零交易费用的世界，但事实上“为了进行市场交易，有必要发现谁希望进行交易，有必要告诉人们交易的愿望和方式，以及通过讨价还价的谈判缔结契约，督促契约条款的严格履行等，这些工作常常是成本很高的，而任何一定比率的成本都足以使许多在无需成本的定价制度中可以进行的交易化为泡影”[②]。基于这种认识，科斯（R. H. Coase）在《社会成本问题》一文中提出了著名的科斯定律：“科斯第一定理”认为在交易成本为零的条件下，产权的最初配置不会影响资源的配置，也就是说“在零交易费用条件下，产值将最大化”，这个时候制度是不重要的；“科斯第二定理”作为“科斯第一定理”的反论，认为在交易费用为正的条件下，不同的产权配置将产生不同的资源配置效率，用诺斯的话说，就是“当交易费用为正时，制度是重要的”。科斯的这两个定理对实践的指导意义明显：为了促进交易，应当降低交易费用；因为现实中交易的费用往往并不为零，因此改进制度显然是必要的。

威廉姆森认为交易费用的存在取决于三个因素：有限的理性思考、机会主义以及资产专用性。交易成本从根本上影响着一个经济体系的运行：市场上生产什么和什么样的交换会发生；何种组织得以生存以及何种游戏规则能够持续等。交易费用常常难以度量，尽管经济学家在不断完善交易费用的计算方法，但还不能达到像价格、成本的计算那么精确。交易费用通常包括了度量、界定和保证产权（即提供交易条件）的费用，发现交易对象和交易价格的费用，讨价还价的费用，订立交易合同的费用，维护交易秩序的费用等。“制度”和“技术”是降低交易费用的两种主要力量，诺斯对此指出：“制度所提供的交换结构，加上所用的技术决定了交易费用与转化费用。”

由于强有力的解释力，交易费用理论已经被广泛应用于诸多领域。例如，匡晓明[③] 通过交易费用来审视上海的城市更新制度建设，认为尽管《上海市城市更新实施办法》提出了容积率转移和容积率奖励的相关规定，但是由于就此提出申请、修改

---

① 科斯于 1937 年在《企业的性质》一文中首次提出“交易费用”的思想。

② R.H. 科斯．社会成本问题 [M]. 胡庄君，译 //R. 科斯，A. 阿尔钦，D. 诺斯，等．财产权利与制度变迁——产权学派与新制度经济学派译文集．上海：上海人民出版社，2003：20.

③ 匡晓明．上海城市更新面临的难点与对策 [J]. 科学发展，2017（3）：32-39.

控规、获得批复等全过程的交易成本（时间、人力和资金成本）太高，最终获得奖励的力度又不够大，导致开发建设主体愿意使用这项制度规定的数量并不多。从交易费用的角度来分析问题，似乎任何结果和现象都可以得到解释，这导致交易费用的概念逐渐泛化，费雪（Fischer）指出这给交易费用带来了坏名声，交易费用“滥用”的根源在于缺少严密的理论观点[①]。

2.3.2 成本—收益与边际分析法

“把微观经济学所使用的成本—收益分析法引入制度变迁理论，是新制度经济学理论最具特色的地方，正是依靠成本—收益分析法，新制度经济学才实现了制度分析与新古典理论的整合，使制度分析纳入了经济学分析的框架之内”[②]。成本—收益分析（Cost-benefit Analysis）是指以货币单位为基础对投入与产出进行估算和衡量的方法，其前提是追求效用的最大化，即在经济活动中力图用最小的成本获取最大的收益。成本收益分析的特征是自利性、经济性和计算性。在市场经济条件下，任何一个经济主体在进行经济活动时，都要考虑具体经济行为在经济价值上的得失，以便对投入与产出关系有一个尽可能科学的估计。这种方法也被运用于政府部门的计划决策之中，以量化评估公共事业项目的社会价值等；在制度演进中，制度变革的目的往往是为了促进相关“成本—收益”关系向“低成本—高效益”方向转化。

与此关联的还有边际分析法（Marginal Analysis，Marginal Adding Analysis），1870年代由瓦尔拉斯、门格尔、杰文斯等提出，后被称为“边际革命”。边际分析法把“追加的支出”和“追加的收入”相比较，二者相等时为临界点，也就是投入的资金所得到的利益与输出损失相等时的点。如果组织的目标是取得最大利润，那么当追加的收入和追加的支出相等时，这一目标就能达到。在经济管理研究中，边际分析法经常考虑的边际量有边际收入、边际成本、边际产量、边际利润等。这种方法也被用于分析和评价管理决策的优化选择，在考虑变量总值（Total）的同时考虑变量的平均值（Average）和边际值（Marginal）。

2.3.3 寻租理论

寻租理论思想（Rent-seeking Theory）最早由戈登·图洛克（Gordon Tullock）于1967年在《关于税、垄断和偷窃的福利成本》一文中提出，寻租概念则是克鲁格1974年在《寻租社会的政治经济学》中首次明确。租，即租金，也就是利润、利益、好处；寻租，即是对经济利益的追求，指通过一些非生产性行为对利益的寻求。具

---

① 迈克尔·迪屈奇．交易成本经济学[M]．王铁生，葛立成，译．北京：经济科学出版社，1999：2.

② 彭德琳．新制度经济学[M]．武汉：湖北人民出版社，2002：12.

体来说，寻租就是在没有从事生产的情况下，为垄断社会资源或维持垄断地位从而得到垄断利润（亦即经济租），所从事的一种非生产性寻利活动。柯兰得尔指出寻租是为了争夺人为的财富转移而浪费资源的活动，克鲁格认为寻租是为了取得许可证和配额以获得额外收益而进行的疏通活动。

布坎南等公共选择学者探讨了寻租产生的条件和层次等，认为寻租基本上是通过政治活动进行的；限制寻租就要限制政府——这对探讨政府失灵问题作出了重大贡献，是分析无效率体系的一种制度手段。布坎南认为寻租产生的条件是“存在限制市场进入或市场竞争的制度或政策”①，他总结寻租具有三个层次②：一是对政府活动所产生的额外收益的寻租；二是对政府工作职位的寻租；三是对政府活动所获得的公共收入的寻租。当然并非所有的政府活动都会导致寻租活动，政府通过特殊的制度安排来配置资源，可以使寻租活动难以发生。

贺卫在《寻租经济学》中把政府创租活动分为三类③：一是政府无意创租，是指政府为了良好的目标而干预社会经济，但结果却创设了租金，给寻租活动创造了机会；二是政府被动创租，也就是由寻租者组成的利益集团为了保护自己的既得利益，竭力反对政策变更，减少或者取消租金，使政府实际上成为寻租性利益集团的“俘获物”；三是政府主动创租，一些政府官员通过设置租金吸引寻租者，为自己捞取好处。常见的寻租行为涉及政府的特许权、政府规定、关税与进出口的配额、政府采购等，由于寻租分析往往涉及权力的作用，与滥用权力、化公为私等相关，因此也常被政治学者和行政学者用作分析公共权力滥用和腐败的工具，并据此提出预防和遏制腐败的方法。

2.3.4 分利集团④

经济学家曼库尔·奥尔森通过《集体行动的逻辑》《国家兴衰探源：经济增长、滞胀与社会僵化》《权利与繁荣》等著作，建立了体系化的分利集团理论。所谓“分利集团（Distributional Coalitions）”是指在社会总利益中，为本集团争取更多更大利益份额而采取集体行动的利益集团，有时也被称作特殊利益集团⑤。奥尔森认为“社

---

① 在政府干预的条件下，寻利的企业家发现寻利有困难，转而进行寻租活动，取得额外的收益。布坎南的寻租理论的逻辑结论是：只要政府行动超出保护财产权、人身和个人权利、保护合同履行等范围，政府分配不管在多大程度上介入经济活动，就会导致寻租活动，就会有一部分社会资源用于追逐政府活动所产生的租金，从而导致非生产性的浪费。

② 布坎南举了一个例子对此进行说明：比如对出租汽车数量进行限制，即只发放一定数量的执照。那么，第一层次是直接获取执照的寻租；二是对出租车管理部门的工作职位的寻租；三是对政府收入的寻租，也就是如何使用政府通过拍卖出租车牌照获得的收入。

③ 贺卫. 寻租经济学 [M]. 北京：中国发展出版社，1998.

④ 内容主要整理和来源自：于俊梅，周庆国. 奥尔森分利集团理论及其启示 [J]. 珠江教育论坛，2015（3）：40–44；彭宗超. 奥尔森分利集团理论述评 [J]. 中国改革，2001（2）：52–53.

⑤ 彭宗超. 奥尔森分利集团理论述评 [J]. 中国改革，2001（2）：52–53.

会中的分利集团会降低社会效率和总收入，并使政治生活中的分歧加剧"[①]，这是因为社会上许多特殊利益集团的目的在于重新分配国民收入而不是创造更多的总收入，这便导致全社会效率与总产出的下降；同时对再分配问题的过多重视，又使社会政治生活相应减少了对更广泛的公共利益的关心[②]。

奥尔森与传统集团理论不认为只要有共同利益，相关成员就会主动参与到集体行动中，而认为由于搭便车等行为的存在，使得"除非一个集团内的人数非常少，或者存在强制或其他特殊手段，否则有理性的、自利的个体一般不会采取行动以实现他们的共同集团利益"。也就是说集体行动的形成取决于两个重要条件：组成集团的人数足够少（便于成员讨价还价、相互博弈并达成一致行动）；存在某种迫使或诱使个人努力谋取集体利益的激励机制（即"选择性刺激"，如物质激励和荣誉、信任、尊重等精神激励）。由于利益集团的建立要受到"利益激励"和"成本制约"，一旦形成就容易造成组织固化。越小的利益集团越容易达成一致意见，从而影响统治者[③]；在利益集团中失利的往往是那些从属于大集团的个人[④]，例如作为整体中一部分的个体消费者。

分利集团方法提供了无效率的体系实际运行状况的一种细致分析维度，为"特殊利益"的不对称权力提供了一个现代制度经济学的解释。当特殊利益集团的地位愈来愈重要，分配问题愈来愈突出，政治分歧愈演愈烈时，就可能引发政治选择的反复，乃至政局的多变和社会的失控。奥尔森分析利益集团的相互作用时，认为制度降低了体系的效率和生产力，虽然制度的产生反映的是利益集团之间建立在实力原则基础上冲突与妥协的结果，但这并不是说制度的确立都会满足效率原则[⑤]。

分利集团理论借助集体行动的活动方式阐述了国家兴衰的原因，进一步丰富和发展了传统的集团理论，但也存在认为个体作为理性经济人，只具有自利性不具备利他性，只看到分离集团的消极性而未讨论其积极性等不足[⑥]。

2.4 有关制度变迁的理论方法

制度变迁是制度的替代、转换与交易过程。制度作为一种"公共物品"，同其他物品一样，其变迁活动存在着各种技术和社会约束条件。理想的制度变迁是一种

① 不同国度都有分利集团的存在，否则便不会有相应的团体举动。

② 彭宗超．奥尔森分利集团理论述评 [J]. 中国改革，2001（2）：52–53.

③ 奥尔森的利益集团理论是建立在"组织费用"这个假设之上的，组织费用随着组织规模的增加而不断地发生着变化。

④ 有研究分析论述了少数团体成员怎样过度滥用其投票权，致使产权结构变得有利于他们，从而使大多数选民付出了代价，实现了"少数人愚弄多数人"。

⑤ 卢现祥．制度分析的三种方法：诠释与综合 [J]. 福建论坛（人文社会科学版），2008（12）：11–17.

⑥ 于俊梅，周庆国．奥尔森分利集团理论及其启示 [J]. 珠江教育论坛，2015（3）：40–44.

效益更高的制度对另一种制度的替代过程，或者是一种更有效益的制度的产生过程。制度变迁研究的基本方法是科斯开创的“边际替代”分析法，即制度供给的约束条件是制度的边际转换成本等于制度的边际收益。制度变迁的关键在于有效组织，促使制度变迁的主要源泉在于相对价格变化（包括要素价格比率变化、信息成本变化、技术变化等）和偏好变化。总体上，制度变迁能否发生取决于很多因素，如相对价格和偏好变化情况、制度变迁的代理人、变迁成本与预期收益的比较等。

2.4.1 制度变迁轨迹与路径依赖①

诺斯指出“人们过去做出的选择决定了他们现在可能的选择”，制度变迁存在着报酬递增和自我强化机制，从而造成路径依赖。路径依赖类似于物理学中的惯性，在制度变迁中，沿着既定的路径，经济和政治制度可能进入良性循环并迅速优化，也可能顺着原来的错误路径往下滑，甚至锁定在某种无效率的状态之下。诺斯提出了路径依赖的两种极端情形（正向和负向）：①路径依赖Ⅰ，一旦一种特殊的发展轨迹建立以后，一系列的外在性、组织学习过程、主观模式都会加强这一轨迹。一种具有适应性的有效制度演进轨迹将允许组织在环境的不确定下选择最大化的目标、进行各种实验、建立有效的反馈机制、识别和消除相对无效的选择，并保持组织的产权，从而促进经济增长；②路径依赖Ⅱ，在起始阶段带来报酬递增的制度，一旦在市场不完全、组织无效的情况下阻碍了生产活动的发展，并产生了一些与现有制度共存共荣的组织和利益集团，那么这些组织和利益集团就不会进一步进行投资，而只会加强现有制度，由此产生维持现有制度的政治组织，使这种无效的制度变迁轨迹持续下去。也就是一种制度形成以后，某种在现存体制中有既得利益的压力集团会固化，他们对现有制度（或路径）有着强烈的需求，力图要巩固现有制度并阻碍进一步的改革，哪怕新的体制相较现有体制更加有效。

2.4.2 诱致性变迁与强制性变迁

林毅夫将制度变迁的典型模式归纳为“诱致性”变迁和“强制性”变迁两种类型。需求诱致性的制度变迁是“个人或一群人,在响应获利机会时自发倡导、组织和实行”的制度变迁；供给主导型的强制性变迁则由“政府命令和法律引入和实行”。诱致性制度变迁作为一种自发性变迁过程，主要面临的是外部效应和“搭便车”问题的影响，而强制性制度变迁却面临着集团利益冲突和社会科学知识局限等问题的困扰；诱致性制度变迁主要依据共同的利益、一致同意原则和经济原则，而强制性制度变迁的诱因及原则比竞争性组织（团体）更为复杂，它能以最短的时间和最快的速度

① 具体参见：卢现祥．西方新制度经济学（修订版）[M]. 北京：中国发展出版社，2003：89-91.

推进制度变革，以自己的强制力等优势降低制度变迁的交易成本[①]。杨瑞龙在此基础上，进一步论述了"需求诱致型（诱致性）"和"供给主导型（强制性）"的制度变迁模式，指出中国选择的主要是"政府供给主导型"的制度变迁。我国规划管理的制度变迁有其特殊性，总体上以政府供给主导型的制度变迁道路为主（顶层设计）；同时也要充分调动和发挥个人、团体等的积极性，在基层探索诱致性的制度变迁可能，以较低的改革成本逐步推进制度创新。

2.4.3 创设式变迁与移植式变迁

根据制度变迁途径的选择机制，曹元坤提出了"创设式"制度变迁与"移植式"制度变迁的概念[②]。"创设式"制度变迁是指变迁的目标制度基本上依赖自我设计和自我建构，这种制度安排或制度结构基本上没有先例，制度论证在很大程度上依据理论的预期分析，没有其他人制度的实际绩效可供参考，因此创设式制度变迁具有很强的个案开拓性，同时也具有很大的风险。"移植式"制度变迁是参考其他人已经运作并具有一定效率的制度而进行的制度变迁。其他人制度运作绩效的强有力的示范效应使得移植式制度变迁初始成本较小，并具有较高的预期可信度，但具体的途径选择仍需综合考查制度环境、国家经济状况、国民素质等多方因素的差异性，以及制度移植的预期成本和收益等。这正如卢梭所说："同一个法律并不能适用于那么多不同的地区，因为它们各有不同的风尚，生活在迥然相反的气候之下，也不可能接受同样的政府形式"[③]。考虑到制度的示范作用及制度创设成本等原因，很多发展中国家一般选择移植式制度变迁，例如我国控制性详细规划等制度的建立充分吸收和借鉴了发达国家的先驱经验。

2.5 小结

本章从行动决策、产权关系、成本收益、制度变迁四个维度入手，分析和梳理可用来辨析城市制度与规划管理的主要方法，但显然这并非相关制度工具的全部。在很多情况下，此类理论方法还可叠加使用，其关键在于针对某一城乡制度或规划管理议题，剖析不同利益相关者之间的相互关系、各自的成本与获益所在、产权与权限的边界界定等，从而定性或定量地解释制度安排或规划管理议题的作用目的、行动过程或活动结果，进而提出整体评判和优化建议。

---

① 林毅夫．关于制度变迁方式与制度选择目标的冲突及协调 [M]. 胡庄君，译 //R. 科斯，A. 阿尔钦，D. 诺斯，等．财产权利与制度变迁——产权学派与新制度经济学派译文集．上海：上海人民出版社，2003：371–418.

② 曹元坤．从制度结构看创设式制度变迁与移植式制度变迁 [J]. 江海学刊，1997（1）：37–43.

③ 卢梭．社会契约论 [M]. 何兆武，译．北京：商务印书馆，2003：60.

思考题

（1）概述有关行动决策的制度理论方法，并列举可用其解释的规划管理现象？

（2）概述有关产权关系的制度理论方法，并列举可用其解释的规划管理现象？

（3）概述有关“成本—收益”或边际分析的制度理论方法，并列举可用其解释的规划管理现象？

（4）概述有关制度变迁的制度理论方法，并列举可用其解释的规划管理现象？

课堂讨论

【材料】论新城市时代城市规划制度与管理创新

制度的原始含义是指社会群体在一定的历史条件下形成的特定的经济、政治、文化等方面的体系，并在一定的历史时期内保持相对的稳定性。在制度这一概念长期的使用过程中，人们逐渐把共同约定遵守的行动准则或处事的规程等也称为制度。城市规划制度即是城市规划体系中一系列可以罗列的规范、原则、限制等的总和，是针对对象的内涵、外延、运行规律等来制定或自发生成的。所谓城市规划创新也就是指对一切现有城市规划原则、规范、限制等的扬弃和改革。

（1）城市规划制度建设是城市规划的弱区：①制度建设缓慢，我国现行的城市规划制度建设滞后于城市化进程，滞后于我国社会主义市场经济转型期的发展需要（依然带有诸多计划特点），处于被动适应状态；②制度覆盖面狭窄，现状城市规划制度覆盖面小，内容不健全，许多新情况无制度依据，存在许多管理盲点，制约了城市发展；③制度立意标准低，现行的许多规划制度年代久远且标准质量低，客观上给城市规划实施也带来了许多矛盾，要么依据不足、要么合情不合法、要么合法不合情，在具体操作中难以把握。

（2）新城市时代城市规划制度创新的关键是“破”“立”结合。创新重点包括：①城市规划法律制度创新。城市规划制度创新的关键首旨就是建立适应社会主义市场经济发展需要的新的城市规划法律制度；②城市规划行政制度创新。由于我国政府任期制的短期性与规划的长期性存在不协同，导致城市规划时常调整或无法有效落地，因此我国城市规划制度创新的迫切任务是要借助国家政府体制改革和职能转换，加快改革现有的城市规划行政方法，使城市规划行政行为进一步法治化、规范化、透明化、公开化、科学化和民主化。

（3）管理创新是新城市时代城市规划高效实施的有效环节。所谓管理创新简单说就是创造一种新的更有效的资源整合范式。实现规划管理创新需要剖析城市规划管理“失灵”与“失败”，包括：①城市规划管理职能错位。现实中的规划管理部门在维持整体发展并不时担忧其他部门和开发商急功近利的过程中，往往不知觉地陷入“重近轻远、重微观轻宏观、重项目轻规划、重事前审批、轻事后管理”的泥潭；②“规划万能”的误区。城市规划不可能解决城市发展中的所有问题，在复杂的城市系统中其干预活动超过其作用域值就会“失败”。“规划万能”误区具体表现为一方面规划似乎可以超越政治、经济和行政约束，其实正相反，城市规划实质上是城市社会、经济、政治等决定的产物，规划发挥作用只有在符合上述决定因素的前提下方可有效运作；另一方面以为城市规划区内的规划管理无所不包，结果导致责权不明，忙中出错。

（4）理清城市规划管理创新思路与取向。迈向新城市时代，中国城市规划管理的外部环境和内部氛围发生新的变化，规划管理目标、管理对象、管理内容、管理重点、管理范围及至管理方法也要求有新的变化。传统体制下，规划管理部门承担了微观城市建设活动的绝大部分管理任务，规划管理人员的主要精力都用在城市建设具体项目管理的日常活动上，陷入开会、协调、批项目、跑现场、赶场子等繁琐任务堆中，大大降低了城市规划管理的发展战略研究能力、宏观决策能力、综合服务能力、综合调控协同能力和系统改革能力。因而城市规划管理创新可从以下几方面寻找突破口：

①城市规划管理思路创新。新城市时代应该树立全新的城市规划管理思路和现代城市规划管理理念，提高规划管理在城市规划体系中的重要性认识，及其在城市政府中的行政地位，变被动管理为主动超前管理，变感性经验人治管理为现代理性法制管理，变注重微观项目管理为宏观战略调控管理，变突击管理为长效管理。

②城市规划管理组织（机构）创新。管理组织机构是城市规划管理活动有序化的支撑，是城市规划管理体系的决定因素，得力的规划行政领导、有效的规划沟通、可行的规划决策、高效的规划效能，均依赖有条不紊的规划管理组织机构支持。我国现行的规划管理组织机构仍然存在职能不到位、力量薄弱、体系不健全等现象。创新首先要健全规划管理机构，改变现有规划管理机构“横不到边、纵不到底”的不合理结构；其次要合理划分规划管理权责，按照市场经济发展要求，逐步剥离一些管理职能，如政事剥离、批审剥离、处罚剥离等，以提高各方对规划的信赖度；三是要建立合法、合理、合情高效的规划运行程序。

③城市规划管理制度创新。制度既是规划管理行为的规范，也是规划管理者的行为规范。目前重要的规划管理制度创新领域是规划行政审批制度、工作运转流程制度、政务公开制度、监察监督制度，而创新重点则是如何在严格制度规范下提高城市规划办事效能。

当前是城市发展和城市规划复杂而多变的新时代，解决的问题事关城市长远、可持续发展。没有深厚的理论根底、完善的制度、高效的管理和全新的教育，没有丰富的实践经验、没有进行探索和创新的勇气、决心和毅力，就难以实现城市规划的全面提升和突破。

【讨论】迈入新世纪时，我国城市规划的制度弱点有哪些？可以进行哪些方向上的规划管理创新？

（资料来源：整理和改写自周建军 . 论新城市时代城市规划制度与管理创新 [J]. 城市规划，2004（12）：33-36.）

延伸阅读

[1] 罗纳德 .H. 科斯，等 . 财产权利与制度变迁——产权学派与新制度学派译文集 [M]. 刘守英，等译 . 上海：格致出版社，上海三联书店，上海人民出版社，2014.

[2] B. 盖伊·彼得斯 . 政治科学中的制度理论：新制度主义 [M]. 3 版 . 王向民，段红伟，译 . 上海：上海人民出版社，2016.

[3] 康芒斯 . 制度经济学（上、下）[M]. 赵睿，译 . 北京：华夏出版社，2017.

第3章

政治、经济、社会制度环境

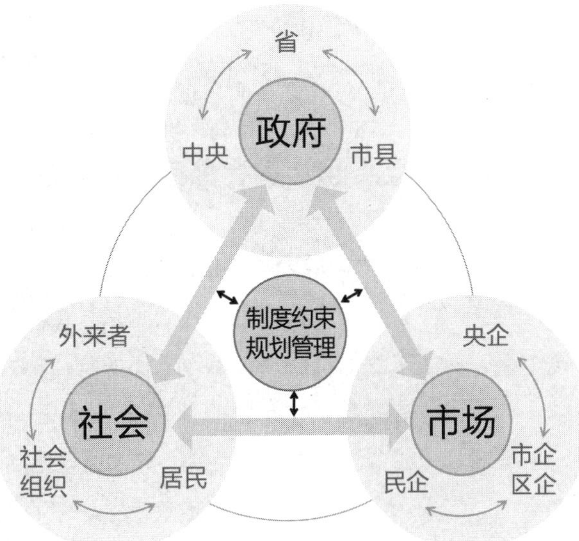

【章节要点】政治制度环境（我国的国家结构形式、国体与政体、政府体制的基本架构、政治体制改革诉求）；经济制度环境（我国经济体制的发展与转型、社会主义市场经济的基本特征、经济发展的新常态与改革诉求）；社会制度环境（我国户籍制度的变迁、户籍制度的问题与改革方向）。

政治、经济、社会制度环境，这三者是确定我国其他制度安排的重要基石，是城乡规划管理制度需要适应和契合的对象。本章从国家形式与政府体制架构来概述我国基本的政治制度环境，以社会主义市场经济体制的建立过程及其特征和挑战来概述我国基本的经济制度环境，以中国当代户籍制度的发展变化和改革需求来表征我国基本的社会制度环境。

3.1 政治制度环境：国家形式与政府体制

3.1.1 来自政治学的相关概念[①]

（1）权力与政治权力。权力是指社会生活中存在的一种制度化的支配性社会关系，简单来看是贯彻某种意志从而实现一定目标的能力。政治权力则指与政治有关的权力，主要包括意识形态权力、军事权力、法律权力和行政权力，具有公共性，垄断暴力的合法使用，广泛性、深入性与强制性这几重特征。

（2）国家与阶级。国家是政治学的核心范畴，马克思主义认为国家是阶级统治

① 内容主要整理和来源自：孙关宏，胡雨春，任军锋．政治学概论 [M]. 2 版．上海：复旦大学出版社：2008.

的暴力工具。阶级是指这样一些集团，因在一定社会经济结构中所处的位置不同，使得一个集团能够占有另一个集团的劳动[①]。在阶级社会中，国家、统治阶级与被统治阶级之间形成了一种相互制约和斗争的权力平衡体系。

（3）国体与政体。国体是指国家的性质，亦称国家的阶级本质，即社会各阶级在国家中的地位，如国家政权掌握在哪个阶级手里、哪个阶级是统治阶级、哪个阶级是被统治阶级。政体是指国家政权的组织形式，就是统治阶级采取何种原则和方式来组织自己的政权机关，实现自己的统治。国体决定政体，政体反映国体。

（4）国家形式、政权组织形式与国家结构形式。国家形式是一个国家统治阶级实现本阶级权力的方式，包括政权组织形式（政体）和国家结构形式。其中，政权组织形式表现为实现国家权力的机关以及各机关之间的关系；国家结构形式是一个国家的纵向的权力安排，它表明了国家的整体与局部、中央政权机关与地方政权机关之间的权力安排。

（5）政府。政府是国家进行统治和社会管理的机关，是国家表示意志、发布命令和处理事务的机关，实际是对国家代理组织和官吏的总称。政府的概念有广义和狭义之分，广义的政府是指行使国家权力的所有机关，包括立法、行政和司法机关；狭义的政府是指国家权力的执行机关，即国家行政机关[②]。

（6）政党。政党是特定阶级或阶层利益的集中代表，是由特定阶级的骨干分子在共同政治纲领的指引下，为谋取和巩固政权而在政治活动中采用共同行动的政治组织。

3.1.2 现代政府及其组织原则[③]

罗杰·威廉斯指出："政府是表达社会意愿的具体机构，是为公众服务的联合体，目的在于增进人民的福利。"不同国家几乎都会将某种形式的民主作为本国政治发展所追求的最终目标，这些国家在建构现代政府时遵循了一些共有的基本组织原则，包括人民主权、代议民主、有限政府、分权、法治等。

（1）人民主权原则。人民主权原则是指国家主权"在民"而不是"在神"或"在君"，国家主权属于人民，而不是专属于某个人或社会集团。卢梭论证了人民主权思想，为西方资产阶级国家的政治制度奠定了基础。人民主权原则解决了政府的合法性和权力来源问题，体现出人民享有国家主权的特征，即政府的合法性来源于人民，人民委托政府行使国家权利，政府需对人民负责。人民对政治的参与程度从某种角度上可以衡量一个国家的民主状况。

---

① 中共中央马克思、恩格斯、列宁、斯大林著作编译局．列宁选集：第四卷[M].北京：人民出版社，1972.

② 李鹏．公共管理学[M].北京：中共中央党校出版社，2010.

③ 内容主要整理和来源自：陈尧．当代中国政府体制[M].上海：上海交通大学出版社，2005：13-21.

（2）代议民主原则。代议民主原则将人民主权原则从理论变为现实，解决了现代政府的具体组织形式问题。因国家规模和人口数量等条件限制，尽管国家主权掌握在人民手里，但国家主权很难直接由人民行使，因此人民需要通过委托的形式，将管理国家的权力转移给代表来具体行使，并通过定期的选举来监督、更替代表人选以确保自己的主权。当代各国普遍实行代议民主制，按照一定程序选举代表组成代议机关来行使国家最高权力①。

（3）有限政府原则。有限政府原则认为政府权力是有边界的，政府在规模、职能、权力和行为方式上受到法律和社会的严格限制和有效制约。政府的有限表现在政府权力以不侵犯公民合法权益为基本限度。有限政府强调在增强政府治理能力、不断提高政府管理水平的前提下，政府要有所为、有所不为，在提供公共产品、公共服务以满足公众利益诉求和经济发展客观需要的同时，受到各种监督制约以避免滥用职权。

（4）分权原则。分权即国家权力的分立，是指国家权力不是集中于一个机构或者一部分人，而是划成部分由不同的国家机构和人员来分别执掌。孟德斯鸠将广义的政府权力明确划分为“立法”“行政”“司法”权力，并认为政府权力应当分别由不同的机构和人员行使，否则自由便不复存在。现代政府运行机制中的分权，可以保障国家权力的有效行使，通过监督和制约机制来防止权力过于集中而变为专制，遏制权力腐败、政策多变和轻率决策等。可见分权是现代政府的内在要求，除约束政府权力外，也在于因政治和社会生活的日益多元化和复杂化，权力在组织上需要实现一定程度的职能分工。

（5）法治原则。戴雪（A.V.Dicey）认为法治概念有三层含义，即人人皆受法律统治而非受人性统治；人人必须平等地服从法律和法院的管理，无人可凌驾于法律之上；宪法为法治的体现或反映，个人权利是法律的来源而非法律的结果。法治原则强调个人与生俱来的基本权利，这些权利不能被剥夺和侵犯。法治要求依法治国，注重法律正义；强调法律是被人类发现的自然法则，具有规范性和稳定性。因此，法律是普遍和公开的，经过合理的民主程序制定并公之于众；法治的目的是维护公民权利，公民按法律享有权利，公民权利的剥夺也必须依照法律；司法必须独立，法律面前人人平等。按照法治原则，政府的组成、政府权力的范围、政府权力的行使必须依照法律规定，按法定程序进行。

3.1.3 我国的国家结构形式

国家为了有效管理社会和进行统治，通常要将政权所管辖的领土划分为若干区

① 代议民主制提供了公民进行政治参与的途径，保障了公民的选举权和被选举权等。

域，设立相应的地方政府机构来合理行使国家权力，并由此建构出整体与局部、中央与地方等的纵向组织关系，即国家结构形式。

国家结构形式是在国家机构体系内纵向配置和运用国家权力的政治法律制度，涉及划分国家组成区域、处理全国性政府与区域性政府之间以及各级区域性政府相互之间的职权等一系列国家生活中的重大问题，是人民的国家权力赖以实现的基础，其重要性不亚于国家政权组织形式[①]。国家的结构形式往往由历史、地理、政治、经济、民族、宗教、文化、社会心理等因素共同作用，经过漫长的政治斗争，最后以宪法的形式予以确立下来[②]。

现代世界各国的国家结构形式，基本上可以分为“单一制”和“复合制”两种。在单一制的国家中，全国只有一个宪法和一个中央政权；各行政单位或者自治单位受中央的统一领导；不论中央与地方的分权程度如何，地方权力均由中央以宪法和法律加以规定[③]。因此单一制是由若干行政区域组成的单一主权的国家结构形式。复合制是由两个或两个以上的成员单位（如邦、州、共和国等）联合组成的联盟国家或国家联盟，根据成员单位独立性的强弱，复合制又可分为“联邦制”和“邦联制”[④]等形式。我国的国家结构形式主要是单一制，这是多种复杂因素共同作用的结果[⑤]。从历史看来，我国长期的封建帝王统治导致集权统一的思想深入人心，多民族之间的相互融合和杂居也为单一制国家结构形式的采用奠定了基础。在单一制基础上，我国还通过民族区域自治制度、特别行政区等制度[⑥]来多元化地满足管理需求。

3.1.4 我国的国体与政体

亚里士多德、希罗多德、孟德斯鸠、卢梭等注重从执政者（主权者）的人数和统治权的归属来划分政体，涉及君主制、贵族制、共和制、民主政体与专制政体等。政治学家约翰·威廉·柏杰斯进行了更为多元的四类政体划分[⑦]：根据主权机关与政府机关有无区别分为直接政府（直接民主制）和间接政府（间接民主制）；根据国家元首的产生方式分为世袭政府和选任政府；根据行政与立法部门的关系分为责任

① 童之伟.国家结构形式论[M].2版.北京：北京大学出版社，2015.

② 具体参见：陈尧.当代中国政府体制[M].上海：上海交通大学出版社，2005：11.

③ 吴祖谋. 法学概论[M].北京：法律出版社，2013.

④ 通常“邦联”是指若干独立的主权国家为了特定目的而组成的国家联盟。因此，邦联不是一个主权国家，没有统一的宪法和集中统一的国家机关体系；各成员国家都有自己独立的主权、中央国家机关体系和法律制度体系；邦联的决定要经各成员国家的批准才能够产生效力。具体参见：周叶中. 宪法[M]. 2版.北京：高等教育出版社，2005.

⑤ 具体参见：刘江川宇.论中国国家结构形式[EB/OL].（2013–4–21）[2019–4–1]. http：//www.wendangku.net/doc/9eb0f42cbd64783e09122b1d.html.

⑥ 香港、澳门施行享有高度自主权的特别行政区制度，与中央的关系表现出复合制的特点；实行民族区域自治的地方享有一般地方国家机关所没有的许多自治权。

⑦ 孙关宏，胡雨春，任军锋.政治学概论[M].2版.上海：复旦大学出版社，2008.

内阁制和总统共和制；根据政府机关的职权集散分为单一制和联邦制。当代各国的政府体制主要存在三种形式[①]：民主共和制（议会内阁制、总统制、委员会制、人民代表大会制等）；权威主义体制[②]（政党权威主义、官僚权威主义、个人权威主义等）和传统体制（君主制、酋长制、教权制等）。

我国是工人阶级领导的、以工农联盟为基础的人民民主专政的社会主义国家。人民民主专政是我国的国体，人民代表大会制度是我国的政体，中国共产党是我国的执政党，是我国社会主义事业的领导核心（图 3-1）。

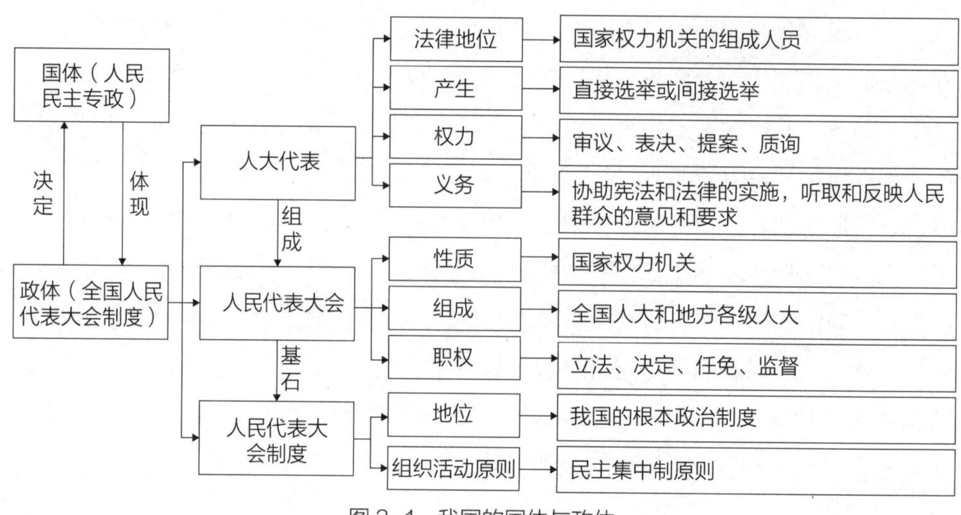

图 3-1　我国的国体与政体

（1）人民民主专政（国体）：人民民主专政最早由毛泽东提出，是马克思列宁主义的无产阶级专政理论同中国具体情况相结合而创建的适合中国国情和革命传统的政权形式。人民民主专政是指工人阶级领导的，以工农联盟为基础的，对人民实行民主和对敌人实行专政的国家制度，是我国实行无产阶级专政的一种形式。工人阶级的领导是人民民主专政国家政权的最重要特征，工人阶级的领导是通过自己的先锋队组织中国共产党的领导来实现的。在人民民主专政中，中国共产党和中华人民共和国代表最广大人民的根本利益[③]，可以使用专制的方法来对待敌对势力以维持人民民主政权。

（2）人民代表大会制度（政体）：人民代表大会制是由选民或选民代表按照民主集中制的原则，依法选举产生人民代表，由人民代表组成全国和地方的各级人民代

① 陈尧 . 当代中国政府体制 [M]. 上海：上海交通大学出版社，2005：8-9.

② 通常以总统制或议会制为形式，但行政权高于其他权力，使得统治者不受或很少受到限制的一种体制。

③ 在我国，工人阶级（包括知识分子）、占总人口大多数的农民阶级、一切拥护社会主义制度和拥护祖国统一的爱国者，都属于“人民”的范畴，在最广大的人民内部实行民主，只对极少数敌人实行专政。

表大会，行使国家权力的一种政体。人民代表大会制度直接体现我国人民民主专政的国家性质，其作为我国的政权组织形式，明确了国家的一切权力属于人民。人民代表大会制度是我国根本性的政治制度，是国家政治力量的源泉，是其他各项政治制度赖以建立的前提。宪法和相关法律规定的全国代表大会的主要职权包括最高立法权、任免权、决定权和监督权。全国人民代表大会主要通过会议形式行使其相关权力，即每年举行一次的全国人民代表大会[①]，由全国人民代表大会常委会召集，采用少数服从多数的原则进行集体表决。全国人民代表大会每届任期五年，它的常设机关是全国人民代表大会常务委员会。常务委员会组成人员从全国人民代表大会的代表中选举产生，一般每两个月会举行一次全国人民代表大会常务委员会会议。

3.1.5 我国政府体制的基本架构

《中华人民共和国宪法》(2018 修正）规定：人民代表大会行使立法权（第五十八条)，人民法院行使审判权（第一百二十八条)，人民检察院行使检察权（第一百三十四条)，人民政府行使行政权（第三章三、五、六节)。因此，由中国共产党作为执政党，人民代表大会作为立法机构，行政机关实施行政管理，司法机关执行法律法规决议，民主党派参与政治协商等关键性的政治要素和制度安排，组合成了当代中国基本的政府体制架构（图 3-2）[②]。

（1）执政党：中国共产党组织负责国家政治生活中各个层次的重大方针、战略决策，负责领导国家机关体系。中国共产党实现对国家的领导主要表现在党制定路线、方针、政策，并通过法定程序上升为国家意志，以确定社会发展的总方向和每

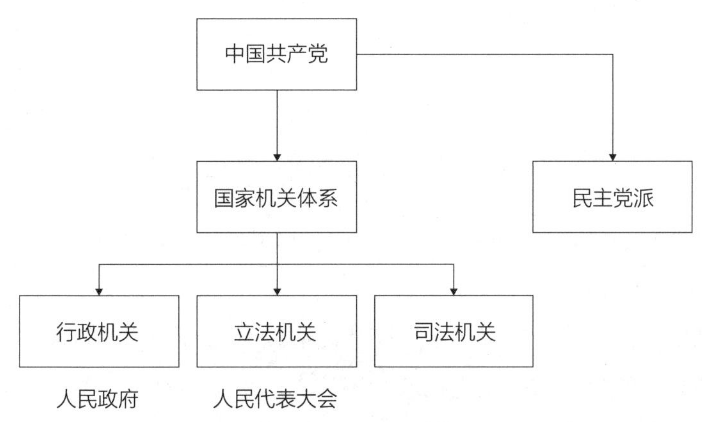

图 3-2 我国基本的政府体制框架关系图

资料来源：改绘自陈尧.当代中国政府体制 [M]. 上海：上海交通大学出版社，2005：3.

① 全国人民代表大会会议于每年第一季度举行，通常在每年的 3 月下旬召开，会期大约半个月。在必要的情况下，也可临时召集全国人民代表大会会议。

② 陈尧.当代中国政府体制 [M]. 上海：上海交通大学出版社，2005：3.

个历史阶段的总目标，以及推荐优秀党员担任各级国家机关的主要领导职务等——这些要通过人民代表大会行使其职权来实现。中国共产党的领导体制是在坚持党的领导原则、民主集中制原则、党政分开的原则指导下，实现对国家机关的集中、统一的领导和决策[①]。

（2）立法机关：人民代表大会是国家的权力机关，行政机关和司法机关由同级人民代表大会产生。人民代表大会负责将中国共产党确定的重大方针政策等以法律、法规或者决议的形式纳入国家决策的过程，以及制定与社会公共生活有着密切联系的法律规范。在国家政治体制中，一方面，人民代表大会接受党的领导；另一方面，党必须遵守宪法和法律，人民代表大会有权监督宪法和法律的实施，对政党违反宪法和法律的行为应予以追究[②]。

（3）行政机关：行政机关负责执行人民代表大会制定的法律、法规和有关决议，也实际执行中国共产党的方针与政策。中国政府设置的各类行政机构，整体上呈金字塔形结构，顶端为国务院（中央人民政府），下设 34 个省级行政区（包括 23 个省、5 个自治区、4 个直辖市、2 个特别行政区）（图 3–3）。在职能细分上又形成了职能部门内部的垂直分工，以及不同职能部门等之间的横向并列结构[②]。

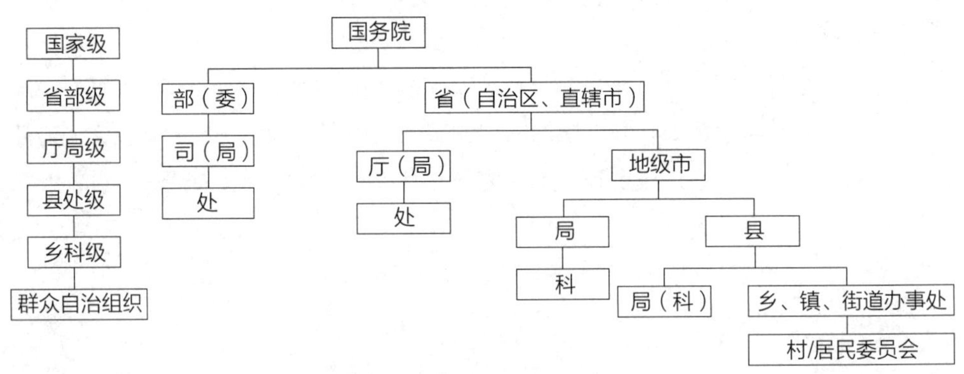

图 3-3　我国的政府组织架构图

（4）司法机关：司法机关负责按照法律、法规的规范保护和调整社会关系，维护社会的正常运行。

（5）民主党派：作为贯穿整个政府体制的政策输入，我国目前实行中国共产党领导的多党合作制下的民主党派政治协商，这一体制对于推进民主政治具有重要作用。

① 陈尧. 当代中国政府体制 [M]. 上海：上海交通大学出版社，2005：39.

② 郑金军. 中国转型期的政府关系管理 [D]. 北京：北京大学，2006.

3.1.6 政治体制改革的任务与诉求

国家权力体系的建构、纵向结构形式的设置、政府体制的组织等，确定了国家管理与运行的基本政治框架和权利分配，是其他制度和部门管理得以运作实施的重要政治制度环境。我国的政治体制尚不完善，还面临一系列挑战和改革诉求，例如[①]：①政治改革所要解决的现实课题已经发生重大变化，政治体制改革过去主要为适应经济改革和发展需要，当前转向主要解决由经济改革和社会发展所带来的政治社会问题和满足人民对美好生活的追求；②政治改革的首要问题是如何在新的社会政治经济环境下建立新的合法性基础，过去以经济增长和人民生活水平提高的政绩型合法性基础表现出时效性和局限性，政府需要转换职能并优化公共行政的途径与方式；③政治改革应当通过各项政策和措施维护社会公正并加快民主与法治的改革进程，民意表达的合法渠道有待完善，针对有法不依、执法不严、吏治腐败等现象在立法和执法方面也需进一步强化。在坚持党的领导、发展人民民主、推进依法治国的同时，我国政治体制改革的主要任务是[②]：理顺党政关系，优化权力结构；克服官僚主义，提高工作效率；完善民主法治，焕发政治活力；加快经济发展，促进社会和谐；转变政府职能，建构服务型政府等。

3.2 经济制度环境：社会主义市场经济

马克思主义从社会演化角度，通过分析生产力和生产关系、经济基础和上层建筑的互动关系，指出制度包括经济关系层面的经济制度，以及立足于经济基础之上的法律、政治及意识形态等上层建筑。经济制度是经济关系（包括生产、交换、分配和消费等多种关系）在制度上的反映，也是人类社会发展到一定阶段占主要地位的生产关系的总和，主要由三方面内容构成，即生产资料归谁所有、人们在生产中的地位和相互关系、产品如何分配。其中生产资料归谁所有决定生产关系的性质和基本特征，是社会经济制度的基础。

按照马克思主义关于人类社会发展阶段的学说，人类历史上经历了五种依次更替的经济制度，即原始公社经济制度、奴隶制经济制度、封建制经济制度、资本主义经济制度、社会主义经济制度。在我国，社会主义基本经济制度和对外开放战略是“中国模式”的关键，在我国经济发展道路上发挥着基础性和根本性的作用[③]。

---

① 徐湘林. 以政治稳定为基础的中国渐进政治改革 [J]. 战略与管理，2000（5）：16-26.

② 王寿林. 改革开放以来中国政治发展的基本经验 [J]. 新视野，2019（1）：13-20.

③ 陈锦华. 中国模式与中国制度 [M]. 北京：人民出版社，2012：320.

3.2.1 中国经济体制转型的实践探索：从计划走向市场

中华人民共和国成立以来，中国经济体制经历了两次大转型：第一次发生在中华人民共和国成立初期，实现了从中华人民共和国成立前的半统治半市场经济向计划经济的发展；第二次发生在改革开放之后，由计划经济转变为社会主义市场经济。总体上，我国经济体制改革的重中之重就是从计划经济体制逐渐向市场经济体制转变的过程。

（1）计划经济体制的逐步确立期（1949—1956 年）①

中国的第一次经济转型始于中华人民共和国成立初期，其目的是改变旧中国的经济体制，主要内容包括两方面：一是对所有制成分及各成分的比例进行调整；二是改变计划与市场在经济体制中的地位，确立实行计划经济，也即根据政府计划调节经济活动的经济运行体制。

首先，在所有制成分及其比例结构方面，中华人民共和国成立时是多种所有制并存的局面，但其成分及比例结构逐步发生变化。最关键的变化是新政权通过没收官僚资本建立起国营经济。除国营经济之外，当时还存在其他四种经济成分，即合作社经济、个体经济、私人资本主义经济、国家资本主义经济，此外还有一些外资企业。1949 年《中国人民政治协商会议共同纲领》针对这些不同的经济成分做出规定：各种社会经济成分在国营经济领导之下，分工合作，各得其所，以促进整个社会经济的发展；凡属有关国家经济命脉和足以操纵国民生计的事业，均应由国家统一经营；凡有利于国计民生的私营经济事业，人民政府应鼓励其经营的积极性，并扶助其发展；应鼓励私人资本向国家资本主义方向发展。在实际运行中，通过没收官僚资本，国营经济在金融、工业和交通能源等方面很快取得了领导地位，但私营和个体经济在社会经济生活中仍占有重要地位。

其次，我国在中华人民共和国成立后的七年间（1949—1956 年）逐步走上计划经济体制的轨道。在计划与市场的关系方面，中华人民共和国成立后的前三年处于一种混合状态，既有计划又有市场。国营经济从一开始就实行计划，少量的国家资本主义经济等实行半计划。由于新政权承认多种经济成分并存的现状，实行保护和发展私营工商业的政策，希望利用市场来恢复和活跃经济，因此总的来看，市场仍在发挥作用。从 1953 年起，中国走上了经济体制转变的快车道。这一年，中国开始实施第一个五年计划；与此同时，中共中央提出过渡时期的总路线，开始对农业、手工业和资本主义工商业进行社会主义改造。最初的设想是向社会主义过渡大约需要 10—15 年，但实际只用了三四年的时间。1956 年，中共八大正式宣布中国进入社会主义社会。按照当时的认识，经济方面已基本达到了两条标准：一是形成了以

① 内容主要整理和来源自：章百家，朱丹．中国经济体制两次转型的历史比较 [J]. 中共党史研究，2009（7）：6–23.

国营和集体为绝对主体的单一公有制，二是开始全面实行计划经济。

（2）计划经济时期对市场价值的萌芽讨论期（1957—1977 年）[①]

计划经济对中华人民共和国成立初期的国民社会经济发展起到了很大的推动作用，然而随着所有制改造的完成以及经济规模的扩大，计划经济忽视市场规律、管控过多、严重抑制企业发展等弊端逐渐凸显出来。为此，从 20 世纪 50 年代中期开始，我国便开始有意识对计划经济进行改造深化，不断深化对计划与市场关系的认识与思考。

在 1978 年党的十一届三中全会提出在改革开放之前的近三十年里，虽然面临着社会主义革命和社会主义建设很多复杂而艰巨的问题，国家仍十分关注社会主义经济中商品货币关系和市场问题。1956—1957 年经济学界开展了关于社会主义条件下要不要市场的讨论；1958—1959 年又进行了关于社会主义经济中价值规律的讨论；1961—1964 年进行了关于价格形成机制的讨论。许多人在讨论中都提出社会主义经济中必须利用市场关系，发挥价值规律的作用。20 世纪 50 年代末 60 年代初，党中央围绕《苏联社会主义经济问题》和苏联《政治经济学教科书》（第三版）这两本书进行了学习，认为苏联那种高度集中统一的计划经济体制对地方和企业管得过多过死，不利于发挥地方、企业的积极性。但是，这些讨论和认识，从总体上并没有超出传统的计划经济理论，在整个理论界中占统治地位的观点仍认为计划经济姓“社”，市场经济姓“资”，计划经济与市场经济是反映社会根本经济制度的对立的范畴。

（3）从计划经济走向市场的理论形成期（1978—1991 年）[②]

中共十一届三中全会后，国家认识到了传统计划经济存在的弊端，提出要进行相应的改革，这就涉及如何重新认识和评价商品经济、市场机制的作用问题。十一届三中全会会议公报明确指出：“现在我国经济管理体制的一个严重缺点是权力过于集中，应该有领导地大胆下放，让地方和工农业企业在国家统一计划的指导下有更多的经营管理自主权”“坚决实行按经济规律办事，重视价值规律的作用”，这是改革高度集权的计划管理体制的信号。陈云、李先念、邓小平等也先后指出，“社会主义经济不仅需要计划调节部分，同时还需要市场调节部分”“要充分重视市场的调节作用”“社会主义也可以搞市场经济”。1984 年 10 月，党的十二届三中全会通过的《关于经济体制改革的决定》，突破了把计划经济同商品经济对立起来的传统观念，明确提出“社会主义计划经济必须自觉依据和运用价值规律，是在公有制基础上的有计划的商品经济。商品经济的充分发展，是社会经济发展的不可逾越的阶段，是实现我国经济现代化的必要条件”。会议首次提出了社会主义商品经济的说法，对于推进

① 主要内容整理和来源自：杨干忠 . 社会主义市场经济概论 [M]. 4 版 . 北京：中国人民大学出版社，2014.

② 主要内容整理和来源自：毛传清 . 论中国社会主义市场经济发展的六个阶段 [J]. 当代中国史研究，2004（05）：71-79+127.

我国以市场为取向的改革起到了积极的促进作用。

此后，我国以城市为重点的经济体制改革进入新阶段，商品经济迅速发展，原有指令性计划体制对整个经济活动的覆盖明显缩小，市场机制的作用范围日益扩大。但经济领域明显存在的“新旧体制并存”状态，也造成了严重的体制摩擦。因此，党的十三大报告在计划和市场关系的认识上又实现了重大发展，报告提出：“社会主义有计划商品经济的体制，应该是计划与市场内在统一的体制”“社会主义商品经济同资本主义商品经济的本质区别，在于所有制基础不同”；“必须把计划工作建立在商品交换和价值规律的基础上。以指令性计划为主的直接管理方式，不能适应社会主义商品经济发展的要求”；“新的经济运行机制，总体上说应当是‘国家调节市场，市场引导企业’的机制”；“社会主义的市场体系，不仅包括消费品和生产资料等商品市场，而且应当包括资金、劳务、技术、信息和房地产等生产要素市场……社会主义市场体系还必须是竞争的和开放的”。这些理论清晰阐明了社会主义经济中计划与市场的关系，提出了新的经济体制下的经济运行机制，分析了市场经济主体和市场体系的构建，这为社会主义市场经济的正式确立奠定了坚实基础。

（4）市场经济体制的建立与运行期（1992 年至今）[①]

随着我国改革开放的不断深入，在步子走得比较快、搞得比较好的地区，经济运行的市场取向非常明显，最突出的是几个经济特区，其产、供、销都面向和依靠市场，市场机制在特区的资源配置和经济运行中起着决定性作用。与此同时，苏南地区的乡镇企业异军突起，这些企业从资金、劳动力、原材料的来源到产品的销售均来自市场和流向市场。因此，经济发展的实践强烈要求进一步突出市场调节在经济运行中的地位与作用，即要求实行市场对社会生产要素配置起基础性作用的经济体制。

在这个关键时刻，1992 年春，我国改革开放的总设计师邓小平发表了著名的“南方谈话”，从理论和实践的结合上解决了这一矛盾，使我国对计划与市场关系的认识产生了质的飞跃。同年 5 月，中共中央政治局通过关于加快改革，扩大开放，力争经济更好更快地上一个新台阶的专题方案。1992 年 10 月，党的十四大召开，会议提出“经济体制改革的目标是建立社会主义市场经济体制”。这也标志着中国开始正式确定建立社会主义市场经济体制。1993 年 11 月，十四届三中全会通过了《中共中央关于建立社会主义市场经济体制若干问题的决定》，进一步深化了中国经济体制的改革目标和基本原则。1997 年，党的十五大会议报告要求：“坚持和完善社会主义公有制为主体、多种所有制经济共同发展的基本经济制度；坚持和完善社会主义市场经济体制，使市场在国家宏观调控下对资源配置起基础性作用；坚持和完善按劳分配为主体的多种分配方式，允许一部分地区一部分人先富起来，带动和帮

---

① 主要内容整理和来源自：黄新华 . 中国经济体制改革的制度分析 [D]. 厦门：厦门大学，2002.

助后富，逐步走向共同富裕；坚持和完善对外开放，积极参与国际经济合作和竞争。保证国民经济持续快速健康发展，人民共享经济繁荣成果。”[①] 自此，社会主义市场经济制度已基本确立，多元开放格局基本形成。

3.2.2 社会主义市场经济体制的特点与挑战

（1）社会主义市场经济的基本特征[②]

社会主义市场经济是市场经济与社会主义制度相结合的一种新的经济制度，因而同时具有现代市场经济的一般特征与社会主义市场经济的独特特征。

1）现代市场经济的一般特征：①经济联系与资源配置通过市场，市场在社会资源配置中起基础性作用；②市场经济主体（企业）具有独立性，即具有独立的经济利益以及自主进行商品生产经营所应有的全部权利；③完善的市场体系，即生产资料、生活资料和生产要素均有着各种类型、层次和规模的市场，这些功能不同的市场构成一个完整的市场体系；④价格形成及变化的市场性，即市场中各种商品的价格由市场经济规律和市场机制来形成和调节；⑤政府对经济的间接调控，即政府部门不得直接干预企业生产经营的微观经济活动，但政府须对社会经济发展实行宏观的、间接的调控；⑥健全的市场法规，即市场中企业的经营活动是由相应的市场法规来规范的；⑦广泛的信息系统，即通过比较完善的信息系统，及时而准确地给企业提供市场信息。

2）社会主义市场经济的独特特征：①社会主义市场经济以全民所有制为主导，以公有制为主体，个体经济、私营经济和外资经济的所有制结构并存[③]；②社会主义市场经济运行的根本目标是实现共同富裕。在社会主义市场经济中，各个企业生产和经营的目的虽然是要实现自身利益最大化，但由于社会主义社会的根本性质，其根本目的亦是为了满足整个社会日益增长的物质文化需要，实现社会生产的目的；③分配结构以按劳分配为主体、其他多种分配方式并存，这既有利于提高效率，又兼顾社会公平，从而实现共同富裕。

（2）社会主义市场经济的矛盾与挑战

1）市场与政府。尽管市场可以有效进行资源配置，但仅依靠市场无法解决诸如外部性、公共物品提供、垄断和信息不对称等一系列问题，从而导致周期性的经济危机，带来经济效率损害和社会福利破坏，即“市场失灵”。在力图弥补市场失灵的过程中，政府通过立法司法、行政管理及经济手段等进行市场干预，也可能引发干

---

① 中共中央文献研究室．十五大以来重要文献选编 [M]. 北京：人民出版社，2000.

② 内容主要整理和来源自：睢国余．社会主义市场经济 [M]. 北京：群众出版社，2001：99-100；杨干忠．社会主义市场经济概论 [M]. 4 版．北京：中国人民大学出版社，2014.

③ 社会主义基本经济制度的核心是公有制为主体，多种所有制经济共同发展。

预不足或干预过度，造成交易成本增大、经济效率低下等问题，即“政府失灵”。因此市场与政府之间的关系处理，市场失灵与政府失灵的互相补救等，依然是社会主义市场经济运作需要不断处理的挑战。

2）公平与效率。公平与效率是人类经济社会生活中的一对常见矛盾，如何有效解决公平与效率的矛盾是困扰当代人类的重大问题之一[①]。在现实中，过于强调无差别的“公平”，容易造成分配上的平均主义，抑制劳动者的积极性、主动性和创造性，从而导致生产效率低下；过分强调“效率”优先，则可能导致社会贫富差距扩大，无法实现共同富裕。因此，我国不断改革和完善经济体制，尽可能优化平衡公平与效率的关系，先后经历了诸如“在促进效率提高的前提下体现社会公平”“兼顾效率与公平”“坚持效率优先、兼顾公平”“初次分配和再次分配都要处理好效率与公平的关系，兼顾效率和公平，再分配更加注重公平”等不同的认识和处理导向。

3.2.3 中国经济发展的新常态与改革路径[②]

改革开放后近30年时间是中国经济发展的辉煌时代，到2011年前后，中国经济发展开始进入“新常态”，具体表现在以下几个方面：①经济增速从高速转为低速，即GDP从10%以上年度增速放缓至7%甚至以下；②经济发展方式由粗放规模型增长转向质量效率型增长；③经济结构从增量扩能为主转向调整存量、做优增量并存；④经济增长驱动由要素驱动、投资驱动转向创新驱动。在新常态下，中国需更加突出全面深化改革的重要作用，推进结构性改革、构建开放型经济新体制、形成“公平—效率”的新常态关系，从要素和投资驱动转向创新驱动，其实现路径表现在以下两方面。

（1）推进供给侧改革。“供给侧改革”针对经济发展新常态，强调供给结构调整：①在生产技术基本不变的情况下，主要通过生产要素的优化组合和配置实现供给结构优化，提高全要素生产率，从而在短期内实现由低水平供需平衡向高水平供需平衡跃升；②通过技术进步推动产业结构升级来实现供给结构优化，为国民经济持续健康发展提供长久动力。“推进供给侧改革，必须牢固树立创新发展理念，推动新技术、新产业、新业态蓬勃发展，为经济持续健康发展提供源源不断的内生动力”。[③] 因此

---

① “公平”通常可以从经济公平与社会公平的角度进行理解：经济公平是建立在经济合理性基础上的公平原则，强调的是各生产要素主体参与社会经济活动的机会平等，并承认机会平等前提下分配结果存在差别；社会公平是建立在社会合理性基础上的公平原则，即在机会平等的前期下，强调个人利益分配结果上的相对平等，消除贫富差异和社会两极分化。在经济活动中，“效率”主要指资源的配置效率，其基本含义是以给定的投入换取尽可能大的有效产出。

② 内容主要整理和来源自：白暴力，王胜利．供给侧改革的理论和制度基础与创新[J]. 中国社会科学院研究生院学报，2017（2）：49-59+146；刘国光，王佳宁．中国经济体制改革的方向、目标和核心议题[J]. 改革，2018（1）：5-21.

③ 习近平：在省部级主要领导干部学习贯彻党的十八届五中全会精神专题研讨班上的讲话，人民日报，2016年5月10日。

供给侧改革过程中，为切实适应新一轮产业革命发展要求，要“坚持自主创新、重点跨越、支撑发展、引领未来的方针，以全球视野谋划和推动创新，改善人才发展环境，努力实现优势领域、关键技术的重大突破，尽快形成一批带动产业发展的核心技术”①，从而逐步建立基于新技术的新产业，发展新业态，实现产业结构的优化和升级②。

（2）继续完善社会主义市场经济体制。经济体制改革仍需保持正确的方向，继续深化与完善社会主义市场经济体制，重点着手点在于：①做优、做强、做大国有经济和集体经济，发挥国有经济的主导作用和公有经济的主体作用。加强管理，提升技术水平，推进国有经济的结构优化和规模效益提升。进一步支持和帮扶乡村集体经济的发展，明晰城乡集体经济产权，提高相关企业管理水平，实现集体经济的飞跃；②转变政府职能，处理好政府与市场之间的关系。党的十八大三中全会提出，使市场在资源配置中起决定性作用和更好发挥政府作用，就是强调政府要更好地明确和承担其责任，并充分发挥其职能。这就需要转变政府职能，改革政府机构，建立责任型和服务型政府③；③着力改善民生问题，逐步解决财富和收入两极分化问题，尤其是城乡二元分化问题，通过深化土地和户籍制度改革，缩小城乡收入差距，促进城乡融合。

3.3 社会制度环境：户籍制度与社会权利

社会制度的范畴极其宽泛，这里选择我国的户籍制度加以讨论，这一制度在一定程度上设定了公民的居住、社会身份状态与基本社会权利。我国是世界上最早进行人口调查并制定和执行一套严密户籍管理制度的国家，户籍制度（也称户口制度）在我国的出现早可追溯到商周，主要包括对人口的“登记”和“管理”两方面内容。在封建社会，户籍制度是以家庭、家族、宗族为本位，对全国人口进行管理，并据以征调赋税、劳役和征集兵员，以及区分人户职业和等级的重要制度。现代户籍制度是国家依法收集、确认、登记公民出生、死亡、亲属关系、法定地址等公民人口基本信息，并保障公民在就业、教育、社会福利等方面的权益的法律制度。

我国的户籍制度是对公民实施的一项以户为单位的人口管理政策④，当代户籍制

---

① 习近平在参加上海代表团审议时强调，坚定不移深化改革开放，加大创新驱动发展力度，人民日报，2013年3月6日。

② 白暴力，王胜利．供给侧改革的理论和制度基础与创新 [J]. 中国社会科学院研究生院学报，2017（2）：49-59+146.

③ 政府角色从以往管制、管理转向服务提供；规范政府行为，加快推进政府政企分开、政资分开；加强行政执法部门建设，减少和规范政府审批；政府运用经济手段、法律手段和必要的行政手段管理国民经济，同时减少政府对市场微观经济的干预。

④ 户口簿是配合户籍管理需要，登记住户人员姓名、籍贯、出生年月日等内容的簿册，是全面反映住户人口个人身份、亲属关系、法定住址等人口基本信息的基本户政文书。户口簿在我国分为两种形式：一是《常住人口登记簿》，户口登记机关留存备用，是整个户口登记管理最基本的准据文档；二是《居民户口簿》，由户口登记机关加盖户口专用章，户口个人页加盖户口登记章之后，颁发所登记的住户居民自己保存备用。

度的最大特点是根据地域和家庭成员血缘关系将户籍属性划分为“农业户口”和“非农业户口（城镇户口）”。这种城乡二元户籍制度对公民身份的特殊界定，在城市和农村之间竖起了一道高墙，虽在中华人民共和国成立初期对国家发展起到了一定的推动作用，但随着市场经济的高速发展、城乡交流的日益广泛、社会生活日趋民主，二元户籍制度引发的争议越来越多。自2000年以来，我国各地积极探索推进户籍制度改革，许多省、市、自治区等相继取消了农业户口和非农业户口的性质划分。

3.3.1 我国当代户籍制度的变迁①

我国传统的户籍制度与土地制度、赋税徭役制度直接相关，始于商周，至秦代初具规模，后经三国至南北朝的整顿，到隋唐时期日趋完备②。民国时期，政府先后出台有《户籍法》(1931年）和《户口普查法》(1947年)，推行过国民身份证制度（1946年)，并建立有各级户政机构。中华人民共和国成立以来，我国的户籍制度发展经历了从人口登记管理，到身份甄别，再逐步回归人口信息登记的演进趋势，不同阶段的变革方向与我国城镇化所处阶段密不可分。这种户籍管理制度的变化大致可划分为四个阶段：1958年以前属自由迁徙期；1958—1977年为逆城镇化导向下的严格控制期；1978—1992年为改革开放后的半开放期；1993—2004年为市场经济与快速城镇化引导下的变革探索期；2005年以来为城乡统一户口管理践行期。

（1）中华人民共和国成立伊始的自由迁徙期（1958年以前）③

中华人民共和国成立初期，我国的户籍制度建构工作由城市开始，后逐步覆盖到农村地区。其基本原则是保证人民居住和迁徙的自由，同时也是为了进一步发现和控制反动分子，巩固革命成果④。1950年，公安部系统内部颁发《特种人口管理暂行办法（草案)》，标志着中华人民共和国户籍制度建设的开始。1951年，公安部制定并颁布《城市户口管理暂行条例》，标志着全国城市统一户口登记管理的初步确立。1953年，中央组织开展全国人口调查登记，以进一步掌握我国人口基本情况，做好全国及各级人民代表大会选举的选民登记工作。同年，农村也开始建立简易的户口登记制度，主要由民政部门负责户口登记，统计局负责人口统计工作⑤。1955年，国务院发布关于农村粮食统购统售和市镇粮食供应两个暂行办法，户口与粮食供应直

---

① 内容主要整理和来源自：万川．当代中国户籍制度改革的回顾与思考[J]. 中国人口科学，1999（1）：32-37；王海光．当代中国户籍制度形成与沿革的宏观分析[J]. 中共党史研究，2003（4）：22-29；王文录．我国户籍制度及其历史变迁[J]. 人口研究，2008（1）：43-50； 陆益龙．1949年后的中国户籍制度：结构与变迁[J]. 北京大学学报（哲学社会科学版)，2002（2)：123-130.

② 宋昌斌．中国户籍制度史[M]. 西安：三秦出版社，2016.

③ 内容主要整理和来源自：王海光．当代中国户籍制度形成与沿革的宏观分析[J]. 中共党史研究，2003（4)：22-29.

④ 关于户口工作的几个问题，第一次全国治安行政工作会议文件，1950.11.

⑤ 1954年，内务部、公安部、国家统计局联合发出《通知》，要求普遍建立农村户口登记制度。

接联系起来。随后国务院颁布《关于城乡划分标准的规定》，将“农业人口”和“非农业人口”作为人口统计的指标，按照“农业”与“非农业”户口进行管理的二元户籍体制开始形成。

国务院于1955年发布《关于建立经常户口登记制度的指示》，提出全国户口登记由内务部和县级以上人民委员会的民政部门主管。城市和集镇办理户口登记的机关是公安派出所，乡和未设公安派出所的集镇是乡镇人民委员会。到1956年，国务院要求内务部和各级民政部负责的农村户口登记、统计工作移交给各级公安局机关，自此实现了全国城乡户籍管理机构的统一，确立了“户警一体”的户籍管理形式。1956年全国户口工作会议召开，初步确定了户口迁徙审批和凭证落户制度，讨论了户口管理、人口卡片工作、农民盲流及《中华人民共和国户口登记条例》等相关工作。

这时期形成的雏形阶段的城乡户籍登记制度，建立在中华人民共和国成立伊始社会主义改造基本完成、计划经济体制初步建立的时代背景下，对公民的居住和迁徙没有提出限制，保证了公民居住和迁徙自由[①]。户籍管理的作用体现在统计和提供人口资料、证明公民身份、维护社会治安、配合对敌斗争、服务社会主义建设等方面。

（2）逆城镇化下的严格控制期（1958—1977年）[②]

1958年1月，我国颁布第一部《中华人民共和国户口登记条例》，公民个体被普遍分为“农业户口”和“非农业户口”两大类[③]，要求登记常住、暂住、出生、死亡、迁出、迁入、变更等7项人口内容。该条例是全国城乡户籍制度正式形成的标志，也是我国户籍制度发展史上的重要里程碑，为各行政部门限制或控制个人的居住与迁徙自由以及资源占有权利提供了法律依据。

1958年到改革开放前，我国户籍制度的变化特点表现为：农村人口流入城市受到诸多限制，农业人口转为非农业人口十分困难。在1958年的“大跃进”中，国家从农村招收了大量农民进城当职工，国民经济一度出现困难局面。为此，1961年，党中央提出“调整、巩固、充实、提高”的八字方针，户籍管理机关积极配合国家有关部门从1961年开始进行机构精简，以此来减少职工人数，降低城市人口规模。1964年，国务院批转《公安部关于处理户口迁移的规定（草案）》，要求严加限制人口由农村迁往城市，适当限制小城市迁往大城市、从其他城市迁往北京、上海两市的人口规模，很大程度堵住了农村人口迁往城镇的大门。“文化大革命”时期，由于生产建设遭到严重破坏，城镇就业困难，出现了干部及其家属下放、知识青年上山

---

① 关于户口工作的几个问题，第一次全国治安行政工作会议文件，1950.11.

② 内容主要整理和来源自：万川．当代中国户籍制度改革的回顾与思考[J]. 中国人口科学，1999（1）：32-37.

③《中华人民共和国户口登记条例》第十条规定“公民由农村迁往城市，必须持有城市劳动部门的录用证明、学校的录用证明或者城市户口登记机关的准予迁入证明，向常住地户口登记机关申请办理迁移手续”。以前城乡户口之间的迁移，关键看迁出地“人民委员会”的审批意见，1958年后的迁移决定权在迁入地的国家企事业机关或户口主管机关手中。

下乡等大批城镇人口被动员甚至强迫倒流农村的反常现象。

1977年，国务院批转《公安部关于处理户口迁移的规定》，提出对从农村迁往市镇（含矿区、林区等），由农业人口转为非农业人口，从其他市迁往北京、上海、天津三市的现象严加控制；从镇迁往市，从小市迁往大市，从一般农村迁往市郊、镇郊农村或国营农场、蔬菜队、经济作物区的，应适当控制。该规定第一次正式提出严格控制“农转非”，之后公安部在《关于认真贯彻〈国务院批转“公安部关于处理户口迁移的规定〉”的通知的意见》中，更具体地提出了“农转非”的内部控制指标，即每年从农村迁入市镇和“农转非”的人数不得超过现有非农业人口的1.5%。

总体上，1958—1977年的户籍制度建设基本遵循着一种逆城镇化的逻辑，强调用行政命令来严格控制人口的流动以及城市的发展。到1975年，《宪法》正式取消了关于公民迁徙自由的条款。这时期的户籍制度安排是“既不让城市劳动力盲目增加,也不能让农村劳动力盲目外流”[①]。这时候开始的严格控制人口流动的户籍政策与当时的经济制度密不可分，在计划经济体制下，人们的衣食住行都与户籍捆绑，粮食统购统销制度建立后，户籍制度所承载的功能被不断放大和强化。户籍将人口牢牢地捆绑在特定的地区，方便布票、粮票等有计划、按比例分配，教育、就业、住房、劳保和其他社会福利提供也都以户口性质为依据，户口的登记注册功能向着利益分配功能上逐步转化。

（3）改革开放引导下的半开放期（1978—1992年）[②]

1978年党的十一届三中全会以来，改革开放带来国家经济繁荣的同时也使得城乡隔绝的户口迁移矛盾更加突出。城乡与地区之间大量流动的“民工潮”，对封闭的户籍管理体系形成了冲击，农村地区因农民外出打工造成的人户分离现象普遍存在，国家对户籍制度开始了半开放的初步探索。

1）允许农民自理口粮进入集镇落户。1984年国务院发出《关于农民进入集镇落户问题的通知》，规定在集镇务工、经商、开办服务业的农民及家属，在满足在集镇有固定住所、有经营能力，或在乡镇企事业单位长期务工等条件下，准落常住户口，统计为非农业人口，口粮自理。这表明我国户籍制度改革在集镇开始由指标控制转向准入条件控制过渡。据统计，1984—1990年，全国共计有500万农民落户城镇并自理口粮[③]。

2）探索流动人口的管理方法。公安部于1985年颁布了《关于城镇暂住人口管理的暂行规定》，对流动人口实行《暂住证》《寄住证》和《旅客住宿登记证》相结合的登记管理办法。1985年，全国人大常委会颁布实施《中华人民共和国居民身份

---

① 罗瑞卿.关于中华人民共和国户口登记条例草案的说明，1958.1.9.

② 内容主要整理和来源自：万川.当代中国户籍制度改革的回顾与思考[J].中国人口科学，1999（1）：32-37.

③ 张庆五.户口迁移与流动人口论丛[M].北京：公安大学学报编辑部，1994.

证条例》，在全国范围内实行居民身份证制度，规定凡16岁以上的中国公民均要领取身份证。这为加强流动人口的管理，严密户口登记管理制度等打下基础。

3）改革"农转非"政策。通过调整农转非政策，改变户籍的口子越开越多，农转非的内部指标调整到2‰：可以解决本人农转非的对象有招收的工人和学生、有突出贡献的农林第一线科技人员、残废军人、吃农业粮的退休干部等；可以解决家属农转非的对象有专业技术人员[①]、博士后、煤矿井下工人、志愿兵、党政处以上干部、两地分居老工人夫妇等；可以解决农转非遗漏问题的有上山下乡的知青、落实政策的人员、1960年代被精简的职工。1989年国务院发出《关于严格控制"农转非"过快增长的通知》，对农转非实行计划指标与政策控制相结合的方法。农转非政策由国家计委、公安部、商业部审核，国务院审批；户口迁移的具体审批权集中在地级市。据统计，1979—1990年间全国有5317万人实现了农转非[②]。

4）通过"蓝印户口"实行当地有效城镇户口制度。1992年公安部发出《关于实行当地有效城镇居民户口的通知》，决定通过"蓝印户口"方式来实行当地有效户口制度，以减少大量农民要求进城落户与全国计划指标过少之间的矛盾。这种户籍准入制度是改革过程中的一项过渡性措施，适用范围是小城镇、经济特区、经济开发区、高新技术产业开发区；适用对象是外商亲属、投资办厂工人、被征地的农民。

这一时期，家庭联产承包责任制度的兴起、人民公社体制的瓦解、统购统销制度的废除，使农村生产力得到解放，农业生产长期徘徊不前的局面发生改变。粮食生产丰裕的同时，长期存在的农村劳动力过剩问题凸显出来，严格控制的户籍制度急需逐步放开。1980年代初，中央明确提出"控制大城市规模，合理发展中等城市，积极发展小城市"的城市发展方针。城乡之间的人口流动变得十分频繁，人户分离成为普遍现象。各地在实施农转非的过程，以收取城镇增容费等项目变相出卖户口，甚至公开买卖户口的现象开始涌现[③]。国家通过放宽农民进城务工与经商的相关政策，支持乡镇企业的异军突起[④]，推进农村人口的非农化进程和城镇化的新发展。

（4）快速城镇化进程中的变革探索期（1993—2004年）[⑤]

进入1990年代，特别是1992年确定市场经济体制的改革目标以来，中国进入工业化和城镇化的高速发展期，人口流动规模空前增大。原来附着在户籍上的其他各项制度逐步失去效能，城乡二元户籍体制的负面效应日趋显著。因此，户籍制度改革进入新时期，探索方向是实现人口的公平、有序、自由流动，促进劳动力市场

---

① 1980年，公安部、粮食部、国家人事局联合颁布《关于解决部分专业技术干部的农村家属迁往城镇由国家供应粮食问题规定》，开始打破户籍制度的指标控制模式，是我国户籍制度改革的新起点。

② 公安部三局．户口管理资料汇编：第四册[M]. 北京：群众出版社，1993.

③ 1988年，国务院发布《国务院办公厅关于制止一些市县公开出卖城镇户口的通知》进行制止。

④ "离土不离乡、进厂不进城"的就地城镇化模式。

⑤ 内容主要整理和来源自：王海光．当代中国户籍制度形成与沿革的宏观分析[J]. 中共党史研究，2003（4）：22-29.

的健康发展与经济的持续迅猛增长。总体上，随着户籍改革在各地的逐步推行，小城镇落户政策得以放开，大城市改革步伐缓慢，各地先后开展户籍制度改革探索。

1）户口类型登记更加如实反映公民居住和身份状况。1994年以后，国家取消了以商品粮为标准划分农业户口和非农业户口的做法，改为以居住地和职业划分农业与非农业人口，建立了以常住户口、暂住户口、寄住户口三种管理形式为基础的人口登记制度，并向实现证件化管理迈进。1996年，新常住人口登记表和居民户口簿正式启用,新户口簿取消“农业”和“非农业”的户口类型,填写规范为“集体户”和“家庭户”，以如实反映公民的居住和身份状况。2000年，国家正式取消粮油迁徙证制度，粮食供应关系和户籍迁移脱离。

2）流动人口管理开始有序化。1995年7月，全国流动人口管理工作会议在福建厦门召开，提出对流动人口特别是剩余劳动力的转移要因势利导、兴利除弊，通过发展乡镇企业和加快小城镇建设等，就地消化和吸纳绝大部分剩余劳动力，在此前提下根据城市经济需要，组织部分农村剩余劳动力有序进入城市工作和生活。会议确定了流动人口的管理重点，包括促进农村剩余劳动力就近转移；加强对农村剩余劳动力跨地区流动就业的调控和管理；加强对外来人员落脚点活动场所的管理；严厉依法打击流窜犯罪活动；加强对外来务工与经商人员的服务和宣传教育工作等。

3）小城镇逐步放开落户限制。1997年国务院批准了公安部《小城镇户籍管理制度改革试点方案》和《关于完善农村户籍管理制度的意见》，据此在小城镇从事合法稳定的非农职业、有稳定生活来源和合法固定住所、居住已满两年的农村户口人员，可以办理城镇常住户口，享有与当地原居民同等的待遇。这是对小城镇中事实上已经落户的外来家庭的承认，也吸引着一部分农村流动人口分流到小城镇中。1998年，国务院转批了公安部《关于解决当前户口管理工作中几个突出问题的意见》，主要涉及4项新政，包括婴儿落户随父随母自愿政策，放宽解决夫妻分居问题的户口政策、解决退休老人返回原工作单位所在地或原籍投靠配偶、子女时的落户政策，以及城市投资者和直系亲属在该城市落户政策，但上海、北京等特大城市和大城市在制定具体政策时仍要严格控制。1999年，人事部、公安部下发通知要求解决特殊人才的夫妻两地分居问题时，不受户口指标等的限制。2001年，国务院转批公安部《关于推进小城镇户籍管理制度改革的意见》，明确规定全国所有的镇和县级市市区，取消农转非的计划指标管理，凡有合法固定住所、稳定职业或生活来源的外来人口，均可办理城镇常住户口，是我国户籍制度改革迈出的实质性一步。并且，上述政策变化体现了关照人权人情的基本原则，把社会性移民放在了优先考虑的位置。

4）“蓝印户口”推广到上海等大城市。1998年，国务院转批公安部《关于当前户籍管理中几个突出问题的意见》，明确在继续坚持严格控制大城市规模、合理发展中等城市和小城市的原则下，逐步改革现行户口管理制度。上海、深圳、广州、厦门等一些改革开放前沿城市较早地开始实行“蓝印户口”，通过宽松优惠的户籍政策吸引投资移民、技术移民等。上海市1994年推行了《上海市蓝印户口管理暂行规定》，指明在上海投资人民币100万元（或美元20万元）及以上，或购买一定面积的商品房，或在上海有固定住所及合法稳定工作者均可申请上海市蓝印户口，持蓝印户口一定期限后可转为常住户口。这反映出资产、技术、住房和收入等市场性因素，已经成为户口迁徙的判定条件而非原来的公民身份限制。然而，这项政策因为蓝印户口增长过快，于2002年4月终止，改为使用居住证制度管理外来人员。

（5）城乡统一户口管理践行期（2005年以来）[①]

随着城镇化进程的快速推进，用户口绑定人口的旧政策显然不合时宜，户籍改革的大趋势势不可挡，只有人口的自由流动才能更好地实现人口红利的价值。为此，部分城市正逐渐取消城乡二元户籍制度，建立城乡统一的户籍登记制度，并探索居民积分落户制度。

1）城乡统一的户口登记制度。2005年10月，中华人民共和国公安部官员表示拟取消农业、非农业户口的界限，探索建立城乡统一的户口登记管理制度；公安部新闻局同期表示，全国已有陕西、山东、辽宁、福建、江西、湖北等11个省的公安机关开展了城乡统一户口登记工作。公安部正尝试着手起草《户籍法》，以突出户籍在人口个人信息上的管理职能，弱化附加职能。此时，一些大城市（如北京、上海等）的户籍登记制度依然没有明显松绑，原因讨论聚焦于外来人口涌入对本地就业市场可能造成的冲击，以及因高考录取分数线的地域性差异而产生的高考移民现象。2014年国务院颁布《关于进一步推进户籍制度改革的意见》，为加快推进户籍制度改革明确了路径和要求，明确提出要建立城乡统一的户口登记制度，取消“农业户口”和“非农业户口”的区分，统一登记为“居民户口”。同时，实施差别化落户政策，对城镇、小城市、大中城市和特大城市的落户政策进行了明确界定，提出了“全面放开建制镇和小城市落户限制；有序放开中等城市落户限制；合理确定大城市落户条件，建立积分落户制度；严格控制特大城市人口规模，建立完善积分落户制度”。2020年4月3日，国家发展和改革委员会印发《2020年新型城镇化建设和城乡融合发展重点任务》的通知，明确提出城区常住人口300万以下城市全面取消落户限制，并推动城镇基本公共服务覆盖未落户常住人口。

2）积分落户制度。积分落户制度是近年来户籍制度改革的成果。其最早始于2009年前后出台的广东省中山市的《流动人员积分制管理暂行规定》，该规定对流动人员落户本地实施积分制管理政策。随后，上海市政府在居住证政策的基础上，

---

① 内容主要整理和来源自：孙婕．积分落户制度实施模式比较研究[J]. 中国人民公安大学学报（社会科学版），2018，34（4）：138-146.

研究出台了《持有〈上海居住证〉人员申办本市常住户口试行办法》，在户籍和居住证之间建立了相互衔接的政策通道。“居转常”政策在条件上强调个人能力与贡献，在持证年限、缴保年限、依法纳税、能力水平、违法记录等方面做出了具体规定，为长期稳定就业、稳定居住的来沪人员建立了落户渠道。2013 年 6 月，上海市政府出台《上海市居住证积分管理试行办法》，有效弥补了居住证转上海户籍人口数量有限的缺陷，更大范围地向居住证持有人提供必要的公共服务和便利。2014 年国务院《关于进一步推进户籍制度改革的意见》针对大城市和特大城市的落户政策进行了明确界定，其中“要合理确定大城市落户条件。城区人口在 300 万 ~500 万的城市，可结合本地实际，建立积分落户制度”，“要严格控制特大城市人口规模。改进城区人口 500 万以上的城市现行落户政策，建立完善积分落户制度”，自此积分落户制度在我国大城市和特大城市开始普遍推行。

3.3.2 当前户籍制度的问题与改革方向

由于中国的户籍制度具有强烈的城乡二元结构特征，因此改革户籍制度是推动城乡结构调整、促进人口城镇化发展的关键。区别于西方国家城镇化发展显著的产业和市场推动特征，中国城镇化发展则较多受政府力量和制度因素的影响[①]。户籍制度改革滞后于城镇化发展的现状越来越凸显出人口城镇化与土地城镇化之间的矛盾。任远认为由户籍制度引发的结构性壁垒对城乡发展的显著影响，主要体现在以下三方面：

（1）影响劳动力流动。户籍制度作为人口居住地变更和移民管控的制度，从根本上制约并影响了劳动力市场的流动性[①]。在城乡二元户籍制度体制下，城市教育、医疗、养老等基础服务面向城镇户籍人口，进城务工的农村户籍人口享受不到均等的福利。流动人口对城市的归属感不强，缺少在城市长期发展并居住的动力和预期。现有的积分落户制度期望通过户籍制度改革来吸引高层次人才，并控制其他人口的落户，但这些人才偏好大量服务人口带来的社会福利，而积分落户制度的挤出效应会导致这类劳动力流失。

（2）加剧城乡社会分化。户籍基础上的城乡利益界定加大城市与乡村之间的差别，虽然这种差别在一定程度上推动了城乡迁徙，但也使得城市利益集团形成对城市发展利益的垄断，加剧城乡社会分化。户籍制度和地方性财政体制相结合还造成地区差别的扩大[①]：①以行政单元为基础的户籍管理制度具有明显的封闭性，医疗、教育等社会保障体系仅对本区内户籍人口开放，阻碍了社会保障体系的跨地区整合，妨碍劳动力人才的跨地区流动；②流动人口在流入地贡献经济增长和财政积累，但并没有在流入地享受到应有的社会医疗和保障福利，而需要在原流出地获得，从而

---

① 任远．中国户籍制度改革：现实困境和机制重构 [J]. 南京社会科学，2016（8）：46-52+58.

导致社会福利配置的失衡，扩大地区社会分化。

（3）影响居民发展福利。城乡二元户籍制度阻碍了农村进城人口享受城市生活福利和发展的机会，导致人口的社会阶层跃迁受限。农村居民从农村进入城市是实现阶层跃迁的重要通道，但由于户籍制度的限制，大部分农民进入城市后仍固化在社会底端，少有机会向上流动。就业的排斥、教育的不公平进一步阻碍了进城人口的发展机会。城市教育的户籍排斥使得部分儿童返乡成为留守儿童，也使不少流动儿童在初中毕业后就进入劳动力市场，限制了他们继续向上流动的发展潜力。①

因此，当前户籍制度的改革依然方兴未艾，刘金伟认为新一轮户籍制度改革的重点涉及以下几方面②。

（1）加强户籍制度顶层设计。由于户籍制度改革涉及经济、社会、文化等多个领域，背后的利益格局复杂，因此需要以户籍制度改革为抓手，全面推进户籍制度、土地制度、社会管理等一系列制度的改革，将附着在户籍制度上的教育、医疗、养老等社会公共服务功能剥离，弱化户籍制度对城市公共资源与社会福利的影响，将公共服务覆盖范围由户籍人口拓展至常住人口。长远来看，应逐步建立以居民常住地为基点的户籍管理模式，设计合理的居转户政策，以居民常住地来登记户口。

（2）完善相关法律法规，为户籍制度改革提供法治保障。1958年出台的《中华人民共和国户口登记条例》作为户籍制度的基本法律依据，其中一些内容因已经不符合当前社会实际需要修订③，要建构与现行《居民身份证法》《居住证暂行条例》等相一致的新型户籍管理制度。同时要研究建立农村产权交易机制，打破城乡二元交易壁垒，促进城乡资源要素自由流动，发挥市场在资源配置中的主导作用。在相关法律法规上明确各产权交易边界，尤其是农村农民土地的“所有权、承包权和交易权”，消除农业人口进城落户的后顾之忧，切实保障进城居民的福利。

（3）建立合理的成本分担机制与激励机制。户籍制度改革的过程也是资源再分配的过程，涉及流入地和流出地之间的利益分配问题。在“户改”过程中流入地政府要为外来人口提供基本公共服务，由此给流入地政府带来一定财政压力，建议未来中央在财政转移支付上按照流动人口的规模和合理成本进行测算，按照费随人走的原则，把经费落实到人头，提高流入地政府推进“户改”的积极性④。探索建立地区之间的土地跨省“占补平衡”机制。在人口主要流出省份，根据常住人口的规模限制城市的建设规模和建设用地，让复耕而新增的建设用地指标可

① 任远．中国户籍制度改革：现实困境和机制重构[J]. 南京社会科学，2016（8）：46-52+58.

② 具体参见和整理自：刘金伟．新一轮户籍制度改革的政策效果、问题与对策[J]. 人口与社会，2018，34（4）：89-98.

③ 如“公民因私事离开常住地外出、暂住的时间超过三个月的应当向户口登记机关申请延长时间或者办理迁移手续；既无理由延长时间又无迁移条件的，应当返回常住地”。

④ 中央虽然提出了“人地钱”挂钩的指导性原则，也有专项财政转移支付，但在实施过程中还没有精准落实到与地方需求一致。

以通过某种交易机制转移到相应的人口流入省份和城市，这样既可以实现土地资源的有效利用，又可以激发东部沿海发达地区的积极性，解决跨省流动农民工的户籍问题。

3.4 小结

从政治制度环境来看，由中国共产党作为执政党，人民代表大会作为立法机构，行政机关实施行政管理，司法机关执行法律法规决议，民主党派参与政治协商等关键性的政治要素和制度安排，组合成了当代中国基本的政府体制架构。城乡规划管理作为政府部门的公共行政行为，则需遵守和顺应政治制度环境设定的基本要求。

从经济制度环境来看，社会主义市场经济的建立与完善过程表明，政府和市场的关系、公平与效率的平衡等是经济发展及其制度安排的内在挑战。在客观实际中，经济制度需顺应社会变化和需求演进而不断优化和调整，我国经济当前已迈入“新常态”，需要新的改革来维护持久的经济发展动力。城乡规划管理也需要合理利用市场机制来推进城乡建设的健康发展。

在以户籍制度为对象讨论基本社会制度时，可看出当前我国城乡二元户籍制度的改革仍需深化。城乡二元户籍制度的关键争议点在于这种制度设计将一部分社会福利和公民权利同户籍身份捆绑在了一起，因此在一定程度上影响了社会公平和社会经济发展。城乡二元户籍制度带来的人户分离，“人在城、户在乡”等现象对城乡规划工作提出了诸如服务供给、人口预测等方面的多元挑战。

思考题

（1）简述我国的国体、政体与国家结构形式。

（2）社会主义市场经济体制的特点是什么？

（3）现行户籍制度有哪些不足？户籍制度改革的方向和途径有哪些？

课堂讨论

【材料】中国城市规划与社会、政治、经济制度的关联发展

历史是一面镜子，时刻提示着我们。城市规划与国家的政治、经济、社会发展密切相关，城市规划的各项制度安排必须与中国的制度环境相契合。

（1）城市规划与经济体制。城市规划管理体制必须要适应一定阶段的社会经济体制，处理好与国民经济规划的关系，并随着社会经济体制的变化而不断调整完善自身，其地位才能得到加强，其作用才能得以发挥。我国经历了两种不同的经济体制，城市规划在计划经济时期作为计划的具体深化和实施途径，在中华人民共和国成立之初和“一五”期间由于与经济计划紧密结合而取得了显著效果，把握好了工业建设与城市发展的关系。反观1960—1970年代，由于脱离了社会经济的实际发展，城市规划只能成为无本之木。改革开放后，城市规划在经济社会发展中的贡献也得益于紧扣时代脉搏，在经济体制转轨的不同阶段开创性地开展工作，适时进行制度安排上的调整和创新，才使规划的作用得到发挥，如顺应市场经济需求，推进土地有偿使用的实施和控制性详细规划的产生等。土地资源的合理利用和空间资源的合理配置成为城市规划工作的核心和关键环节。

（2）城市规划与政治体制。政治体制改革与经济体制改革相辅相成、联动发展，政治体制改革的基本目标是不断完善社会主义民主与法制，推进现代政治文明，建立一种平稳运行的彰显民主、制衡权力的政治制度和模式，并塑造一个高效、廉洁、务实的政府。从历史阶段和时代背景来看，现阶段我国行政管理体制改革的基本目标就是要切实转换政府职能，明确政府在经济运行中真正应该扮演的角色，建立起符合市场经济特点和要求的行政管理过程——推进政企分开、政事分开，实行政府公共管理职能与政府履行出资人职能分开，充分发挥市场在资料配置中的基础性作用。围绕建设和谐社会、实现统筹发展的目标，政府在转换职能过程中要特别加强其宏观调控职能、服务职能、规划职能和协调职能。决策机制的改革是政治体制改革的重要方面，在我国的城市发展和规划建设过程中，不同程度存在着长官意志主导、急功近利心切、不讲科学、盲目拍板等问题，严重制约着城市规划和建设决策的科学化和民主化，破坏了城市规划应有的权威性和严肃性。因此迫切需要建立一套包括专家参与、组织监督、项目审计、效益评估等程序在内的科学决策和实施管理机制，加大政府决策的透明度，保障公众享有城市建设发展的知情权、质询权和参与权。由于经济和社会发展的需要，国家机构的改革和调整还将进一步推进和深化，以加强中央政府和地方政府事权关系的调整、优化外部环境，权力下放、管理重心下移将是一个大的发展和改革趋势。

（3）城市规划与社会制度。城市是经济发展和社会进步的主要载体，社会的进步和经济的发展也直接决定着城市的未来，影响和促进着城市规划建设。随着经济和社会的快速发展，我国正在经历一个巨大的社会变迁过程，城乡管理正在发生前所未有的变化，城乡之间联系和分工的方式比以往更加复杂和多样，传统的以“二元结构”为主要特征的社会正在出现一些新的特点和情况。城乡社会的快速发展使得城市规划面临着城乡空间的重新组织和城乡建设管理等方面的新挑战，这就决定了城乡规划制度创新和变革的必要，如地区之间、城市之间以及不同人群之间的收入差距，将在较长时间内持续扩大，社会阶层也将随之巨变。城市内部面临一些新趋势，如社会结构的变化、社会各个阶层的分异、人口的老龄化、社会组织及管理形式的变化、社区的安全和文化建设需求提升等。随着未来工作与生活方式的改变，社区的功能将会多样化，社区的形态发生改变，社区的边界将会更加模糊，虚拟社区与物质社区相融合，出现诸如电子村落的新型社区类型。社会结构的变化引起的生活方式、城市空间特征等方面的变化，对城市规划工作产生深刻而内在的影响，如社区规划逐步引起规划工作者的重视，而不同阶层的利益诉求差别、居住空间分异、参与管理程度等都会在城市规划工作中反映出来，对城市规划制度及其创新提出新的更高要求，如过去居住区规划中强调的规范指标、公建配置标准等"一刀切"要求不再适用客观需求。在一些更加具体的层面上，诸如居民在衣食住行各个方面的价值观念、生活方式、行为特征等的变化，对更高城市生活质量的追求等，也会直接而适时地反映到城市规划与建设实践中来。

城市规划是一门学科，有其基本的理论和方法，城市发展也存在着基本的客观规律，基于此开展城市规划的科学方法和科学原则探索在任何时候都要坚持。加强城市规划的科学性是城市规划事业赖以发展的重要基础，坚持科学的态度是处理好城市发展中的矛盾和各种关系的重要保障，"大跃进""文化大革命"的经历均说明了这一点。我们要反对和避免违反城市发展客观规律和规划科学原则的"超常规划""遵命规划""功利规划"，并保障城市规划制度建设和创新符合城市发展阶段及其内在规律。以人为本，为人民服务是城市规划工作的出发点和归宿，城市规划理论和方法要因地制宜、因时制宜，结合中国的实际情况、适应新形势的不断变革而完善。此外，科学技术的进步正在渗透到各行各业中，对城市及城市规划的影响显而易见，科学技术的发展和进步构成了城市规划工作变革的技术基础。

【讨论】城市规划制度建设与政治、经济、社会制度环境的关系如何？如何提升城市规划制度建设的科学性与合理性？

（资料来源：整理和改写自高中岗．中国城市规划制度及其创新 [D]. 上海：同济大学，2007.）

延伸阅读

[1] 陈尧 . 当代中国政府体制 [M]. 上海：上海交通大学出版社，2005.

[2] 杨干忠 . 社会主义市场经济概论 [M]. 5 版 . 北京：中国人民大学出版社，2018.

[3] 文贯中 . 吾民无地：城市化、土地制度与户籍制度的内在逻辑 [M]. 北京：东方出版社，2014.

第 4 章

城乡规划管理制度演进历程

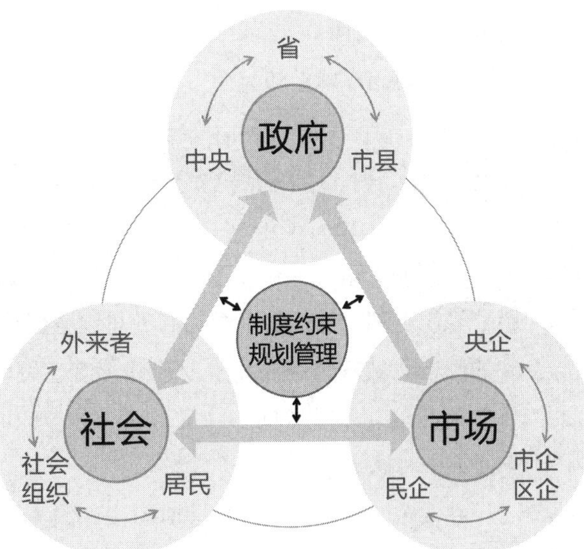

【章节要点】改革开放前的我国城市规划管理发展历程（社会主义城市规划建设起步期、第一个五年计划时期、“大跃进”和调整时期、管理动荡期）；改革开放后至自然资源部成立之前的城乡规划管理发展历程（社会主义现代化建设新时期、城市建设快速发展期、新世纪的长足进步期）。

我国的城市规划（城乡规划）管理体系在改革开放前后呈现出巨大差异，本章分“改革开放前”和“改革开放后”两个重要时段，梳理和回顾中华人民共和国成立以来的几十年中，我国城市规划（城乡规划）管理制度的发展演进（至自然资源部成立前），从历史进程把握城乡规划管理制度的成长脉络，探讨规划制度框架和运行体系变革的基础支撑。

4.1 改革开放前的我国城市规划管理发展①

我国的城市规划管理工作在改革开放前表现出显著的自上而下的计划性。当时国家经济基础较为薄弱，相关制度建设不完善。国家社会经济发展受到特定历史事件的影响，城镇化进程和规划管理制度建设表现出波动和反复，包括 1950 年代到 1960 年代的初步发展期，以及 1960 年代到 1970 年代的无序期，可以将之细化为 4 个时期来具体阐述。

在改革开放前的很长一段时间内，因为城乡双轨制的存在，城市规划管理只对

① 内容主要整理和来源自：耿毓修 . 城市规划管理 [M]. 北京：中国建筑工业出版社，2007：97–106；高中岗 . 中国城市规划制度及其创新 [D]. 上海：同济大学，2007；董鉴泓 . 中国城市建设史 [M]. 3 版 . 北京：中国建筑工业出版社，2004.

"城"而不对"乡","规划指引建设"的做法只存在于城市地区。广大的农村地区在基本土地制度的框架规定下,普遍处在无规划建设引导的状态,改革开放后才出现从"城市规划管理"逐步过渡到"城乡规划管理"的制度新发展。

4.1.1 社会主义城市规划建设起步期(1949—1952年)

1949年中华人民共和国的成立,标志着我国社会主义新制度的诞生以及半封建半殖民制度的结束,城市规划与建设由此进入崭新的历史阶段。在中央政府的领导下,为了全力恢复国家经济与生产生活活动,城市建设工作被列入国家计划(表4-1)。这时期的城市建设体现了计划经济"集中力量办大事"的优越性,主要由国家重点发展项目计划所主导。在城市规划制度基本处于空缺的情况下,利用相对薄弱的国家经济资源集中优先安排一批与国家经济恢复密切相关的重点项目,符合当时的国情特点。

经济恢复时期的城市规划与建设过程一览表[①] 表4-1

时间	内容
1949.12.21	政务院财政经济委员会成立,委计划局下设基建处,主管全国的基本建设和城市建设
1950.7	政务院发出《关于保护古文物建筑的指示》
1950.11.22	政务院发布《城市郊区土地改革条例》
1952.4	中财委聘请苏联城市规划专家穆欣来华工作(同年10月转聘到建工部)
1952.8.7	中央人民政府建筑工程部成立
1952.9.1—9.9	中财委召开城市建设座谈会,对城市进行了分类,提出了有重点地进行城市建设的方针,要求39个城市成立市的建设委员会(以工业城市为目标)
1953.3	建工部城市建设局成立,设立城市规划处
1953.5	国家计委成立基本建设办公室,下设城市建设、设计、施工三个组

1949年10月,政务院财经委员会计划局下设立基本建设处,主管全国的基本建设和城市建设工作,随后各城市相继调整或成立了城市建设管理机构,如北京的都市计划委员会、重庆的都市建设计划委员会等,一些中小城市也成立了城市建设局,分管城市各项市政设施的建设和管理工作[①]。但此时城市规划职能在机构设置上并非所有城市都存在,只有国家上层计划明确进行重点开发的城市才专设了规划管理职能。1951年2月,中共中央在《政治局扩大会议决议要点》中指出:"在城

① 董鉴泓.中国城市建设史[M].3版.北京:中国建筑工业出版社,2004.

市建设计划中，应贯彻为生产、为工人阶级服务的观点”，明确了城市建设的基本方针。同年，中央财政经济委员会发布了《基本建设工作程序暂行办法》，对基本建设的范围、组织机构、设计施工、计划的编制与批准等作出明文规定。1952 年 8 月，第一个管理城市建设工作的中央部级管理机构——中央人民政府建筑工程部成立，专设城市建设处，但仍属中财委指导。

1952 年 9 月，中央财政经济委员会召开了中华人民共和国第一次城市建设座谈会。会议提出城市建设要根据国家长期计划，分不同城市，有计划、有步骤地进行新建或改造，加强规划设计工作，加强统一领导，克服盲目性。会议决定：①从中央到地方建立和健全城市建设管理机构，统一管理城市建设工作；②开展城市规划工作，要求编制引导城市远景发展的总体规划，在城市总体规划的指导下有条不紊地建设城市；③划定城市建设范围；④对城市进行分类排队，按性质和工业建设比重将城市分为四类，即第一类重工业城市（包括北京、包头、西安、大同、兰州、成都等 8 个城市）、第二类工业比重较大的改建城市（包括吉林、鞍山、抚顺、沈阳、哈尔滨、太原、武汉、洛阳等 14 个城市）、第三类工业比重不大的旧城市（包括天津、上海、大连、广州等 17 个城市）和第四类除上述 39 个城市外的一般城市，采用维持发展方针。会议确定在上述 39 个城市设置城市建设委员会，委员会下设两个常设机构：一是规划设计机构，负责城市规划设计；二是监督检查机构，负责监督检查城市内的一切建设工作[①]。与此同时，建工部根据苏联专家提供的材料，提出了《中华人民共和国编制城市规划设计与修建设计程序草案》，这是 1949 年以来最早的城市规划编制办法。草案规定的城市规划编制过程，分城市规划、建设规划、详细规划、修建设计四个步骤。草案虽未正式颁布，却依然是“一五”初期编制城市规划的主要依据，说明我国的城市建设初步进入了“统一领导、按规划进行建设”的新阶段。

4.1.2 第一个五年计划时期（1953—1957 年）[②]

经过前三年的国民经济初步恢复，我国自 1953 年进入第一个五年计划时期，由国家组织开展有计划的大规模经济建设。城市建设事业作为国民经济的重要组成部分，由无计划、分散建设进入一个以工业化为基本目标，有计划、有步骤建设的新时期。此时城市规划管理制度的重要特征是引入“苏联模式”，进行自上而下的系统化制度建设。

---

① 会后，中央财政经济委员会计划局基本建设处会同建筑工程部城建处成立工作组，到各地检查会议的执行情况，促进了重点城市的城市规划和城市建设工作的开展。具体参见：董鉴泓 . 中国城市建设史 [M]. 3 版 . 北京：中国建筑工业出版社，2004.

② 内容主要整理和来源自：董鉴泓 . 中国城市建设史 [M]. 3 版 . 北京：中国建筑工业出版社，2004；尹强，苏原 . 城市规划管理与法规 [M]. 天津：天津大学出版社，2003.

“一五”期间，为建立社会主义工业基础，国家的一项基本任务是集中力量进行以苏联援助的156个建设项目为中心、由694个建设单位支持的工业建设。许多新工业城市、新工业区和工业镇随着社会主义工业建设的迅速发展而涌现出来。受限于国家财力，城市建设资金主要用于重点城市和部分新工业区的建设，大多数城市的旧城区只能按照“充分利用、逐步改造”的方针，利用原有建筑和市政公用设施，进行维修养护和布局的改扩建。建设管理部门根据国家工业建设的需要开展联合选择厂址工作，并组织编制城市规划。1953年9月中共中央指示：“重要的工业城市规划必须加紧进行，对于工业建设比重较大的城市更应迅速组织力量，加强城市规划设计工作，争取尽可能迅速地拟定城市总体规划草案，报中央审查”；完全新建的城市与建设项目较多的扩建城市，应在1954年完成城市总体规划设计，其中新建工业特别多的城市还应完成详细规划设计。到1957年，国家先后批准了西安、兰州、太原、洛阳、包头、成都、郑州、哈尔滨、吉林、沈阳、抚顺等15个城市的总体规划和部分详细规划，使城市建设能够按照规划有计划地进行。

这一时期是我国城市建设部门与机构，特别是规划管理机构的隶属关系、管理体制等逐步建立、频繁变动并日趋完善的时期。1953年3月，建筑工程部下设城市建设局，主管全国城市建设工作。1953年5月，中共中央发出通知，要求建立和健全各大区财委的城市建设局（处）及工业建设比重比较大的城市的城市建设委员会。同年9月，建工部发布《关于城市建设中几个问题的批示》，要求各地加强对城市建设的领导，建立健全城市建设机构，抽调得力干部及技术人员强化城市建设工作。1954年6月，建工部在北京召开第一次城市建设会议，明确城市建设的目标是建设社会主义城市，着重研究了城市建设的方针、任务、组织机构、管理制度等问题。会议明确城市建设必须贯彻国家过渡时期的总路线和总任务，为社会主义工业化、为生产、为劳动人民服务，并按照国家统一计划，采取与工业建设相适应的“重点建设，稳步前进”的方针。1954年8月，建工部城市建设局改为城市建设总局，负责城市建设的长远计划和年度建设计划的编制与实施，并先后向重点城市派出规划小组，根据1953年中共中央关于“重要的工业城市规划工作必须加强进行，对于工业建设比重较大的城市更应迅速组织力量，加强城市规划设计工作”的指示精神，强化有关城市总体规划和详细规划的制定。1954年11月，国家建设委员会（简称建委，负责全国基本建筑管理）成立。1956年，国务院撤销城市建设总局，成立城市建设部，内设城市规划局等城市建设方面的职能局，分别负责城建方面的政策研究及城市规划设计等业务工作的领导。

总体上，这时期注重对城市规划与建设政策方针的研究以及相关规范制定。1955年11月，为适应市、镇建制的调整，国务院公布了城乡划分标准。1956年，国家建委颁发《城市规划编制暂行办法》，这是中华人民共和国第一部重要的城市规划法规文件。办法以苏联《城市规划编制办法》为蓝本，内容上大体一致，共分7

章44条，包括城市、规划基础资料、规划设计阶段、总体规划和详细规划等方面内容以及设计文件与协议的编订办法。该办法体现出较强的苏联特色，即以自上而下落实社会经济计划为逻辑，重在规划指标的管控等。在城市用地管理制度方面，政务院颁布了《国家基本建设征用土地办法》。由于土地属于公有，实行无偿使用，规划管理过程对建设单位的用地要求一般都能够满足。重点建设征用土地，基本上按照建设要求一次划拨。在建筑管理制度方面，由于重点工程大多集中在新建区，一般都采用集中统建的办法；普通建设项目则由城市规划部门对具体建筑物进行常规审查。这种建筑管理方式一直延续到1966年以前。

中华人民共和国成立之初和“一五”期间是城市规划顺利开展、成效卓著的一段时期，被誉为是中华人民共和国城市规划发展史上的第一个春天。“一五”期间，城市建设坚持以城市规划为指导，以国民经济计划为依据，配合重点工程的建设，全面组织城市的生产和生活。从重大工业项目联合选址、工业项目与城市的关系处理、基础设施配套建设到原有城市改扩建、各项建设标准的确定等方面，城市规划都发挥了极其重要的综合指导作用，为中华人民共和国政权体系的迅速建立和稳固作出了贡献，有力地促进了经济发展和城市建设①。从政策导向、机构设置、法规与标准制定上看，我国的城市规划管理制度体系在该时期已经初步建立。

4.1.3 “大跃进”和调整时期（1958—1965年）

“大跃进”和调整时期是对我国1949年来城市规划工作的一次否定，初步建立的城市规划管理体系遭到严重破坏，取而代之的是缺少科学谋划的冒进建设。在经济恢复时期和“一五”计划奠定的良好基础上，1958年我国开始编制、进行“二五”计划。1958年6月第一次全国城市规划工作座谈会在青岛举办，会议总结并肯定了中华人民共和国成立近十年来全国各地的规划与建设经验，并对下一步的规划建设工作提出原则与方向，明确进一步完善城市规划中的指标管控体系，在城市规划中考虑近中远期相结合的规划方式、大中小城市合理布局与发展等一系列具有建设性意义的目标。由此可见，当时的城市规划工作是沿着前期的科学经验发展而来的，但是很快“大跃进”运动改变了原本的正确方向。

1958年中共第八届全国代表大会第二次会议确定了“鼓足干劲、力争上游、多快好省地建设社会主义”的总路线。“大跃进”运动和“人民公社化”运动席卷了全国的城市与农村地区。在“大跃进”的政治形势影响下，建工部提出“用城市建设的‘大跃进’来适应工业建设的‘大跃进’”的目标，城市建设舍弃了科学规划，而追求超前规划，盲目提出当时国民经济所不能支撑的超高建设标准。1960年4月，

---

① 高中岗.中国城市规划制度及其创新[D].上海：同济大学，2007.

建工部在广西桂林市召开了第二次全国城市规划工作座谈会。座谈会提出，要在十到十五年间，把我国的城市基本建设成为社会主义的现代化新城市，旧城市也要求通过改建达到同样目标[①]。这实际上对于一个工业化刚刚起步的落后农业国来说不切实际，全面铺开的高标准建设实际只带来了低标准的弄虚作假，中华人民共和国成立初期集中力量优先发展重点城市和补足重点产业短板的思路不复存在。

这时期主张采取“城市人民公社”的组织形式来规划组织城市空间，其作为一种社会性生产生活单元，需要体现工、农、兵、学、商五位一体的原则。在“大跃进”中，全国各地争先制定快速城镇化的指标目标，各地城市规划确定的人口总量甚至超过了全国实际人口数量。当时薄弱的城市经济和基础设施条件根本无法支撑如此庞大的城市人口，放弃第一产业投身城市经济的农民，最终不得不被强力政策管控再次遣返回农村。受空想主义思潮的影响，城市规划设计在不考虑现实的前提下描绘了一种社会主义的乌托邦景象，提出理想的城市建设以“十网”和“五环”为基础城市结构，强调城市的服务功能与基础设施网络，兼顾物质空间和社会空间的双重现代性。

1960年11月召开的第九次全国计划会议虽提到了“四过”问题（即规模过大、占地过多、求新过急、标准过高），但却草率地宣布“三年不搞城市规划”，导致各地纷纷撤销城市规划机构，大量精简规划人员，城市建设失去规划指引而陷入被动和盲目[①]。1961年，中共八届九中全会提出了“调整、巩固、充实、提高”的八字方针，作出了调整城市工业建设项目、压缩城市人口、撤销不够条件的市镇建制，以及加强城市设施养护维修等一系列重大决策。经过几年调整，城市设施的运转有所好转，城市建设中的各种紧张问题有所缓解[①]。1962年10月，中共中央和国务院联合发布《关于当前城市工作若干问题的指示》，规定今后凡是人口在10万以下的城镇没有必要设立市建制；今后一个时期对于城市，特别是大城市人口的增长，应当严加控制。计划中新建的工厂，应当尽可能分散在中小城市。1962年和1963年，中共中央和国务院召开了两次城市工作会议，在周恩来总理亲自主持下，比较全面地研究了调整期间的城市经济工作。1962年国务院颁发的《关于编制和审批基本建设设计任务书的规定（草案）》强调指出，“厂址的确定，对工业布局和城市的发展有深远的影响”，必须进行调查研究，提出比较方案。1964年国务院发布了《关于严格禁止楼堂馆所建设的规定》，要求严格控制国家基本建设规模。[②]

城市建设经过几年调整刚有一定起色，但偏颇的指导思想在城市建设中并未得到纠正，甚至还有所发展。1964年和1965年，城市建设工作又遭受了几次挫折，

① 董鉴泓. 中国城市建设史[M]. 3版. 北京：中国建筑工业出版社，2004.

② 尹强，苏原. 城市规划管理与法规[M]. 天津：天津大学出版社，2003.

主要表现在：一是不建集中的城市。1959 年，在国家经济困难的条件下，大庆油田在一片荒原上建设矿区，提出建设“干打垒”房屋，“先生产、后生活”、“不搞集中的城市”，这符合当时当地条件。但 1964 年 2 月全国开展“学大庆”运动，机械地将大庆油田建设经验作为城市建设方针，城市房屋也搞“干打垒”；二是 1964 年的“设计革命”，除批判设计工作存在贪大求全，片面追求建筑高标准之外，还批判城市规划只考虑远景，不照顾现实等，实质上是对城市规划的又一次否认。多种原因导致 1965 年 3 月成立国家基本建设委员会时，没有设立城市规划局；三是取消国家计划中城市建设户头，城市建设资金急剧减少，城市陷入无米之炊的困境之中。①

总体而言，“大跃进”时期提出超高标准规划，调整时期又根本性否定规划，使得城市规划管理呈现倒退，机构设置混乱多变，科学的规划管理流程和技术标准被放弃，口号式的规划设计则广泛兴起。

4.1.4 管理动荡期（1966—1976 年）

1966 年 5 月“文化大革命”开始后，大多数政府职能处于停摆状态，城市建设和规划管理体系的发展停滞。1966 年下半年至 1971 年，是城市规划建设最为动荡的时期。国家建委城市规划局和建工部城市建设局停止工作，并曾先后遭到撤销。相应地，各城市也纷纷撤销城市规划建设管理机构，下放规划工作人员，销毁城市建设的档案资料。城市规划被认为扩大了城乡差别和工农差别，城市规划工作被废弃，导致城市建设陷入无人管理的混乱状态。这一时期，城市呈现乱拆乱建、乱挤乱占，园林、文物遭到破坏。

“文化大革命”后期，周恩来和邓小平同志主持工作期间，对各方面工作进行了调整，城市规划工作有所转机。1971 年北京决定恢复城市规划局，对全国各地城市规划工作的恢复起到了推动作用。同年 11 月，国家建委召开了城市建设座谈会，桂林、南宁、广州、沈阳、乌鲁木齐等城市的规划工作先后开展了起来。1972 年，国家建委设立城市建设局，统一指导和管理城市规划与建设工作。这一年，国务院批转国家计委、国家建委、财政部《关于加强基本建设管理的几项意见》，规定“城市的改建和扩建，要做好规划”，重新肯定了城市规划的地位。1973 年，国家建委城建局在合肥召开了部分省市城市规划座谈会，讨论了当时城市规划工作面临的形势和任务，并对《关于加强城市规划工作的意见》《关于编制与审批城市规划工作的暂行规定》《城市规划居住区用地控制指标》等几个文件进行了讨论，是对全国恢复和开展城市规划工作的一次有力推动。会后西安、广州、天津、邢台等城市陆续开展规划工作，不少城市开始成立城市规划管理机构。1974 年，国家建委下发《关

① 董鉴泓．中国城市建设史 [M]. 3 版．北京：中国建筑工业出版社，2004.

于城市规划编制和审批意见》和《城市规划居住区用地控制指标》(试行),使得被废止的城市规划有了编制和审批的依据。但是这些下发文件并未得到真正执行,城市规划并未真正摆脱困境。

4.2 改革开放至自然资源部成立前的城乡规划管理发展[①]

1976年后,我国逐步进入改革开放的历史发展新阶段,城市规划和城市建设也步入新时期,规划法制建设呈现新局面。1978年12月,中共十一届三中全会作出了把党的工作重点转移到社会主义现代化建设上来的战略决策。如果将中华人民共和国成立之初中国的起步称为城市规划与建设的第一次春天,那么经历了多年的波动与反复后,1980年代开始,我国的城乡规划与建设事业正式迎来了第二次春天。1992年10月,党的十四大根据邓小平同志"南方谈话"的重要精神,正式提出我经济改革的目标是建立社会主义市场经济体制,并把这一目标写入宪法。经济社会的深刻变革,带动了城市规划建设的蓬勃发展。

4.2.1 社会主义现代化建设新时期(1977—1989年)

这一阶段的方向调整,有效地保证了城市建设按规划有序地进行,并进一步推动了城市规划法制建设。1978年3月,国务院在北京召开第三次城市工作会议,批准下发会议制定的《关于加强城市建设工作的意见》,并确定了一系列城市规划和建设的方针政策:一是强调城市在国民经济发展中的重要地位和作用,要求城市建设适应国民经济的发展需要,为实现新时期的总任务作出贡献,并提出要控制大城市规模,多搞小城镇;二是强调城市规划工作的重要性,要求全国各城市,包括新建城镇,都要根据国民经济发展计划和各地区的基本条件,认真编制和修订城市的总体规划、近期规划和详细规划。明确"城市规划一经批准,必须认真执行,不得随意改变",并对规划的审批程序作出了规定;三是解决了城市维护和建设资金来源。为缓和城市住房的紧张状况,在对城市现有房屋加强维修养护的同时,要建设一批住宅。这次会议对城市规划工作的恢复和发展起到了重要作用[②]。

1979年3月,国务院成立城市建设总局。一些主要城市的城市规划管理机构也相继恢复和建立。国家建委和城建总局在总结城市规划历史经验教训的基础上,开始起草《城市规划法草案》。1980年10月国家建委召开全国城市规划工作会议,要求城市规划工作要有一个新发展,同年12月国务院批转《全国城市规划工作会议纪要》下

① 内容主要整理和来源自:耿毓修.城市规划管理[M].北京:中国建筑工业出版社,2007:97-106;高中岗.中国城市规划制度及其创新[D].上海:同济大学,2007;董鉴泓.中国城市建设史[M].3版.北京:中国建筑工业出版社,2004.

② 董志凯.新中国城市建设方针的演变[J].城乡建设,2002(6):38-40.

发全国实施。纪要在我国的城市规划事业发展历程中占有重要地位,对城市规划的“龙头”地位、城市发展的指导方针、规划编制的内容与方法,以及规划管理等都作了重要阐述。纪要第一次提出要尽快建立我国的城市规划法制,改变只有人治,没有法治的局面;也第一次提出“城市市长的主要职责,是把城市规划、建设和管理好”。

1980 年 12 月,国家建委正式颁发《城市规划编制审批暂行办法》和《城市规划定额指标暂行规定》两个部门规章,为城市规划的编制和审批提供了法律与技术规范依据。与 1956 年制定的《城市规划编制暂行办法》相比,《城市规划编制审批暂行办法》在城市规划的理论和方法上都有很大变化,反映了我国城市规划和管理工作的发展:首先,城市规划概念有所发展,总体规划已不被认为是最终的设计蓝图,而是城市发展战略;第二,明确规定了城市政府制定规划的责任,界定了城市政府和规划设计部门的关系;第三,强调了城市规划审批的重要性,提高了审批的层次,把城市总体规划审批权限提高到国家和省、自治区两级。规定城市总体规划送审之前要征求有关部门和人民群众的意见,要提请同级人民代表大会及其常务会审议通过;第四,强调了城市环境问题的重要性,加强了对环境质量的调查分析和保护;第五,在处理有关部门的关系方面,强调了政府的协调作用,放弃了 1950 年代签订协议的方法。《城市规划定额指标暂行规定》是城市规划设计研究部门在广泛调查研究基础上提出来的,对详细规划需要的各类用地、人口和公共建筑面积的定额,以及总体规划所需的城市分类、不同类型城市人口的构成比例、城市生活居住用地主要项目的指标、城市干道的分类等都作出了规定。

1984 年国务院颁发了《城市规划条例》,这是中华人民共和国成立以来城市规划专业领域第一部基本法规,是对中华人民共和国成立三十年城市规划工作经验的得失总结,标志着我国城市规划步入了法制管理的轨道。《城市规划条例》共分 7 章 55 条,从城市分类标准到城市规划的任务、基本原则,从城市规划的编制和审批程序到实施管理,以及有关部门的责任和义务等,都作出了比较详细的规定,深刻反映了我国城市规划工作的新发展和变化。首先,根据经济体制的转变,明确提出城市规划的任务不仅是组织土地使用和空间的手段,也具有“综合布置城市经济、文化、公共事业”的社会经济和生活的重要调节职能,从而跳出了城市规划是“国民经济计划的继续和具体化”的框子,使城市规划真正起到参与决策、综合指导的职能。其次,确定了集中统一的城市规划管理制度,保证了规划的正确实施。第三,首次将城市规划管理摆上重要位置,改变过去“重规划、轻管理”的倾向,明确“城市土地使用的规划管理”“城市各项建设的规划管理”的职责,对不服从规划管理的处罚作出了规定。在《城市规划条例》颁布实施后,北京、上海、天津等许多省、直辖市、自治区相继制定和颁发了相应的条例、细则或管理办法,并成为 1989 年颁布的《城市规划法》的雏形依据。

1987年10月，国家部委在山东威海召开了全国首次城市规划管理工作会议，充分讨论研究了规划管理中的若干问题。1988年建设部在吉林召开了第一次全国城市规划法规体系研讨会，提出建立包括有关法律、行政法规、部门规章、地方性法规和地方规章在内的城市规划法规体系，对推动我国城市规划立法工作，制定城市规划立法规划和计划奠定了基础。1989年12月26日，全国人大通过了具有国家法律地位的《城市规划法》，成为我国第一部现代城市规划法。规划法共分6章46条，其内容组成为：①总则：规划法的使用范围、有关定义、机构等规定；②城市规划的制定：城市规划编制的组织、原则，编制城市规划的阶段、要求、审批和修改等；③城市新区建设的实施和旧区改建：新区和旧区规划原则、部分重点设施的布点原则；④城市规划的实施：城市规划的公布、“一书两证”、相关开发控制；⑤法律责任；⑥附则。[①]

在管理体制和机构设置方面，1979年3月国家城市建设总局成立，直属国务院，由国家建委代管，下设城市规划局。随后，各省、直辖市、自治区的建委也普遍设置了城市建设管理机构，大城市一般设立了城市规划局，中小城市都设有城市建设局，全国从上到下加强了城市规划和建设管理机构。1982年5月，国家撤销国家建委、国家城市建设总局，成立了城乡建设环境保护部，内设城市规划局。这一时期城市规划和规划管理工作越来越得到重视，为了加强首都的规划管理工作，北京成立了首都规划建设委员会，随后上海、杭州等城市也相继成立了由市长负责的城市规划建设委员会。1982年，城乡建设环境保护部城市规划局改由国家计委和城乡建设环境保护部双重领导，在组织上为规划和计划的结合创造了条件，加强了城市规划工作的地位。1988年，国家撤销城乡建设环境保护部，成立建设部。

在规划工作大环境较为有利的背景下，规划设计机构和技术人员队伍建设也得到了加强。国家对城市规划全行业的工作提出了要求，要求设市城市设立规划院，在省一级设立省自治区城乡规划设计研究院，同时还逐步开始了规划设计单位的资质认定工作，规划队伍力量不断壮大。中国城市规划设计研究院恢复机构设置，全国各省市也恢复或新设城市规划设计研究院，为全面的经济发展和城市建设提供了根本性的基础支撑。城市规划师作为一种独立的技术职称得到确认，在此之前，我国工程技术职称评定系列中没有城市规划师这一类别，这为后来进一步实行注册规划师制度奠定了基础。与此同时，大专院校的城市规划专业也雨后春笋般地发展了起来，以填补“文化大革命”期间专业人才培养上的空白。以《城市规划》为代表的专业学术期刊复刊，提供了学界研究与讨论的阵地。国际成熟的规划经验得到更广泛的引介，摆脱了早期效仿苏联的单一做法。

1986年6月，全国人大常委会通过并公布了《土地管理法》，对我国城市规划

---

① 董鉴泓．中国城市建设史 [M]. 3版．北京：中国建筑工业出版社，2004.

管理工作产生重大影响，规划管理模式和内容发生显著变化，即建设单位向县级以上地方人民政府土地管理部门提出申请，经县级以上人民政府审查批准后，由土地管理部门划拨土地。在城市规划的指导下，制定综合开发计划，由政府出面统一征地，由综合开发公司统一建设的做法出现，从而建立起一种综合开发、房地产经营与城市规划管理之间的互动机制。城市规划工作为适应从计划经济体制向市场经济体制的转轨，奠定了良好的制度基础和技术储备。

可见，这一时期我国的城市规划管理制度建设进入到了全面系统化发展的正轨，在城市规划技术体系建立和完善、城市规划法规建设、城市土地有偿使用制度改革、规划建设管理体制改革、规划管理机构设置、人才一培养和队伍建设等方面，均有相当的建树和突破。

4.2.2 城市建设快速发展期（1990—1999 年）

这一阶段，城市规划法制建设形成体系框架，城市建设适应改革开放的需要取得辉煌成就，促进了城市经济、文化和社会的综合发展。1990 年 4 月《城市规划法》的施行确定了我国城市规划的法律地位，为城市科学合理的建设和发展提供了法律保障。《城市规划法》颁布前后，一系列与之相关的国家法律，如《环境保护法》《城市房地产管理法》《文物保护法》等纷纷颁布实施，共同担负起规范城市土地利用、保护和改善生态环境、保护历史文化遗产等责任。1990 年代的城市规划法制建设表现出多层级、全方位的特点，不仅在国家层面，各省、市、自治区也围绕《城市规划法》因地制宜地依法制定了若干地方性法规、政府规章等法律规范，主要法制建设内容涉及以下四方面。

一是规范城市规划编制。建设部先后发布了《城市规划编制办法（1991 年）》《城镇体系规划编制审批办法（1994 年）》《历史文化名城保护规划编制要求（1995 年）》等文件。并且为加强与规划编制相关的行业管理，建设部于 1993 年发布《城市规划设计单位资格管理办法》，1999 年发布《注册城市规划师职业资格制度暂行规定》。1990 年代后期城市总体规划审批工作逐步走上正轨，建立了部际联席会议制度。经国务院同意，建设部于 1999 年颁布了《城市总体规划审查工作规则》。区域规划工作在新形势下也有了新的推进，1994 年建设部颁布的《城镇体系规划编制审批办法》规定：省域城镇体系规划开始上报国务院，并经国务院同意后由建设部批复；市域、县域城镇体系规划作为城市总体规划的一个组成部分，纳入城市总体规划中；全国城镇体系规划由建设部报国务院审批。

二是完善城市规划实施管理。在管理体制和机构设置方面，建设部组建成立城乡规划司，在中央政府的层面上完成了“城”和“乡”规划管理在形式上的统一，但就全国整体而言，城乡分割管理的局面并未有实质性的改进。1993 年国务院发布

《村庄和集镇规划建设管理条例》。1996 年，国务院发布《关于加强城市规划工作的通知》，重申要充分认识城市规划的重要性，加强对城市规划工作的领导，规划管理权必须由城市人民政府统一行使，不得下放管理权，保证城市规划的统一实施、统一规范。文件对于新的市场经济体制下城市规划的定位是“城市规划工作的基本任务是统筹安排各类用地及空间资源，综合部署各项建设，实现经济和社会的可持续发展”，并对当时的“开发区热”“房地产热”起到有力的抑制和调整作用。建设部发布的相关部门规章包括《城市国有土地使用权出让规划管理办法（1992 年）》《建制镇规划建设管理办法（1995 年）》《开发区规划管理办法（1995 年）》《城市地下空间开发利用管理规定（1997 年）》等。1991 年建设部和国家计委共同颁发《建设项目选址规划管理办法》。1996 年建设部发布《城建监察规定》，以加强城市规划实施的监督检查管理。

三是出台相关技术标准和规范。这阶段密集出台的标准规范数量繁多、内容丰富，包括《城市用地分类与建设用地标准（1990 年）》《城市用地分类代码（1991 年）》《城市居住区规划设计规范（1993 年）》《城市规划工程地质勘察规范（1994 年）》《防洪标准（1994 年）》《村镇规划标准（1994 年）》《城市道路交通规划设计规范（1998 年）》《城市道路绿化规划与设计规范（1997 年）》《城市给水工程规划规范（1998 年）》《城市给水工程规划规范（1998 年）》《城市工程管线综合规划规范（1998 年）》《城市规划基本术语标准（1998 年）》《城市用地竖向规划规范（1998 年）》《城市电力规划规范（1998 年）》《风景名胜区规划规范（1999 年）》等。

四是推行城市土地有偿使用制度。这在城市规划运作上具有突破性意义，由规划部门首先提出城市土地有偿使用的建议并上报国务院。城乡建设环境保护部成立后，又在城市规划局的建议下在抚顺市作了试点，取得很好效果，为此后的用地制度改革埋下伏笔。1988 年七届全国人大会议上通过的《宪法修正案》中首次提出“土地使用权可以依照法律的规定转让”。到 1990 年 5 月，国务院正式颁布《城市国有土地使用权出让和转让暂行条例》，从此城市土地进入了“两轨（行政划拨、有偿使用）”“三式（协议、拍卖、招标）”并存的阶段。

但经济腾飞以及城市大发展，也令城市规划管理体系在一定程度上措手不及，相关制度设计无法满足不断萌生的管理需要，城市建设乱象时有发生。进入 1990 年代，特别是邓小平发表南方谈话和党的十四大决定建立社会主义市场经济体制以后，城市建设进入一个更快的发展阶段。大工程、大项目、大广场、欧陆风比比皆是，建设“国际性城市”以及名目繁多的“别墅区”“开发区”遍地开花，造成滥占土地、生态破坏和资金浪费。[①]1992 年、1993 年的“房地产热”和“开发区热”带来城市

① 董鉴泓 . 中国城市建设史 [M]. 3 版 . 北京：中国建筑工业出版社，2004.

发展的宏观失控现象。由于开发区占地过大，多头管理，对城市规划工作造成冲击，特别是土地的出让、转让、置换等流转过程中规划失控、约束无力的问题开始暴露出来，城市规划对土地的供应和投放缺乏有效的调控机制。针对这一问题，建设部适时召开了全国沿海大城市规划工作会议，积极推广温州市的成功经验，即以规划为龙头，充分发挥规划对土地市场价格和潜在价值调节的关键性作用，通过制定开发规划，严格控制土地投放总量，稳步推进城市土地开发和批租工作[①]。但总体来说，城市土地使用中的规划失控问题仍然相当突出，主要原因在于：控制性详细规划等直面建设管理的法律文件管控力不足，相关审查、监督、问责机制尚不健全；规划体制各自为政，规划主管机构对其他政府部门的管控力不足；规划滞后现象严重，无法适应该时期快速发展建设的需要。

4.2.3 新世纪迈向城乡规划的长足进步期（2000—2017 年）

进入 21 世纪以来，城市规划越来越得到重视，这一时期的城乡规划管理有了长足发展。2000 年，国务院办公厅下发《关于加强和改进城乡规划工作的通知》。2002 年《国务院关于加强城乡规划监督管理的通知》出台，再次强调了规划管理工作的重要性，并重点对城乡规划监督管理的问题提出要求，作出部署。2005 年 7 月，全国城市总体规划修编工作会议在北京召开。会议强调规划是城市管理的第一要务，市长是城市规划工作的第一责任人。21 世纪初是我国城镇化加快发展的关键时期，各地要端正城市发展指导思想，切实做到六个坚持，努力向六个方向转变。深圳市召开城市规划工作会议，下发《关于进一步加强城市规划工作的决定》，明确了城市规划的龙头地位，强调“城市规划是政府一切工作的起点和终点”，“在统筹城市空间布局的城市规划与作为经济社会发展内容安排的国民经济和社会发展规划计划的关系上，‘计划’不得与‘规划’冲突”两个重要观点，反映了当时我国改革开放前沿城市对城市规划的认识[②]。

2007 年，第十届全国人民代表大会常务委员会第三十次会通过《中华人民共和国城乡规划法》（后简称《城乡规划法》），共 7 章 70 条，自 2008 年 1 月 1 日起施行，同时 1990 年施行的《中华人民共和国城市规划法》被废止。这是时隔 18 年后，城乡规划法制化的又一次重大进步。总则第一条强调加强城乡规划管理，协调城乡空间布局，改善人居环境，促进城乡经济社会全面协调可持续发展。这部新法体现了政府管理对人居环境的全面统筹，打破了城与乡的界限，真正将二者融为一体。考虑到规划实践当中利益结构多元化对公众有效参与和保障公众知情权的要求，该部

---

① 内容主要整理和来源自：高中岗．中国城市规划制度及其创新 [D]. 上海：同济大学，2007.

② 张婷婷 .1949 年以来历史进程中的中国城市规划体系 [D]. 广州：华南理工大学，2009.

法律在各利益主体空间配置意愿和选择行为上突出了城乡规划法的公共政策属性。法律对规划变更、城乡规划的合法性审查等程序问题也加强了关注，标志着城乡规划法制化建设进一步趋于完善。①

2008年《城乡规划法》的施行，为实现社会发展总体规划、城市规划、土地利用规划的“三规合一”提供了有力支撑。2014年，住房和城乡建设部关于“三规合一”试点工作通知的下发,使“三规合一”在规划行业内倍受瞩目。相关探索在“三规”基础上，增加了涉及城市空间布局和发展的其他重要专项规划，如城市环境总体规划、海洋功能区划等。2014年3月,《国家新型城镇化规划（2014—2020年）》正式发布，明确提出“推动有条件地区的经济社会发展总体规划、城市规划、土地利用规划等‘多规合一’”。随后，“多规合一”的目标逐步由过去的“统一的规划体系”回归为“统一的空间规划体系”，直接引发了新一轮机构改革背景下自然资源部主导的空间规划体系改革。②

2015年12月召开的中央城市工作会议，是时隔三十七年政府最高层再次召开的中央城市工作会议，体现出国家对城市规划与建设事业的高度重视，以及城市规划在新时期社会经济发展中的重要地位。会议提出我国城市发展已经进入新的发展时期。改革开放以来，我国经历了世界历史上规模最大、速度最快的城镇化进程，取得了举世瞩目的成就。城市发展带动了整个经济社会发展，城市建设成为现代化建设的重要引擎。城市是我国经济、政治、文化、社会等方面活动的中心，在党和国家工作全局中具有举足轻重的地位，要深刻认识城市在我国经济社会发展、民生改善中的重要作用。同时，要认识、尊重、顺应城市发展规律，端正城市发展指导思想；推进农民工市民化，加快提高户籍人口城镇化率；增强城市宜居性；改革完善城市规划；提高城市管理水准；坚持把“三农”工作作为全党工作重中之重,更加重视做好城市工作。并且,相关工作要在“建设”与“管理”两端着力，转变城市发展方式，完善城市治理体系，提高城市治理能力，解决城市病等突出问题。

随着科学发展观的提出，生态观和可持续发展思想使城乡规划工作逐步改变了以往“促进增长”的单一思路，开始更多关注和考虑我国资源相对短缺的现实，更多地正视中国的国情。虽然这时期我国的城乡规划管理制度发展突飞猛进，基础性的制度框架已经具备了较为坚实的基础，但在改革开放进入深水区的当下，一些关键性的利益界定、权责分配问题仍然没有完善的应答；一些特定领域的具体行政程序，诸如城市设计实施管理、非法定规划对法定规划的作用途径等，尚处于建设管

① 吕一平，文超祥．近三十年我国城乡规划法学研究的进展[J]. 城市规划学刊，2018（5）：46-55；马军杰，张丹，卢锐，等．中国城乡规划法研究进展及展望[J]. 规划师，2018，34（12）：46-53.

② 马军杰，张丹，卢锐，等．中国城乡规划法研究进展及展望[J]. 规划师，2018，34（12）：46-53.

理的模糊区；对社会经济提出的新要求，如生态城市建设、智慧城市建设、国土空间综合开发等方面的制度创新有待深化。

4.3 小结

芒福德认为“真正影响城市规划的莫过于经济社会的深刻变革”。张京祥等从“规划思潮”角度阐释中华人民共和国成立以来我国城乡规划的总体演进，将其划分五个阶段：落实生产力布局的城乡规划；“极左”思潮下的城乡规划；科学理性主义思潮下的城乡规划；增长主义导向下的城乡规划；国家治理体系重构中的城乡规划[①]。孙施文从“范式”的角度进行观察，将规划体制按其形式划分为建设规划、发展规划、规制规划三种基本类型，并以此为线索分析我国的城市规划发展变迁[②]。本章分改革开放前和改革开放后，按照重要历史事件将城市规划管理发展划分为两个大阶段和七个细分小阶段。

历史表明，我国城乡规划管理的命运与不同时期国家的社会、政治、经济发展与变革紧密联系在一起[③]。总结中华人民共和国成立到2018年近70年中，我国社会经济和城市规划管理制度的发展过程和演变轨迹，可以发现城市规划工作是我国社会主义建设的重要组成部分，其全面统筹协调和空间引导的地位和作用在经济、社会、环境发展中不可替代。特别是改革开放以来，城市规划直接推动了城市的健康有序发展，使中国的工业化、城镇化、现代化逐步走上了一条相互协调的道路。这也充分证明，城市规划的各项制度安排须与当代中国的基本制度环境相吻合，适应社会经济发展需要，契合政治经济体制，方能有效发挥其作用。城市规划作为政府对城市发展实施空间管控的重要依据和基本手段，需要适应新形势不断变革和完善，城市规划管理的制度建设和创新依然任重道远。

思考题

（1）中华人民共和国成立后的70余年间，我国城乡规划管理的制度演进经历了哪些主要发展阶段？

（2）从我国城乡规划管理制度的发展历程能得出哪些制度变迁启示？

---

① 张京祥，陈浩，王宇彤．新中国70年城乡规划思潮的总体演进[J]. 国际城市规划，2019，34（4）：8-15.

② 孙施文．解析中国城市规划：规划范式与中国城市规划发展[J]. 国际城市规划，2019，34（4）：1-7.

③ 具体参见：高中岗．中国城市规划制度及其创新[D]. 上海：同济大学，2007。2018年以后，以国土空间规划体系为基础的规划管理制度探讨将在第六章具体展开。

课堂讨论

【材料】世纪之交中国城市规划的制度环境改善

城市规划的发展不是一个封闭的技术质量提高过程，它的发展受到来自内外各种制度力量的推动或干扰，而后者的影响往往是决定性的。从宏观效果看，中国城市规划事业总体表现为系统内技术领域的自身剖析太强，而对外延制度环境的开拓创新意识不足。迈入新世纪，我国城市规划的制度环境整体存在着外部环境和内部环境的不整合。为了实现新世纪的中国城市规划事业的健康发展，须探求影响城市规划的整体制度环境的改善。

外部制度环境的不整合具体表现在：

（1）政府的经济主体性与城市规划价值目标的矛盾。各级地方政府“以经济工作为核心”，政企不分的现象时有存在，“经济效益”成为政府所追求的迫切、现实也最具有显示度的行动目标。而城市规划是以社会的综合最优发展为目标，且倾向于对社会弱势阶层的同情与对公益事业的保障，不以“最大经济效益”为目标，所以时常难以真正得到优先保障。

（2）政府权力体系的纵向性与城市规划协调的矛盾。由上而下的政府权力运作体系擅长于纵向的控制与调节，但难以形成有效横向的平行调节。随着城市、区域发展的加速与深入，以城市经济社会生活为核心的各种交互联系在城市内部、城市之间以及各个层次的区域之间广泛发生，要求城市规划必须实现不同空间层次和维度的协调。

（3）现行财政税收体制与城市规划施行的矛盾。纵向的政府权力体系是靠纵向的财政税收体系支撑的。城市规划建设的诸多财政税收支撑都来源于各级地方政府，因此往往是“有多少钱办多少事”“谁给钱听谁的”，损害了城市规划的“预期性、长远性、科学合理性”。同时，我国地方各级政府缺乏进行区域性工作的财政税收来源，跨行政地域的区域性规划和调控常常变成空中楼阁。

（4）政府部门权利分割与城市规划运作体系的矛盾。我国行政系统以纵向权力体系为核心，对城市内部各级部门之间进行协调成为城市规划的头疼事，“城市规划是各项建设事业的龙头”“城市规划协调各相关部门的专业规划”也常因此难以真正落实。各部门协同不足，遇事等待上级统筹。

（5）政府的权威决策体制与城市规划发展要求的矛盾。随着民主化、法制化建设的步伐日益加速，城市规划在城市经济社会生活中是开放度、科学论证程序、民主决策度很高的一项政府行为，但依然存在行政长官和少数政治与专家精英拥有最终封闭决策权的情况，公众参与明显不足。这种决策体制在某些情况下有其合理性与优越性，但在大多情况下是不适宜的。

内部制度环境的不整合具体表现在：

（1）城市规划任务的综合性与城市规划操作工程技术色彩的矛盾。城市规划的综合性已经得到普遍认同，但目前我国城市规划的绝大多数精力与关注点还是放在工程技术方面，在实践和教育领域均是如此。随着社会经济的发展，人们的需求愈趋多元化，城市规划成为整个社会经济生活的重要组成部分。这些变化强调城市规划要实现其综合职能，这与规划实践“就空间论空间”的矛盾日益突显。

（2）城市规划的繁杂性与日益变化的城市环境的矛盾。城市规划是基于对城市未来发展的一种合理预期而做出的种种安排。从计划经济体制延续下来的我国城市规划编制与管理模式，使得城市规划的编制与管理极为繁杂。经济社会发展促使我们必须面对日益变化的城市环境，城市规划需要在控制与弹性之间找到平衡。繁杂的规划内容、固化的编制审批体制与多变的城市环境及城市规划思维和技术的创新存在矛盾。

（3）城市规划的系统理性与城市规划工作即兴创作的矛盾。科学理性的分析思考是城市规划必须遵循的基本原则与精神。但是实践工作中，我国的很多城市规划依然过于偏重空间形体的表现，规划的分析理念、分析工作及手段薄弱且未得到应有的重视。

（4）城市规划的公益性与编制单位经济利益目标的矛盾。城市规划存在的一个重要价值是对公众利益的保障。我国各种城市规划设计单位大多是企业，经济利益是其追求的重要目标，导致他们会为了应对市场竞争，而以满足甲方的要求为己任。

新世纪中国制度环境发展的总体趋势为：建立小政府大社会，实现政府中心职能与目标转变；将垂直的线性管理体系转变为网络状的协作体系；突出法制化、社会化与城市经营管理；实现政府调控手段方式的减少与结果的有效化。中国城市规划制度环境创新的总体建议包括：①制定新型的城乡规划法律法规，提高城市规划的法定地位与在政府行政体系中的地位；②改革城市与区域的规划管理体系，强化区域性规划的编制与作用；③将城市规划编制由偏重部门性工作变为政府性、综合性、公益性的法定工作；④建立新型的城市规划编制、审批体系与规划决策体系；⑤由技术型城市规划向城市治理、城市经营规划转变。

【讨论】世纪之交城市规划的制度环境存在哪些外部环境和内部环境的不整合？如何完善？

（资料来源：整理和改写自张京祥．论中国城市规划的制度环境及其创新 [J]. 城市规划，2001（9）：21-25.）

延伸阅读

[1] 中国城市规划学会．五十年回眸——新中国的城市规划 [M]. 北京：商务印书馆，1999.

[2] 耿毓修．城市规划管理 [M]. 北京：中国建筑工业出版社，2007.

[3] 董鉴泓．中国城市建设史 [M]. 3 版．北京：中国建筑工业出版社，2004.

第5章

城乡规划管理法律法规体系

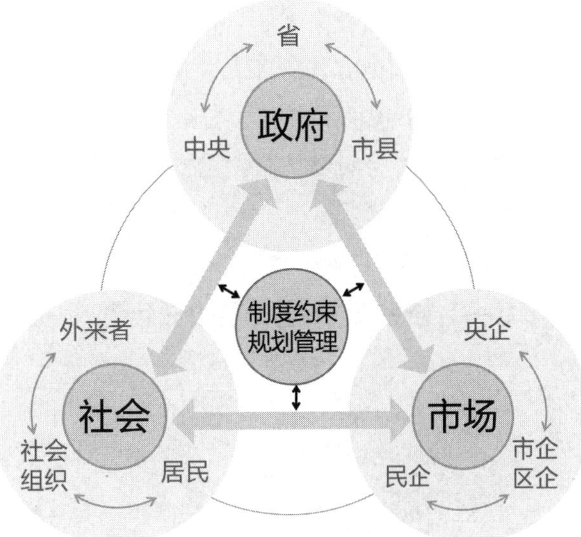

【**章节要点**】我国的法律体系特点；我国城乡规划管理的法律法规体系构成（法律、行政法规、部门 / 地方规章、地方性法规、技术标准和技术规范；主干法、辅助法、相关法）；城乡规划编制和审批的管理规定；城乡规划实施管理的主要内容；城乡规划监督检查和法律责任的相关规定；注册规划师与城乡规划编制单位资质管理。

法律法规体系是城乡规划管理"正式制度"中至关重要的组成内容，也是城乡规划管理"依法行政"的重要依据，其界定了城乡规划管理的权力来源、管控内容、实施路径和监督检查等。本章通过解读以《城乡规划法》为核心的城乡规划法律法规体系，勾勒出 2018 年新一轮国家机构改革前（国土空间规划体系建构前）的我国规划管理的法规概貌及关键规定。本章讨论的部分法律法规内容因为自然资源部的组建和国土空间规划体系的建立或将逐渐成为"过去式"，但它们依然是当前认识和理解我国规划法律法规体系的关键所在。

5.1 城乡规划管理与依法行政

"依法行政"是我国依法治国基本方略的重要内容，是一项行政机关必须根据法律法规的规定设立，并依法取得和行使相关行政权力，对其行政行为后果承担相应责任的原则。中共十八届四中全会通过的《中共中央关于全面推进依法治国若干重大问题的决定》明确提出，要"深入推进依法行政，加快建设法治政府"。依法行政具有"合法行政、合理行政、程序正当、高效便民、诚实守信、权责统一"的基本行动要求，以实现“有法可依、有法必依、执法必严、违法必究”。在具体推行措施上，强化依法行政需要：①加强立法工作，提高立法质量，严格规范执法行为；②加强行政执法队伍建设，严格、公正、文明执法，不断提高执法能力和水平；③深化行政管理体制改革，形成权责一致、分工合理、决策科学、执行顺畅、监督有力的行政管理体制。

城乡规划管理是依靠公权力对空间 / 土地的保护、利用和建设等的管控。城镇化进程中产生的空间冲突和空间博弈，迫切需要建立和完善城乡规划法律制度及其相应理论基础进行应对。[①] 规划管理作为我国公共行政体系的重要组成部分需要依法行政，根据实际需要不断健全相关法律法规体系，优化权责的分配与界定，加强司法监督。这既有助于维护规划法律法规体系的权威性，保证其效力的充分行使，也有助于保证权力不被滥用。

5.2 国家法律体系

5.2.1 法系[②]

法系是具有共同法律传统的若干国家和地区的法律现象的总称，可以帮助我们辨析一个国家的法律体系特征。世界范围内的国家法律系统通常被归纳为几大不同法系[③]，如英美法系（海洋法系）、大陆法系（罗马法系）、伊斯兰法系等，其中最为典型且具有代表性的是英美法系和大陆法系。法系间的差别，主要体现在其法律传统和历史沿革特征的差异上。

“英美法系”又称普通法法系、英国法系，是以英国自中世纪以来的法律，特别是其普通法为基础而发展起来的法律的总称。该法系的基本特点是以“判例法”为基础，法律的判定强调的是有先例可循，将先例中法官的司法判决作为依据进行司法解释。“大陆法系”则为成文法法系，司法解释的依据是系统化的法律条文而非先例。二者的区别明显，但也并非互不相通，例如在一些成文法法系国家，也经常使用典型判例作为对成文法的辅助解释。

我国的法律体系特征更加偏向于大陆法系，以系统化的成文法律条款的形式来开展立法工作，但又与欧洲国家的大陆法系不完全相同，其在长时间的立法、执法、司法进程中，已经逐步演化成具有中国特色的体系，因此不能用已有法系概念进行简单机械的划分。从历史来看，我国现行法律体系主要根生于近代中国从西方引进

---

① 何明俊. 城乡规划法学 [M]. 南京：东南大学出版社，2016.

② 内容主要整理和来源自：陈光中. 法学概论 [M]. 北京：中国政法大学出版社，2013；郭莉. 西方两大法系 [M]. 北京：中国政法大学出版社，2011.

③ 关于法系的详细划分，有学者认为并没有形成全世界统一的认识。

的大陆法系，在中华人民共和国成立后受到以苏联为代表的社会主义国家影响，在改革开放后随着市场经济制度的建立不断调整完善，呈现出自我创新与兼容并蓄共存的状态。为了适应中国经济和社会的发展变化，《中华人民共和国宪法》自1982年12月通过以来，全国人大分别于1988年4月、1993年3月、1999年3月、2004年3月、2018年3月对这一根本性法律进行了适时的修改和完善。

5.2.2 我国的法律法规体系①

我国当前的法律法规体系是以宪法及宪法相关法为基础，行政法、民商法、经济法、社会法、刑法、诉讼与非诉讼程序法等主要法律门类为主干（横向体系），由法律、行政法规、地方性法规与自治条例等层次（纵向体系）组成的中国特色社会主义法律法规体系。

（1）横向体系

当代中国的法律体系建设，已基本实现了部门齐全、层次分明、结构协调与体例科学。构成当代中国法律体系的法律部门主要有宪法及其相关法、行政法、民商法、经济法、社会法、刑法和程序法。除此之外，主要法律部门还包括军事法等。宪法是国家的根本大法，其他主要法律部门规范和约束了社会经济运行中的各个关键方面——它们是根据一定标准和原则，按照法律规范自身的不同性质，调整社会关系的不同领域和不同方法等所划分的同类法律规范的总和。

1）宪法。宪法作为一个法律部门，是我国整个法律体系的基础。宪法部门最基本的规范主要反映在《中华人民共和国宪法》中，其界定了我国社会制度和国家制度的基本原则、国家机关组织和活动的基本原则，公民的基本权利和义务等重要内容。宪法相关法是与宪法配套、直接保障宪法实施的宪法性法律规范的总和，包括《全国人民代表大会组织法》《民族区域自治法》《香港特别行政区基本法》《澳门特别行政区基本法》《立法法》《全国人民代表大会和地方各级人民代表大会选举法》《全国人民代表大会和地方各级人民代表大会代表法》《国旗法》《国徽法》等。

2）行政法。行政法是调整国家行政管理活动中各种社会关系的法律规范的总和，它包括规定行政管理体制的规范，确定行政管理基本原则的规范，规定行政机关活动的方式、方法、程序的规范，规定国家公务员的规范等，包括一般行政法和特别行政法（如《城乡规划法》）。

3）民商法。民商法包括民法与商法。民法是保障公民、法人的合法民事权益，正确调整民事关系，适应社会主义现代化建设事业发展需要的法律，主要包括物权、

① 内容主要整理和来源自：张光杰．中国法律概论 [M]. 上海：复旦大学出版社，2005；陈光中，舒国滢．法学概论 [M]. 北京：中国政法大学出版社，2013.

债权、知识产权、婚姻、家庭、收养、继承等方面的法律规范。商法是调整平等主体之间商事关系的法律规范的总称，具有调整行为的营利性特征，主要包括公司法、保险法、合伙企业法、海商法、破产法、票据法等。

4）经济法。经济法是调整国家宏观经济管理过程中所发生的社会关系的法律规范的总称，是国家通过法律手段引导、促进、干预经济发展的必要手段，也是平衡经济中多元主体权责的必要规则。

5）社会法。社会法是调整国家在解决社会问题和促进社会公共事业发展的过程中所产生的各种社会关系的法律规范的总称，它的主要功能是解决社会问题，促进社会事业发展，如未成年人保护法、老年人权益保障法等。

6）刑法。刑法是规定犯罪、刑事责任和刑罚的法律。广义刑法是一切刑事法律规范的总称，狭义刑法仅指刑法典（《中华人民共和国刑法》）。

7）程序法。程序法是规定以保证权利和职权得以实现或行使，义务和责任得以履行的有关程序为主要内容的法律，是正确实施实体法的保障，既包括行政程序法、立法程序法和选举规则、议事规则等非诉讼程序法，也包括行政诉讼法、刑事诉讼法、民事诉讼法等。

（2）纵向体系

从纵向来看，我国的法律法规体系主要包括：宪法、法律、行政法规、地方法规、部门规章、地方政府规章、自治条例、单行条例等。

1）法律：根据《中华人民共和国立法法》规定，全国人民代表大会及其常委会行使国家立法权。法律多称为“法”，全国人民代表大会及其常委会制定的法律通过后，由国家主席签署令予以公布，并载明该法律的制定机关、通过和施行日期。法律解释是对法律中某些条文或文字的解释或限定，涉及法律的适用问题①，法律解释权属于全国人民代表大会常务委员会，其做出的法律解释同法律具有同等效力。

2）行政法规：国务院根据宪法和法律，制定行政法规。行政法规由总理签署国务院令公布，并及时在国务院公报和全国范围内发行的报纸上刊登。国务院是国家行政的最高机关，制定行政法规是国务院领导全国行政工作的一种重要手段。法规多称为“条例”，也可以是全国性法律的实施细则，如治安处罚条例、专利代理条例等。行政法规具有全国通用性，是对法律的补充，在成熟的情况下会被补充进法律，其地位仅次于法律。

3）地方性法规：地方人民代表大会及其常务委员会可以根据本行政区域的具体情况和实际需要，在不同宪法、法律、行政法规相抵触的前提下制定地方法规：一是省、自治区、直辖市的人民代表大会及其常务委员会；二是省、自治区人民政

① 司法解释是由最高人民法院或最高人民检察院做出的解释，用于指导各基层法院的司法工作。

府所在地的市的人民代表大会及其常务委员会；三是经国务院批准的较大城市的人民代表大会及其常务委员会。地方性法规主要规范地方行政管理问题，是地方各级人民政府从事行政管理工作的依据。地方性法规的制定者是各地方的最高权力机构，地方性法规大部分称作“条例”，法规的开头多贯有地方的名字，有的为法律在地方的实施细则，部分为具有法规属性的文件，如决议、决定等。

4）自治条例和单行条例：民族自治地方的人民代表大会有权依照当地民族的政治、经济和文化的特点，制定自治条例和单行条例。自治区的自治条例和单行条例报全国人民代表大会常务委员会批准后生效；自治州、自治县的自治条例和单行条例，报省、自治区、直辖市的人民代表大会常委会批准后生效。

5）规章（部门规章和地方政府规章）：规章通常称为“办法”或者“规定”。国务院各部、委员会、中国人民银行、审计署和具有行政管理职能的直属机构，可以根据法律和国务院的行政法规、决定、命令等来制定部门规章，在本部门的权限范围内有效。部门规章由部门首长签署命令予以公布，目的在于执行法律和国务院行政法规特定事项。省、自治区、直辖市和较大的市（设区的市）的人民政府，可以根据法律、行政法规和本省、自治区、直辖市的地方性法规来制定地方政府规章，仅在本行政区域内有效。地方政府规章由省长或者自治区主席或者市长签署命令予以公布。

6）技术标准和规范：技术标准（规范）的制定属于技术立法的范畴。技术标准（规范）包括国家标准（规范）、地方标准（规范）和行业标准（规范）等不同类型和层次。

（3）法律法规效力

就法的效力位阶而言，法可简单分为上位法、下位法和同位法。总纲性的法律为上位法，从其衍生而来并对其进行进一步细化规定的法律为下位法。通常，上位法是效力较高的法律，下位法是效力较低的法律，后者不得与前者相抵触。同位法之间则具备同等效力，在各自的权限范围内施行。上位法与下位法是相对而言的，例如国务院制定的行政法规，相对于全国人民代表大会常务委员会制定的法律来说，是下位法；相对于地方国家机关制定的地方性法规来说，是上位法。法律、行政法规、地方性法规等如果有超越权限或下位法违反上位法规定的情形的，将依法予以改变或者撤销。法律的这些规定，就是要求下位法与上位法相衔接、相协调、相配套，从而构成法律体系的有机统一整体，有效地调整社会关系，保证社会生活的正常秩序。

具体来看，《中华人民共和国立法法》对于法律法规体系的效力做出如下规定：①宪法具有最高法律效力，一切法律、行政法规、地方性法规、自治条例和单行条例、规章都不得同宪法相抵触；②法律效力高于行政法规、地方性法规、规章；③行政法规的效力高于地方性法规、规章；④地方性法规的效力高于本级和下级地方政府规章；⑤部门规章之间、部门规章与地方政府规章之间具有同等效力，在各自的权限范围内施行；⑥同一机关制定的法律、行政法规、地方性法规、自治条例和单行条例、规章，特别规定与一般规定不一致的，适用特别规定；新规定与旧规定不一致的，适用新的规定；⑦地方性法规与部门规章之间对同一事项的规定不一致，不能确定如何适用时，由国务院提出意见，国务院认为应当适用地方性法规的，应当决定在该地方适用地方性法规的规定；认为应当适用部门规章的，应当提请全国人民代表大会常务委员会裁决；⑧部门规章之间、部门规章与地方政府规章之间对同一事项的规定不一致时，由国务院裁决。

城乡规划管理主要依托行政法开展，一般行政法适用于城乡规划管理，而《城乡规划法》则是一门专项的特别行政法（图 5–1）。城乡规划涉及与其他法律部门之间的有机统一和共同作用，如城乡规划中的问责机制，问责后是否量刑就涉及行政法与刑法的交叉领域。2008 年以来，我国以《城乡规划法》为核心的法律法规体系已经初步建立，但上下位纵向与同位横向法律之间的衔接和完善还有很多工作要做，法制系统的整体建设依然任重道远。

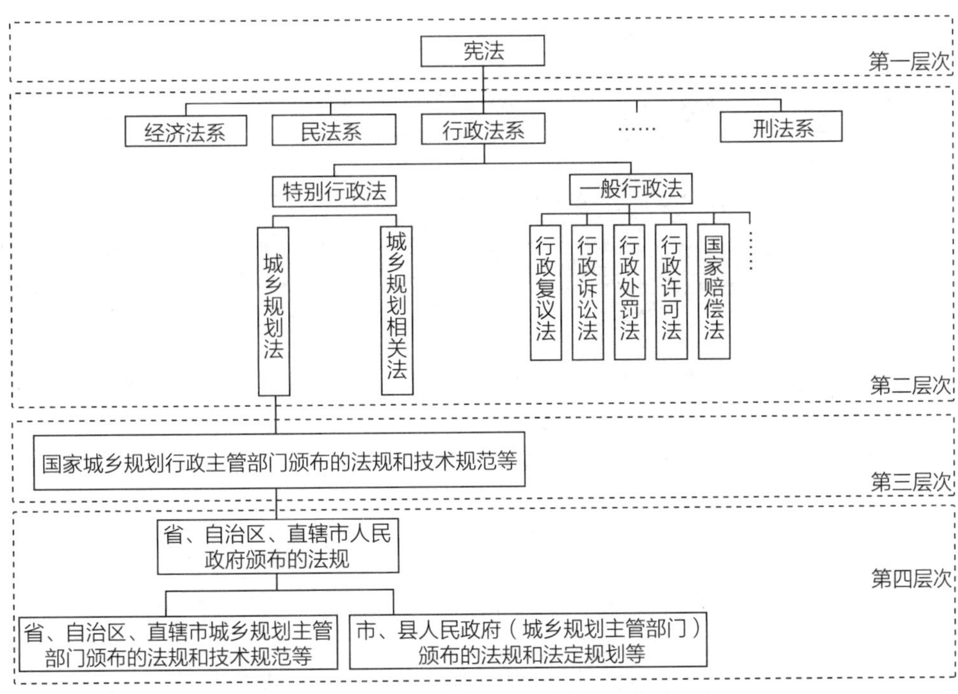

图 5–1　城乡规划管理的法律法规体系构成示意

5.3 城乡规划管理的法律法规体系

城乡规划管理触及领域多、牵扯利益广，在我国的法律法规体系中呈现出广泛关联的发散特点。从纵向体系来看，城乡规划管理的法律法规制定存在于宪法向下的所有层级中；从横向体系来看，城乡规划管理法律法规主要隶属行政法范畴，同时与其他法律部门有着紧密联系，如社会法、经济法、环境法等，其实质是以土地保护和利用管理等为核心的行政法。

5.3.1 纵向体系：国家层面与地方层面

（1）国家层面。城乡规划管理法律法规体系在国家层面主要由四类构成（表 5-1）：第一类是作为体系核心的《中华人民共和国城乡规划法》；第二类是国家层面的行政法规，如《风景名胜区条例》《历史文化名城名镇名村保护条例》；第三类为部门性的配套规章，主要由城乡规划主管部门编制[①]，如《城市规划编制办法》《城市绿线管理办法》等；第四类是部门性的相关技术标准、技术规范和技术性文件等，如《城市道路交通规划设计规范》《城市居住区规划设计标准》等[②]。

国家层面城乡规划法律法规文件示例　　表 5-1

类别		名称	施行日期或编号
法律		中华人民共和国城乡规划法	2008.1.1
行政法规		村庄和集镇规划建设管理条例	1993.11.1
		风景名胜区条例	2006.12.1
		历史文化名城名镇名村保护条例	2008.7.1
部门规章	编制审批	城市规划编制办法	2006.4.1
		省域城镇体系规划编制审批办法	2010.7.1
		城市总体规划实施评估办法（试行）	2009.4.17
		城市、镇控制性详细规划编制审批办法	2011.1.1
		村镇规划编制办法（试行）	2000.2.14
		城市规划强制性内容暂行规定	2002.8.29
	实施监管	城市国有土地使用权出让转让规划管理办法	1993.1.1
		开发区规划管理办法	1995.7.1
		城市地下空间开发利用管理规定	1998.1.1
		城市绿线管理办法	2002.11.1
		城市紫线管理办法	2004.2.1
		城市黄线管理办法	2006.3.1
		城市蓝线管理办法	2006.3.1

① 新一轮机构改革前由住房和城乡建设部主管，现相关职能转由自然资源部承担。

② 我国现行的技术标准和技术规划体系也可分为三个层级：一是全国性的基础性标准 / 规范，包括术语、符号、计量单位等要素的统一，如《城市用地分类与规划建设用地标准》等；二是全国性的专业技术标准 / 规范，如《城市绿地规划标准》等；三是地方性的技术标准和规范，通常是在符合国家规范的基础上根据地方实际情况补充做出的特别规定，如《深圳市法定图则编制技术指引》等。

续表

类别		名称	施行日期或编号
部门规章	实施监管	建制镇规划建设管理办法	1995.7.1
		市政公用设施抗灾设防管理规定	2008.12.1
		城建监察规定	1996.9.22
	执业管理	城市规划编制单位资质管理规定	2001.3.1
		注册城市规划师注册登记办法	2003.5.1
技术标准/技术规范	基础标准	城市规划基本术语标准	GB/T 50280—1998
		城市规划制图标准	CJJ/T 97—2003
		城市用地分类与规划建设用地标准	GB 50137—2011
	专业标准	历史文化名城保护规划标准	GB/T 50357—2018
		城乡建设用地竖向规划规范	CJJ 83—2016
		城市工程管线综合规划规范	GB 50289—2016
		镇规划标准	GB 50188—2007
		城市居住区规划设计标准	GB 50180—2018
		城市公共设施规划规范	GB 50442—2008
		城市环境卫生设施规划标准	GB/T 50337—2018
		城市绿地规划标准	GB/T 51346—2019
		风景名胜区总体规划标准	GB/T 50298—2018
		城镇老年人设施规划规范	GB 50437—2007
		城市排水工程规划规范	GB 50318—2017
		城市电力规划规范	GB/T 50293—2014

（2）地方层面。若将国家以下的其他层级政府认为是地方政府，则地方层面的城乡规划法律法规体系也主要分为四类。第一类是地方法规，即地方立法机构（人民代表大会及其常务委员会）在国家层面法律法规的约束下，根据地方实际情况作出的地方性规划规定，如《北京市城乡规划条例》等；第二类是地方规章，即地方政府根据地方实际需要针对规划领域作出的具体规定，如《天津市规划用地兼容性管理暂行规定》等；第三类是地方性的技术标准、技术规范和技术性文件等，如《深圳市城市规划标准与准则》等；第四类是根据国家和地方相关法律法规、技术标准，由地方城乡规划主管部门组织编制并监督实施的法定性规划文件，例如控制性详细规划等，这些规划编制成果在审核通过后，本身成为具有法律约束力的文件[①]。

① 这里的分类是为了便于理解。法定规划作为技术性、政策性法定文件，可划定到其他类别中。

5.3.2 横向体系：主干法、辅助法、相关法

城乡规划的法律法规体系从横向体系上进一步细分，通常还有主干法（基本法）、辅助法（从属法、配套法）和相关法的区别：①主干法是城乡规划法律法规体系的核心（《中华人民共和国城乡规划法》），具有纲领性和原则性的特征；②辅助法是对主干法的内容作出的进一步深化规定，多为主干法的实施性细则；③相关法是指与城乡规划法律法规关联的其他领域或部门的法律法规（表 5–2）。城乡规划因为工作的综合性与复杂性而同其他横向相关法有着普遍联系，例如土地管理、文物保护、市政工程、建筑工程、城市防灾等领域的法律法规。这些关联领域的法律法规往往又有着自身的纵向体系，以建筑工程的相关法为例，其核心为《建筑法》，向下配套的行政法规包含《建筑工程勘察设计管理条例》《注册建筑师条例》等，部门规章有《工程建设标准化管理规定》等，技术标准有《建筑设计防火规范》等。

城乡规划相关法示例　　表 5–2

规划内容相关的法律法规	一般公共行政相关的法律法规	流程与开发等相关的法律法规
《土地管理办法》《文物保护法》《环境保护法》《水法》《草原法》《森林法》《建筑法》《防洪法》《人民防空法》《矿山安全法》《水土保持法》《军事设施保护法》《固体废物污染环境防治办法》《节约能源法》《公路法》《道路交通安全法》《港口法》《消防法》《城市房地产管理法》等	《立法法》《公务员法》《行政许可法》《行政复议法》《行政处罚法》《国家赔偿法》《行政诉讼法》《保守国家秘密法》等	《物权法》《招标投标法》《合同法》《标准化法》《预算法》《测绘法》等

5.3.3 基本法律法规：一法三条例

《中华人民共和国城乡规划法》与《村庄和集镇规划建设管理条例》《风景名胜区条例》《历史文化名城名镇名村保护条例》搭建起的“一法三条例”体系，奠定了城乡规划的基础规则框架。部分行政法规因社会经济的变化而内容逐步滞后，需顺应新的时代需求与机构改革新体系加以变革。

（1）《中华人民共和国城乡规划法》（法律）。《城乡规划法》是为加强城乡规划管理，协调城乡空间布局，改善人居环境，促进城乡经济社会全面、协调、可持续发展而制定的一部城乡规划领域的基本法。该法经 2007 年 10 月 28 日第十届全国人民代表大会常务委员会第三十会议通过并颁布，自 2008 年 1 月 1 日起施行，之后在 2015 年、2019 年进行了修正。《城乡规划法》共 7 章 70 条，对城乡规划编制、实施和监督的主要原则和环节等作出了基本的法律规定，是各级政府和城乡规划主管部门开展相关工作的重要法律依据，也是城乡建设活动等必须遵守的行为准则，其主要内容构成如下：①第一章总则，共 11 条，主要对立法目的和宗旨、适用范围、调

整对象、城乡规划制定和实施的原则、城乡规划与其他规划的关系、法定城乡规划体系构成、城乡规划编制和管理的经费来源保障、监督管理体制等作出基本规定；②第二章城乡规划的制定，共16条，主要对城乡规划组织编制和审批的机构、权限、审批程序，省城城镇体系规划、城市和镇总体规划、乡规划和村庄规划等应当包括的内容，城乡规划编制单位应当具备的资格条件和基础资料，城乡规划草案的公告及公众、专家和有关部门参与等作出明确规定；③第三章城乡规划的实施，共18条，主要对地方各级人民政府实施城乡规划时应遵守的基本原则和思路，近期建设规划，建设项目选址规划管理、建设用地规划管理、建设工程规划管理、乡村建设规划管理、临时建设和临时用地规划管理等作了明确的规定；④第四章城市规划的修改，共5条，主要对城乡规划的评估、意见征询，以及各类城乡规划修改的具体条件、工作流程、利益补偿等作出规定；⑤第五章监督检查，共7条，主要对城乡规划编制、审批、实施、修改的监督检查机构、权限、措施、程序、处理结果以及行政处分、行政处罚等作出明确规定；⑥第六章法律责任，共12条，主要对有关人民政府及其负责人和其他直接责任人在城乡规划编制、审批、实施、修改中所发生的违法行为，城乡规划编制单位所出现的违法行为，建设单位或者个人所产生的违法建设行为的具体行政处分、行政处罚等作出明确规定；⑦第七章附则，共1条，规定了本法自2008年1月1日起施行，《中华人民共和国城市规划法》同时废止。

（2）《村庄和集镇规划建设管理条例》（行政法规）。该条例由国务院于1993年6月29日发布，自1993年11月1日起施行，包括总则，村庄和集镇规划的制定，村庄和集镇规划的实施，村庄和集镇建设的设计、施工管理，房屋、公共设施、村容镇貌和环境卫生管理，罚则，附则七章内容，共48条。条例是为加强村庄、集镇的规划建设管理，改善村庄、集镇的生产生活环境，促进农村经济和社会发展而制定。条例规定村庄、集镇规划建设管理，应当坚持合理布局、节约用地的原则，全面规划，正确引导，依靠群众，自力更生，因地制宜，量力而行，逐步建设，实现经济效益、社会效益和环境效益的统一。国务院建设行政主管部门主管全国的村庄、集镇规划建设管理工作。县级以上地方人民政府建设行政主管部门主管本行政区域的村庄、集镇规划建设管理工作。乡级人民政府负责本行政区域的村庄、集镇规划建设管理工作。

（3）《风景名胜区条例》（行政法规）。该条例于2006年9月19日由国务院令第474号发布，2006年12月1日起施行，2016年进行修订，包括总则、设立、规划、保护、利用和管理、法律责任、附则七章内容，共52条。条例中的风景名胜区是指具有观赏、文化或者科学价值，自然景观、人文景观比较集中，环境优美，可供人们游览或者进行科学、文化活动的区域。国家对风景名胜区实行科学规划、统一管理、严格保护、永续利用的原则。风景名胜区所在地县级以上地方人民政府设置的风景名胜区管理机构，负责风景名胜区的保护、利用和统一管理工作。

（4）《历史文化名城名镇名村保护条例》（行政法规）。该条例由国务院于2008年4月2日通过，自2008年7月1日起施行，2017年10月予以修正，包括总则、申报与批准、保护规划、保护措施、法律责任、附则六章内容，共47条。为了规范历史文化名城、名镇、名村的申报与批准，科学合理地规划和保护历史文化名城、名镇、名村，条例在几大方面做出具体规定：①明确历史文化名城、名镇、名村的申报条件，申报时应当提交的材料，确定历史文化名城、名镇、名村的审批程序和权限；②确定历史文化名城、名镇、名村保护规划的编制与审批要求；③提出历史文化名城、名镇、名村的保护要求与措施；④明确破坏历史文化名城、名镇、名村保护需要承担的相应法律责任等。

5.4 城乡规划的编制和审批管理

5.4.1 法定城乡规划的编制和审批管理

（1）法定城乡规划的体系构成。《城乡规划法》第二章确定了以“城镇体系规划、城市规划、镇规划、乡规划、村庄规划”为架构的法定规划体系（图5-2），并对各级法定规划的组织、编制、实施和监督主体等进行规定。其中，城市规划、镇规划分为总体规划和详细规划两个阶段；详细规划分为控制性详细规划和修建性详细规划。基于此，《城市规划编制办法》《城市规划编制实施细则》《城市、镇控制性详细规划编制审批办法》《村镇规划编制办法》《陕西省控制性详细规划管理办法》《北京市城乡规划条例》《上海市控制性详细规划制定办法》等其他不同时期出台的不同层级的法规规章或技术文件等，对各类法定规划的编制内容和组织、审批要求等则做出了更加详细的规定，是每项具体城乡规划编制的重要依据。

（2）城乡规划的成果构成。城乡规划成果一般由“规划文本”和“规划图纸”两部分构成，以书面和电子文件两种形式表达。城市总体规划等通常还包括附件，

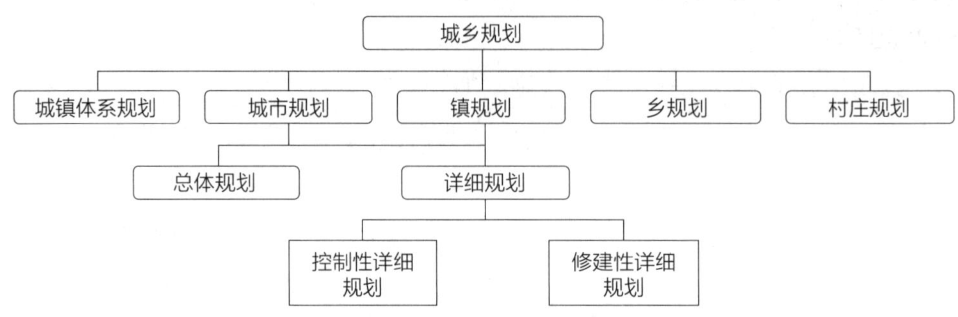

图5-2 《城乡规划法》确定的法定城乡规划体系

一些中微观尺度的详细规划还可能包括设计模型、多媒体动画等。"规划文本"主要表达规划的意图、目标和针对规划相关内容给出的规定性要求，文字表达应规范、准确、含义清楚。"规划图纸"用图像来表达规划地段及周边地区的现状情况和规划设计方案等，图纸表达内容和要求应与规划文本一致，图纸绘制应基于近期测绘的现状地形图并标注图名、比例尺、图例等。"附件"主要包括规划说明书、基础资料汇编、其他配套提供的附录等，规划说明书主要用于分析现状、论证规划意图、解释规划文本等。

（3）城乡规划的编制组织与审批。城乡规划实行分级编制和审批（表 5-3）。简单概括起来，除特别规定的情况外：①全国城镇体系规划由国务院城乡规划主管部门会同国务院有关部门组织编制，报国务院审批；②省域城镇体系规划、城市总体规划、镇总体规划一般由本级人民政府组织编制，本级人大常委会或人大审议，报上一级人民政府审批（直辖市，省、自治区人民政府所在地的城市，国务院确定的城市报国务院审批）；③详细规划一般由城市和县人民政府的城乡规划主管部门组织编制，本级人民政府审批，报本级人大常委会和上一级人民政府备案（镇为本级人民政府组织编制，上一级人民政府审批）；④乡规划和村庄规划由乡、镇人民政府组织编制，报上一级人民政府审批。从上述规定可以看出，县和县级别以上的人民政府具有相应的法定规划审批权，因此乡、镇、村庄的规划成果需要提交到县级人民政府审批；修建性详细规划由于细化到规划设计方案层面，与具体建设过程和建设行为相关，因此 2012 年《国务院关于第六批取消和调整行政审批项目的决定》（国

法定城乡规划的编制与审批机构　　表 5-3

规划类型	类别细分	编制机构	审批机构
城镇体系规划	全国城镇体系规划	国务院城乡规划主管部门会同国务院有关部门	国务院审批
	省域城镇体系规划	省、自治区人民政府	国务院审批（先经本级人民代表大会常务委员会审议）
城市总体规划	直辖市的城市总体规划	直辖市人民政府	国务院审批（先经本级人民代表大会常务委员会审议）
	省、自治区人民政府所在地的城市，以及国务院确定的城市的总体规划	城市人民政府	国务院审批（先经本级人民代表大会常务委员会审议）
	其他城市的总体规划	城市人民政府	省、自治区人民政府审批（先经本级人民代表大会常务委员会审议）

续表

规划类型	类别细分	编制机构	审批机构
镇总体规划	县人民政府所在地的镇的总体规划	县人民政府	上一级人民政府审批（先经本级人民代表大会常务委员会审议）
	其他镇的总体规划	镇人民政府	上一级人民政府审批（先经镇人民代表大会审议）
详细规划	城市的控制性详细规划	城市人民政府城乡规划主管部门	本级人民政府审批（报本级人民代表大会常务委员会和上一级人民政府备案）
	县人民政府所在地镇的控制性详细规划	县人民政府城乡规划主管部门	县人民政府审批（报本级人民代表大会常务委员会和上一级人民政府备案）
	镇的控制性详细规划	镇人民政府	上一级人民政府审批
	修建性详细规划	城市、县人民政府城乡规划主管部门和镇人民政府（可以对重要地块组织编制）	—
乡规划、村庄规划		乡、镇人民政府组织	上一级人民政府审批（村庄规划当经村民会议或者村民代表会议讨论同意）

资料来源：根据《城乡规划法》相关要求整理。

发〔2012〕52号）取消了对重要地块城市修建性详细规划的审批。

（4）城乡规划的修改。依照《城乡规划法》的规定，省域城镇体系规划、城市总体规划、镇总体规划具有下列情形之一的，组织编制机关方可按照规定的权限和程序修改[①]：①上级人民政府制定的城乡规划发生变更，提出修改规划要求的；②行政区划调整确需修改规划的；③因国务院批准重大建设工程确需修改规划的；④经评估确需修改规划的；⑤城乡规划的审批机关认为应当修改规划的其他情形。修改控制性详细规划的，组织编制机关应当对修改的必要性进行论证，征求规划地段内利害关系人的意见，并向原审批机关提出专题报告，经原审批机关同意后，方可编制修改方案。修改后的控制性详细规划，应当依《城乡规划法》规定的审批程序报批。控制性详细规划修改涉及城市总体规划、镇总体规划的强制性内容的，应当先修改总体规划。修改乡规划、村庄规划的，应当依照规定的审批程序报批。经依法

① 修改省域城镇体系规划、城市总体规划、镇总体规划前，组织编制机关应当对原规划的实施情况进行总结，并向原审批机关报告；修改涉及城市总体规划、镇总体规划强制性内容的，应当先向原审批机关提出专题报告，经同意后，方可编制修改方案。修改后的省域城镇体系规划、城市总体规划、镇总体规划，应当依照《城乡规划法》规定的审批程序报批。

审定的修建性详细规划、建设工程设计方案的总平面图不得随意修改；确需修改的，城乡规划主管部门应当采取听证会等形式，听取利害关系人的意见；因修改给利害关系人合法权益造成损失的，应当依法给予补偿。

（5）城乡规划编制的资质[①]、资料与流程要求。《城乡规划法》规定城乡规划组织编制机关应当委托具有相应资质等级的单位承担城乡规划的具体编制工作。编制城乡规划必须遵守国家有关标准，应当具备国家规定的勘察、测绘、气象、地震、水文、环境等基础资料。根据编制城乡规划的需要，县级以上地方人民政府有关主管部门应当及时提供有关基础资料。城乡规划报送审批前，组织编制机关应当依法将城乡规划草案予以公告，并采取论证会、听证会或者其他方式征求专家和公众的意见。公告的时间不得少于三十日。组织编制机关应当充分考虑专家和公众的意见，并在报送审批的材料中附具意见采纳情况及理由。省域城镇体系规划、城市总体规划、镇总体规划批准前，审批机关应当组织专家和有关部门进行审查。

（1）城镇体系规划的编制管理

《城乡规划法》规定国务院城乡规划主管部门会同国务院有关部门组织编制“全国城镇体系规划”，用于指导省域城镇体系规划、城市总体规划的编制，全国城镇体系规划由国务院城乡规划主管部门报国务院审批。

“省域城镇体系规划”的编制和审批除《城乡规划法》相关要求之外，2010年施行的《省域城镇体系规划编制审批办法》从整体要求、制定和修改、内容和成果等方面对其作出进一步规定[②]。省、自治区人民政府负责组织编制省域城镇体系规划，报国务院审批。省域城镇体系规划编制工作一般分为编制省域城镇体系“规划纲要”和编制省域城镇体系“规划成果”两个阶段。在规划纲要编制和规划成果编制阶段，国务院城乡规划主管部门应当分别组织对规划纲要和规划成果进行审查，并出具审查意见。

1）省域城镇体系规划纲要。纲要编制目的是综合评价省、自治区城镇化发展条件及对城乡空间布局的基本要求，分析研究省域相关规划和重大项目布局对城乡空间的影响，明确规划编制的原则和重点，研究提出城镇化目标和拟采取的对策和措施，为编制规划成果提供基础。编制规划纲要时，应当对影响本省、自治区城镇化和城镇发展的重大问题进行专题研究。

2）省域城镇体系规划成果。成果内容主要包括：①明确全省、自治区城乡统筹

① 2018年，住房和城乡建设部申请取消了城乡规划编制单位的资质管理。

② 《省域城镇体系规划编制审批办法》（中华人民共和国住房和城乡建设部令第3号），经第55次住房和城乡建设部部常务会议审议通过，自2010年7月1日起施行，是为了规范省域城镇体系规划编制和审批工作，提高规划的科学性，根据《中华人民共和国城乡规划法》而制定，共四章，29条。

发展的总体要求；②明确资源利用与资源生态环境保护的目标、要求和措施；③明确省域城乡空间布局和规模控制要求；④明确与城乡空间布局相协调的区域综合交通体系；⑤明确城乡基础设施支撑体系；⑥明确空间开发管制要求；⑦明确对下层次城乡规划编制的要求；⑧明确规划实施的政策措施。

限制建设区、禁止建设区的管制要求，重要资源和生态环境保护目标，省域内区域性重大基础设施布局等，应当作为省域城镇体系规划的强制性内容。省域城镇体系规划的规划期限一般为二十年，还可对资源生态环境保护和城乡空间布局等重大问题作出更长远的预测性安排。

（2）城镇总体规划的编制管理

《城乡规划法》规定城市总体规划、镇总体规划的规划期限一般为二十年，城市总体规划还应当对城市更长远的发展作出预测性安排。城市、县、镇人民政府应当根据当地经济社会发展的实际，在城市总体规划、镇总体规划中合理确定城市、镇的发展规模、发展步骤、空间布局和建设要求等；城市总体规划、镇总体规划的编制应当依据国民经济和社会发展规划，并与土地利用总体规划相衔接。《城市规划编制办法》（2005）对城市总体规划的编制作出了详细规定。

1）城市总体规划、镇总体规划的内容。《城乡规划法》规定的主要规划内容包括：城市、镇的发展布局，功能分区，用地布局，综合交通体系，禁止、限制和适宜建设的地域范围，各类专项规划等。规划区范围、规划区内建设用地规模、基础设施和公共服务设施用地、水源地和水系、基本农田和绿化用地、环境保护、自然与历史文化遗产保护以及防灾减灾等内容，应当作为城市总体规划、镇总体规划的强制性内容。

2）城市总体规划纲要。《城市规划编制办法》（2005）指出编制城市总体规划，应当先组织编制总体规划纲要，研究确定总体规划中的重大问题，作为编制规划成果的依据。总体规划纲要成果包括纲要文本、说明、相应的图纸和研究报告。总体规划纲要应当包括下列内容：①市域城镇体系规划纲要；②提出城市规划区范围；③分析城市职能、提出城市性质和发展目标；④提出禁建区、限建区、适建区范围；⑤预测城市人口规模；⑥研究中心城区空间增长边界，提出建设用地规模和建设用地范围；⑦提出交通发展战略及主要对外交通设施布局原则；⑧提出重大基础设施和公共服务设施的发展目标；⑨提出建立综合防灾体系的原则和建设方针。

3）城市总体规划成果（市域城镇体系规划、中心城区规划）。《城市规划编制办法》（2005）指出城市总体规划包括市域城镇体系规划和中心城区规划，在总体规划纲要的基础上深化形成（表 5-4）。

4）城市分区规划。《城乡规划法》虽未提及分区规划，但《城市规划编制办法》

城市总体规划编制的主要内容构成 表 5-4

城市总体规划	市域城镇体系规划	中心城区规划
主要内容	①提出市域城乡统筹的发展战略； ②确定生态环境、土地和水资源、能源、自然和历史文化遗产等方面的保护与利用的综合目标和要求，提出空间管制原则和措施； ③预测市域总人口及城镇化水平，确定各城镇人口规模、职能分工、空间布局和建设标准； ④提出重点城镇的发展定位、用地规模和建设用地控制范围； ⑤确定市域交通发展策略，原则确定市域交通、通信、能源、供水、排水、防洪、垃圾处理等重大基础设施，重要社会服务设施，危险品生产储存设施的布局； ⑥根据城市建设、发展和资源管理的需要划定城市规划区，城市规划区的范围应当位于城市的行政管辖范围内； ⑦提出实施规划的措施和有关建议	①分析确定城市性质、职能和发展目标； ②预测城市人口规模； ③划定禁建区、限建区、适建区和已建区，并制定空间管制措施； ④确定村镇发展与控制的原则和措施；确定需要发展、限制发展和不再保留的村庄，提出村镇建设控制标准； ⑤安排建设用地、农业用地、生态用地和其他用地； ⑥研究中心城区空间增长边界，确定建设用地规模，划定建设用地范围； ⑦确定建设用地的空间布局，提出土地使用强度管制区划和相应的控制指标（建筑密度、建筑高度、容积率、人口容量等）； ⑧确定市级和区级中心的位置和规模，提出主要的公共服务设施的布局； ⑨确定交通发展战略和城市公共交通的总体布局，落实公交优先政策，确定主要对外交通设施和主要道路交通设施布局； ⑩确定绿地系统的发展目标及总体布局，划定各种功能绿地的保护范围（绿线），划定河湖水面的保护范围（蓝线），确定岸线使用原则； ⑪确定历史文化保护及地方传统特色保护的内容和要求，划定历史文化街区、历史建筑保护范围（紫线），确定各级文物保护单位的范围，研究确定特色风貌保护重点区域及保护措施； ⑫研究住房需求，确定住房政策、建设标准和居住用地布局，重点确定经济适用房、普通商品住房等满足中低收入人群住房需求的居住用地布局及标准； ⑬确定电信、供水、排水、供电、燃气、供热、环卫发展目标及重大设施总体布局； ⑭确定生态环境保护与建设目标，提出污染控制与治理措施； ⑮确定综合防灾与公共安全保障体系，提出防洪、消防、人防、抗震、地质灾害防护等规划原则和建设方针； ⑯划定旧区范围，确定旧区有机更新的原则和方法，提出改善旧区生产、生活环境的标准和要求； ⑰提出地下空间开发利用的原则和建设方针； ⑱确定空间发展时序，提出规划实施步骤、措施和政策建议

资料来源：城市规划编制办法，建设部令第 146 号，2005 年 12 月 31 日发布，2006 年 4 月 1 日施行。

（2005）指出大、中城市根据需要，可以依法在总体规划的基础上组织编制分区规划。北京等特大城市往往通过分区规划来实现城市总体规划的进一步细化，以此对接和指导各区控制性详细规划的制定，分区规划由此成为城市总体规划与城市控制性详细规划之间的过渡层次。《城市规划编制办法》（2005）提出的分区规划内容包括：①确定分区的空间布局、功能分区、土地使用性质和居住人口分布；②确定绿地系统、河湖水面、供电高压线走廊、对外交通设施用地界线和风景名胜区、文物古迹、历史文化街区的保护范围，提出空间形态的保护要求；③确定市、区、居住区级公共服务设施的分布、用地范围和控制原则；④确定主要市政公用设施的位置、控制范围和工程干管的线路位置、管径，进行管线综合；⑤确定城市干道的红线位置、断面、控制点坐标和标高，确定支路的走向、宽度，确定主要交叉口、广场、公交站场、交通枢纽等交通设施的位置和规模，确定轨道交通线路走向及控制范围，确定主要停车场规模与布局。

（3）近期建设规划的编制管理

近期建设规划是为了落实法定规划而制定的"实施性"规划。《城乡规划法》规定城市、县、镇人民政府应当根据城市总体规划、镇总体规划、土地利用总体规划和年度计划以及国民经济和社会发展规划，制定近期建设规划，报总体规划审批机关备案。近期建设规划应当以重要基础设施、公共服务设施和中低收入居民住房建设以及生态环境保护为重点内容，明确近期建设的时序、发展方向和空间布局。近期建设规划的规划期限为五年。城市、县、镇人民政府修改近期建设规划的，应当将修改后的近期建设规划报总体规划审批机关备案。

1）近期建设规划与城市总体规划、镇总体规划的关系。近期建设规划独立于总体规划编制，不作为总体规划的内容，总体规划通过近期建设规划和年度实施计划的滚动编制来实施。因此近期建设规划是总体规划在时间维度上的分解，是总体规划的分步骤实施工具。近期建设规划制定不仅要求对城市总体规划的发展目标及行动议题在时间上进行分解，兼顾战略前瞻性与动态弹性，并因涉及市区、各职能部门之间的任务分解和配合，亦要求对总体规划在事权维度进行分解[①]。

2）近期建设规划的主要内容。《近期建设规划工作暂行办法》（建规〔2002〕218号）规定近期建设规划成果包括规划文本，以及必要的图纸和说明。近期建设规划必须具备的强制性内容包括：①确定城市近期建设重点和发展规模；②依据城市近期建设重点和发展规模，确定城市近期发展区域。对规划年限内的城市建设用地总量、空间分布和实施时序等进行具体安排，并制定控制和引导城市发展的规定；③根据城市近期建设重点，提出对历史文化名城、历史文化保护区、风景名胜区等相应的保护措施。近期建设规划必须具备的指导性内容包括：①根据城市建设近期重点，提出机场、铁路、港口、高速公路等对外交通设施，城市主干道、轨道交通、大型停车场等城市交通设施，自来水厂、污水处理厂、变电站、垃圾处理厂，以及相应的管网等市政公用设施的选址、规模和实施时序的意见；②根据城市近期建设重点，提出文化、教育、体育等重要公共服务设施的选址和实施时序；③提出城市河湖水系、城市绿化、城市广场等的治理和建设意见；④提出近期城市环境综合治理措施。

---

① 贾晓韡．面向城市治理的城市近期建设规划转型研究[J]．中外建筑，2018（2）：70-73.

（4）城镇详细规划的编制管理

1）控制性详细规划[①]。控制性详细规划衔接规划设计与城市建设管理，是将城市总体规划、镇总体规划设定的宏观目标与发展要求等转化为具体控制指标、控制规定及建设要求的规划编制层次。控制性详细规划是以城市总体规划（分区规划）、镇总体规划为依据，以落实总体规划意图为目的，以土地使用控制为重点，详细规定规划范围内各项建设用地的用地性质、开发强度、设施配套和空间环境等管控指标和其他规划管理要求，进而为城镇国有土地使用权出让和规划管理等提供依据，并指导修建性详细规划、建筑设计和市政工程设计编制的一类法定规划。

《城乡规划法》未对控制性详细规划的具体编制内容做出技术规定，重点阐述了控制性详细规划的组织编制机构与审批要求，及其与修建性详细规划的关系。住建部发布的《城市、镇控制性详细规划编制审批办法》（2011 年 1 月 1 日起试行）对控规编制提出了详尽规定，包括：①城市、县、镇人民政府作为组织编制机构，并委托具备相应资质等级的规划编制单位承担控规的具体编制工作；②编制需要考虑的综合要素及相关关系处理；③以城镇总体规划与相关标准规范等作为编制依据；④以用地性质、容积率、建筑高度、绿地率等用地指标，基础设施、公共服务设施、安全设施等设施要求，城市“四线”及其控制要求为核心的规划编制内容（表 5–5）；⑤包括文本、图表、说明书以及必要的技术研究资料在内容的控规成果构成；⑥差异化的大、特大城市以及镇的控规编制方法处理；⑦分期、分批编制，重点地区及

控制性详细规划编制的主要控制指标体系构成 表 5–5

分类	控制指标
土地用途	用地边界、用地面积、用地性质、土地兼容性（混合用地）等
开发强度	强度分区（规划单元）、容积率（地块）、地下空间利用等
环境容量	建筑密度、居住人口密度、绿地率等
建筑建造	建筑退线、建筑面积、建筑限高、建筑层数、建筑控制线和贴线率等
设施配套	市政公用设施（给水、电力、燃气、电信、环卫等），公共设施（行政、商业、文教体卫等），公共安全设施（人防、消防、应急避难场所、防洪除涝、抗震）等
道路交通	道路红线、禁止开口路线、地块机动车出入口控制、配建停车位、社会公共停车位、公交站点、加油站等
五线控制	红线、绿线、蓝线、黄线、紫线
城市设计指引	公共开放空间、视廊与视线、建筑体量、建筑形式、建筑色彩、空间围合关系等

资料来源：唐燕 . 控制性详细规划 [M]. 北京：清华大学出版社，2019.

① 内容主要整理和来源自：唐燕 . 控制性详细规划 [M]. 北京：清华大学出版社，2019.

特殊需求地区优先编制的控规编制计划。该办法明确了控规审批的基本程序，以及相关的规划审查、意见征询、成果公布、控规动态维护与数据化管理、控规修改等规定内容。广州、深圳、上海、南京、武汉等诸多城市，针对本地控制性详细规划的编制出台了一系列地方性技术规定文件。

2）修建性详细规划。《城乡规划法》指出城市、县人民政府城乡规划主管部门和镇人民政府可以组织编制重要地块的修建性详细规划。修建性详细规划应当符合控制性详细规划。修建性详细规划是在满足上一层次规划要求的前提下，针对具体地段对建设项目做出的空间布局安排和规划设计，并为下一层次建筑、园林和市政工程设计提供依据。《城市规划编制办法》（2005）规定修建性详细规划可以由有关单位依据控制性详细规划及建设主管部门（城乡规划主管部门）提出的规划条件，委托城乡规划编制单位编制，修建性详细规划应当包括下列内容：①建设条件分析及综合技术经济论证；②建筑、道路和绿地等的空间布局和景观规划设计，布置总平面图；③对住宅、医院、学校和托幼等建筑进行日照分析；④根据交通影响分析，提出交通组织方案和设计；⑤市政工程管线规划设计和管线综合；⑥竖向规划设计；⑦估算工程量、拆迁量和总造价，分析投资效益。

（5）乡规划与村庄规划的编制管理

《城乡规划法》规定县级以上地方人民政府根据本地农村经济社会发展水平，按照因地制宜、切实可行的原则，确定应当制定乡规划、村庄规划的区域。在确定区域内的乡、村庄应当依法制定规划，规划区内的乡、村庄建设应当符合规划要求。同时，县级以上地方人民政府应鼓励、指导上述区域外的乡、村庄制定和实施乡规划、村庄规划。乡、镇人民政府组织编制乡规划、村庄规划，报上一级人民政府审批；村庄规划在报送审批前，应当经村民会议或者村民代表会议讨论同意。针对农村地区的规划建设，2000年住建部发布《村镇规划编制办法》（试行，建村〔2000〕36号），作为《村庄和集镇规划建设管理条例》《村镇规划标准》等的规定补充[①]。乡规划、村庄规划的编制办法和编制标准仍在不断探索中，各地时有地方性的规定出台。

乡规划、村庄规划应当从农村实际出发，尊重村民意愿，体现地方和农村特色。乡规划、村庄规划的内容应当包括：规划区范围，住宅、道路、供水、排水、供电、垃圾收集、畜禽养殖场所等农村生产、生活服务设施、公益事业等各项建设的用地布局、建设要求，以及对耕地等自然资源和历史文化遗产保护、防灾减灾等的具体安排。乡规划还应当包括本行政区域内的村庄发展布局。

① 这些规定在新的时代背景下需要变革和调整。

5.4.2 非法定规划的编制管理[①]

非法定规划相对于法定规划而言，是为了区分规划的法定地位而引入的一个概念。非法定规划在业界尚无统一定义，多数学者认为我国的法定规划是指《城乡规划法》及地方城乡规划法规等所规定的需要编制的规划（如城市总体规划、控制性详细规划、历史文化名城保护规划等），而非法定规划则是这些规定要求之外的规划，常见的如空间战略规划、城市设计、概念规划等——这些规划不在法律法规的规定之中，不具备法律地位，也无统一的审批程序和内容要求。

非法定规划常常用于辅助和支持法定规划的编制和实施，其成果可指导并反馈于法定规划中。在一些情况下，非法定规划形成的结论可通过规划的法律程序，融合和纳入法定规划中，进而转换为可供实施的城乡规划的法定内容。具体来看，作为法定规划的补充和完善，我国的非法定规划在城乡规划建设中发挥着特殊作用：在城市总体规划编制前，越来越多的地方政府开始意识到城市发展战略规划的价值，并由此出现单独组织编制发展战略规划以支持城市总体规划制定的情况；在城市重要地段的规划建设中，政府常常需要通过城市设计来把握城市空间的形态设计规则和愿景，并以此作为控制性详细规划编制的依据；在对城市形象或风貌有特殊要求的地段，政府可以通过组织编制风貌规划进行具体的地段风貌塑造和管控等。

非法定规划具有弹性、灵活的特点，可以根据社会经济和实际诉求的变化随时调整其工作内容和工作方法，因而具有良好的实践适用性。由于没有正式的技术标准，非法定规划的编制管理具有较大的不确定性，编制过程中城乡规划主管部门的自由裁量权限大，可以按照部门意愿对非法定规划进行内容设定和成果验收流程规定。对于一些广泛开展的非法定规划，如城市设计，住建部和地方政府等也开始尝试作出一些技术规范。2015 年中央城市工作会议提出要全面开展城市设计；2016 年国务院出台的《关于进一步加强城市规划建设管理工作的若干意见》指出“城市设计是落实城市规划、指导建筑设计、塑造城市特色风貌的有效手段”；2017 年住房和城乡建设部颁布并实施《城市设计管理办法》，是我国城市设计运作法制化建设迈出的重要一步，随后各地管理规定纷纷出台，如《浙江省城市设计管理办法》《湖北省城市设计管理办法（试行）》《山东省城市设计管理办法（试行）》《中山市城市设计管理办法（试行稿）》等[②]。总体上，这些规定在明确城市设计工作范围、层次和管理流程的同时也会对城市设计的弹性造成一定制约，实施上依然面临不同问题和挑战。

---

① 内容主要整理和来源自：宋军．非法定规划方法初探 [J]. 规划师，2006（S2）：34–36；陈锋，王唯山，吴唯佳，等．非法定规划的现状与走势 [J]. 城市规划，2005（11）：47–55；甄延临，包倍春，李忠国．非法定规划编制初探——以嘉兴市近年规划项目为例 [J]. 现代城市研究，2007（9）：15–20；李和平，余廷墨，张海龙．非法定规划的实践价值和技术策略 [J]. 规划师，2012，28（1）：61–65.

② 唐燕．精细化治理时代的城市设计运作——基于二元思辨 [J]. 城市规划，2020，44（2）：20–26.

5.5 城乡规划的实施管理

城乡规划实施是城乡规划管理的一项重要工作。《城乡规划法》规定地方各级人民政府应当根据当地经济社会发展水平，量力而行，尊重群众意愿，有计划、分步骤地组织实施城乡规划。《城乡规划法》在明确城市、镇、乡、村的建设和发展的原则及要求基础上，进一步针对城市新区的开发和建设、旧城区的改建、风景名胜资源的保护与利用、城市地下空间的开发和利用、市政和公共服务设施建设等分别作出规定。

城乡规划管理部门实施城乡规划，要依据城乡规划及其法律规范，对城乡规划区内的建设用地和各项建设活动进行控制、引导和协调，主要包括依托“一书三证”规划许可的五方面管理内容：①建设项目选址规划管理；②建设用地规划管理；③建设工程规划管理；④乡村规划建设管理；⑤临时建设与临时用地规划管理。受2018 年组建自然资源部的国家机构改革影响，下述城乡规划规划许可内容发生的变化和调整参见第 6 章。

5.5.1 建设项目选址规划管理

建设项目选址规划管理，是城乡规划行政主管部门根据城乡规划及其有关法律、法规对建设项目地址进行选择或确认，保证各项建设遵循城乡规划安排，并核发建设项目选址意见书的行政管理工作。建设项目选址规划管理的主要目的和任务是：保证建设项目的选址、布点符合城市规划；对经济、社会发展和城市建设进行宏观调控；综合协调建设选址中的各种矛盾。依据《城市规划基本术语标准》GB/T 50280—1998，“建设项目选址意见书”是“城市规划行政主管部门依法核发的有关建设项目的选址和布局的法律凭证”。

按照国家规定需要有关部门批准或者核准的建设项目，以划拨方式提供国有土地使用权的，建设单位在报送有关部门批准或者核准前，应当向城乡规划主管部门申请核发选址意见书；该规定以外的建设项目不需要申请选址意见书。《建设项目选址规划管理办法》（建规〔1991〕583 号）规定，建设项目选址意见书按建设项目计划审批权限实行分级规划管理。建设项目选址意见书应当包括下列内容：①建设项目的基本情况。主要是建设项目名称、性质，用地与建设规模，供水与能源的需求量，采取的运输方式与运输量，以及废水、气、废渣的排放方式和排放量。②建设项目规划选址的主要依据。主要有经批准的项目建议书；建设项目与城市规划布局的协调；建设项目与城市交通、通讯、能源、市政、防灾规划的衔接与协调；建设项目配套的生活设施与城市生活居住及公共设施规划的衔接与协调；建设项目对于城市环境可能造成的污染影响，以及与城市环境保护规划和风景名胜、文物古迹保护规划的协调。

5.5.2 建设用地规划管理

建设用地规划管理是根据城乡规划法规和批准的城乡规划，对城镇规划区内建设项目用地的选址、定点和范围进行规定，总平面审查，核发建设用地许可证等各项管理工作的总称。依据《城市规划基本术语标准》GB/T 50280—1998，“建设用地规划许可证”是“经城市规划行政主管部门依法确认其建设项目位置和用地范围的法律凭证”。建设用地规划管理是城市规划管理的重要组成部分，对建设用地实行严格的规划控制是城乡规划实施的基本保证。我国尚未在国家层面出台单独的建设用地规划管理的法规性文件，一些地方政府为方便日常管理出台了地方性的管理办法，如《湖南省建设用地规划许可管理办法》。在建设用地规划许可中，一般应载明建设用地的位置、范围、用地面积、用地性质、建设规模等，并附建设用地规划条件、规划用地图件等材料。

（1）划拨方式的建设用地规划许可证管理。《城乡规划法》规定在城市、镇规划区内以划拨方式提供国有土地使用权的建设项目，经有关部门批准、核准、备案后，建设单位应当向城市、县人民政府城乡规划主管部门提出建设用地规划许可申请，由城市、县人民政府城乡规划主管部门依据控制性详细规划核定建设用地的位置、面积、允许建设的范围，核发建设用地规划许可证。建设单位在取得建设用地规划许可证后，方可向县级以上地方人民政府土地主管部门申请用地，经县级以上人民政府审批后，由土地主管部门划拨土地。

（2）出让方式的建设用地规划许可证管理。在城市、镇规划区内以出让方式提供国有土地使用权的，在国有土地使用权出让前，城市、县人民政府城乡规划主管部门应当依据控制性详细规划，提出出让地块的位置、使用性质、开发强度等规划条件，作为国有土地使用权出让合同的组成部分。未确定规划条件的地块，不得出让国有土地使用权。以出让方式取得国有土地使用权的建设项目，建设单位在取得建设项目的批准、核准、备案文件和签订国有土地使用权出让合同后，向城市、县人民政府城乡规划主管部门领取建设用地规划许可证。城市、县人民政府城乡规划主管部门不得在建设用地规划许可证中，擅自改变作为国有土地使用权出让合同组成部分的规划条件。

（3）其他规划条件相关要求。《城乡规划法》规定，规划条件未纳入国有土地使用权出让合同的，该国有土地使用权出让合同无效；对未取得建设用地规划许可证的建设单位批准用地的，由县级以上人民政府撤销有关批准文件；占用土地的，应当及时退回；给当事人造成损失的，应当依法给予赔偿；建设单位应当按照规划条件进行建设，确需变更的，必须向城市、县人民政府城乡规划主管部门提出申请。变更内容不符合控制性详细规划的，城乡规划主管部门不得批准。城市、县人民政府城乡规划主管部门应当及时将依法变更后的规划条件通报同级土地主管部门并公示。建设单位应当及时将依法变更后的规划条件报有关人民政府土地主管部门备案。

5.5.3 建设工程规划管理

建设工程规划管理是城市规划行政主管部门根据依法制定的城乡规划及其法律规范和技术规范，对各类建设工程进行组织、控制、引导和协调，并核发建设工程规划许可证的行政管理工作。对各类建设工程进行规划管理的目的任务是：有效地指导各类建设活动，保证各类建设工程按照城市规划的要求有序地建设；维护城市公共安全、公共卫生、城市交通等公共利益和有关单位、个人的合法权益；改善城市市容景观，提高城市环境质量；综合协调相关部门对建设工程的管理要求，促进建设工程的建设。[①]

建设工程规划管理是城镇规划实施管理中内容繁多、量大面广、具体安排各项建设活动的重要管理环节。道路、市政、建筑物等建设工程具有不可移动的特点，其建成后若出现频繁改建乃至拆除等情况，会给国家、集体或个人造成重大损失，因此正确组织、指导、调控各项建设工程，综合协调各方关系，使各项工程按照规划进行建设，成为建设工程规划管理的直接任务。[②]《城乡规划法》规定在城市、镇规划区内进行建筑物、构筑物、道路、管线和其他工程建设的，建设单位或者个人应当向城市、县人民政府城乡规划主管部门或者省、自治区、直辖市人民政府确定的镇人民政府申请办理建设工程规划许可证。

（1）建设工程规划许可证的申请。申请办理建设工程规划许可证，应当提交使用土地的有关证明文件、建设工程设计方案等材料。需要建设单位编制修建性详细规划的建设项目，还应当提交修建性详细规划。对符合控制性详细规划和规划条件的，由城市、县人民政府城乡规划主管部门或者省、自治区、直辖市人民政府确定的镇人民政府核发建设工程规划许可证。城市、县人民政府城乡规划主管部门或者省、自治区、直辖市人民政府确定的镇人民政府应当依法将经审定的修建性详细规划、建设工程设计方案的总平面图予以公布。县级以上地方人民政府城乡规划主管部门按照国务院规定对建设工程是否符合规划条件予以核实。未经核实或者经核实不符合规划条件的，建设单位不得组织竣工验收。建设工程规划许可证发放后，因依法修改城乡规划给被许可人合法权益造成损失的，应当依法给予补偿。

（2）建筑施工许可证的申请。城市、镇规划区的建筑工程在获得建设工程规划许可证之外，还需申请“建筑施工许可证”方能开工建设。2018 年新修订的《建筑

---

① 王洪．中国城市规划制度创新研究 [M]. 南宁：广西人民出版社，2008.

② 全国城市规划执业制度管理委员会．城市规划管理与法规（试用版）[M]. 北京：中国计划出版社，2008.

工程施工许可管理办法》规定从事各类房屋建筑及其附属设施的建造、装修装饰和与其配套的线路、管道、设备的安装，以及城镇市政基础设施工程的施工，建设单位在开工前应当向工程所在地的县级以上地方人民政府住房城乡建设主管部门申请领取施工许可证。《中华人民共和国建筑法》（2019年修订）规定国务院建设行政主管部门确定的限额以下的小型工程不用申请建筑施工许可证；按照国务院规定的权限和程序批准开工报告的建筑工程，不再领取施工许可证。

5.5.4 乡村规划建设管理

规划管理从只关注城市向乡村地区扩展是《城乡规划法》的重要变革，《城乡规划法》规定在乡、村庄规划区内进行乡镇企业、乡村公共设施和公益事业建设的，建设单位或者个人应当向乡、镇人民政府提出申请，由乡、镇人民政府报城市、县人民政府城乡规划主管部门核发乡村建设规划许可证。在乡、村庄规划区内使用原有宅基地进行农村村民住宅建设的规划管理办法，由省、自治区、直辖市制定。在乡、村庄规划区内进行乡镇企业、乡村公共设施和公益事业建设以及农村村民住宅建设，不得占用农用地；确需占用农用地的，应当依照《中华人民共和国土地管理法》有关规定办理农用地转用审批手续后，由城市、县人民政府城乡规划主管部门核发乡村建设规划许可证。建设单位或者个人在取得乡村建设规划许可证后，方可办理用地审批手续。

（1）乡村规划许可的内容。住房和城乡建设部颁布的《乡村建设规划许可实施意见》（建村〔2014〕21号）指出，乡村建设规划许可的内容应包括对地块位置、用地范围、用地性质、建筑面积、建筑高度等的要求。根据管理实际需要，乡村建设规划许可的内容也可以包括对建筑风格、外观形象、色彩、建筑安全等的要求。各地可根据实际情况，对不同类型乡村建设的规划许可内容和深度提出具体要求。要重点加强对建设活动较多、位于城郊及公路沿线、需要加强保护的乡村地区的乡村建设规划许可管理。城市、县人民政府城乡规划主管部门和乡、镇人民政府应对个人或建设单位做好规划设计要求咨询服务，并提供通用设计、标准设计供选用。乡镇企业、乡村公共设施和公益事业的建设工程设计方案应由具有相应资质的设计单位进行设计，或选用通用设计、标准设计。

（2）乡村建设规划许可的申请与变更。《乡村建设规划许可实施意见》（2014）指出乡村建设规划许可的申请主体为个人或建设单位。乡、镇人民政府负责接收个人或建设单位的申请材料，报送乡村建设规划许可申请。城市、县人民政府城乡规划主管部门负责受理、审查乡村建设规划许可申请，作出乡村建设规划许可决定，核发乡村建设规划许可证。城市、县人民政府城乡规划主管部门在其法定职责范围内，依照法律、法规、规章的规定，可以委托乡、镇人民政府实施乡村建设规划许可。

个人或建设单位应按照乡村建设规划许可证的规定进行建设，不得随意变更。确需变更的，被许可人应向作出乡村建设规划许可决定的行政机关提出申请，依法办理变更手续。因乡村建设规划许可所依据的法律、法规、规章修改或废止，或准予乡村建设规划许可所依据的客观情况发生重大变化的，为了公共利益的需要，可依法变更或撤回已经生效的乡村建设规划许可证。由此给被许可人造成财产损失的，应依法给予补偿。

5.5.5 临时建设和临时用地管理

《城乡规划法》规定在城市、镇规划区内进行临时建设的，应当经城市、县人民政府城乡规划主管部门批准。临时建设影响近期建设规划或者控制性详细规划的实施以及交通、市容、安全等的，不得批准。临时建设应当在批准的使用期限内自行拆除。临时建设和临时用地规划管理的具体办法，由省、自治区、直辖市人民政府制定。《山东省城镇临时建设、临时用地规划管理办法》（2011）[①] 针对临时建设和临时用地做出了如下规定：

（1）临时建设、临时用地的定义。临时建设，是指经城市规划行政主管部门批准临时搭建、临时使用并限期拆除的建筑物、构筑物、棚厦、管线及其他设施；临时用地，是指建设工程施工堆料、堆物或其他情况需要临时使用并按期收回的土地。任何单位或个人在城市规划区内进行临时建设，必须征得有关部门同意后，向城市规划行政主管部门提出申请，经审查批准，核发临时建设工程规划许可证，并按批准的内容进行建设。任何单位或个人在城市规划区内临时使用土地，必须向城市规划行政主管部门提出申请，经审查批准，核发临时建设用地规划许可证后，方可到有关部门办理手续。

（2）临时建设、临时用地使用的保证金。经批准在城市规划区内进行临时建设、临时用地的单位或个人，应当向城市规划行政主管部门缴纳临时建设、临时用地规划保证金。规划保证金在城市规划行政主管部门核发临时建设工程规划许可证、临时建设用地规划许可证时缴纳。临时用地确需占用耕地的，应按照有关规定向财政部门缴纳耕地占用税。

（3）临时建设、临时用地的使用年限与权限。临时建设、临时用地使用期限不得超过两年，使用期满后，使用单位和个人应当在 30 日内自行拆除、清场，并到原批准机关办理相应手续。确需延期使用的，必须在使用期满 30 日前，向城市规划行政主管部门和有关部门申请办理延期使用手续。临时建设工程规划许可证，不

---

① 1994 年 10 月 13 日鲁政发〔1994〕115 号发布，1994 年 12 月 1 日起施行；2010 年 11 月 29 日山东省人民政府令第 228 号修改后公布施行。

得作为房屋确权的依据。临时建设和临时用地不得买卖、交换、出租、转让、赠与或擅自改变其使用性质。在临时用地上，不得建设永久性的建筑物、构筑物及其他设施。临时建设逾期不拆除的，由城市规划行政主管部门作出拆除决定，申请人民法院强制执行，其规划保证金用于拆除临时建设等的各项费用。临时用地逾期不退出的，按城市规划对违法用地的有关规定处理，其规划保证金用于清场退地等的各项费用。在城市规划区内，未取得临时用地规划许可证而取得临时用地批准文件、占用土地的，其批准文件无效，占用的土地由县级以上人民政府责令退回。

5.6 城乡规划的监督检查与法律责任

5.6.1 建设工程项目的监查与处罚

对于建设工程项目的规划监督检查重点包括建设工程开工放样复验、建设工程竣工规划验收、违法建设的查处和行政处罚三个方面。

（1）建设工程开工放样复验

建筑工程开工放样复验，是指规划土地管理部门对依法批准的建设项目现场开工放样情况进行检查的行政行为，是城乡规划监督检查的重要技术手段和行政流程。所囊括的建设项目包括：建筑工程、市政管线工程、市政交通工程、临时建设工程、零星建设工程及集体土地上建设工程等。

国家层面、各省市颁布的相关管理规定对该管理流程进行了规范，各地采用的技术标准和相关管理规定整体一致，操作细节有所不同。《上海市建设项目开工放样复验、竣工规划验收管理规定》（沪规土资执规〔2015〕337号）规定：规划国土资源管理部门是本市建设项目开工放样复验和竣工规划验收管理工作的主管部门，负责相关管理工作制度规范、区（县）业务工作指导及监督管理，同时负责其审批建设项目的开工放样复验工作。区（县）规划土地管理部门负责其审批建设项目的开工放样复验工作。市规划国土资源管理部门可以委托项目所在区（县）规划土地管理部门或有关管理机构承担市规划国土资源管理部门审批建设项目的开工放样复验工作。

1）上海市的一般流程规定。建设单位（个人）在取得《建设工程规划许可证》及附图后进行建设。确需变更《建设工程规划许可证》及附图的，建设单位（个人）应先向原审批部门提出调整变更申请，经批准并办理变更许可手续后，方可实施建设行为。自取得《建设工程规划许可证》后至竣工规划验收前，应当在施工现场以公告牌形式展示《建设工程规划许可证》及所附总平面图，主动接受社会公众监督。公告牌的设置应当符合国家和本市的有关规定。根据《建设工程规划许可证》，完成道路规划红线、河道规划蓝线等规划控制线的现场定界，并进行现场放样检测后，应当向市、区（县）规划土地管理部门申请开工放样复验。开工放样复验应遵循“一次申请”原则，建设单位（个人）对同一建设工程规划许可证所含全部建设项目应一次性提出申请开工放样复验。

2）上海市的复验结果规定。市、区（县）规划土地管理部门在收到建设单位（个人）开工放样复验申请后，应当场出具收件凭证。凡不符合受理要求的，市、区（县）规划土地管理部门应在收件后3个工作日内，以书面形式一次告知申请人需要补正的全部内容。市、区（县）规划土地管理部门应检查建设项目放样灰线是否符合《建设工程规划许可证》及其附图的核准要求，并根据现场检查情况填写《现场检查部位标准化核查记录单》，记录归档。开工放样复验检查具体标准按照《上海市建设项目开工放样复验、竣工规划验收检查工作规范》执行。建设工程开工放样复验后，经复验审查合格的，同意开工，由市、区（县）规划土地管理部门核发《建设工程开工放样复验结论单》，送达建设单位（个人）。经复验审查不合格的，由市、区（县）规划土地管理部门核发《建设工程开工放样复验结论通知单》，告知要求整改的理由和处理意见，送达建设单位（个人）。建设单位整改后，重新按照本规定提出开工放样复验申请。

（2）建设工程竣工规划验收

工程项目的竣工验收是施工全过程的最后一道工序，也是城乡规划管理中工程项目管理的最后一项工作。它是建设投资成果转入生产或使用的标志，也是全面考核投资效益、检验设计和施工质量的重要环节。《城乡规划法》规定县级以上地方人民政府城乡规划主管部门按照国务院规定对建设工程是否符合规划条件予以核实。未经核实或者经核实不符合规划条件的，建设单位不得组织竣工验收。建设单位应当在竣工验收后6个月内向城乡规划主管部门报送有关竣工验收资料。建设单位未在建设工程竣工验收后6个月内向城乡规划主管部门报送有关竣工验收资料的，由所在地城市、县人民政府城乡规划主管部门责令限期补报；逾期不补报的，处以相应的罚款。

1）建筑工程竣工规划验收的地方规定。《上海市建设项目开工放样复验、竣工规划验收管理规定》规定，建设单位（个人）必须按照《建设工程规划许可证》及其附图的要求，全面完成许可证核准的建设范围内的各项建设和环境建设，并已拆除许可证核准的建设范围内临时建筑和不予保留的旧建筑后，应按照《上海市规划土地综合验收管理办法》的要求申请建设工程竣工验收。申请竣工规划验收时，对于同一《建设工程规划许可证》批准的所有建设项目，应遵循“一次申请”的原则。从工作流程来看，市、区（县）规划土地管理部门收到建设单位（个人）竣工规划验收申请后，应当场出具收件凭证。凡不符合受理要求的，市、区（县）规划土地管理部门应在收件后5个工作日内，以书面形式告知申请人不予受理，并一次告知需要补正的全部内容。市、区（县）规划土地管理部门应检查建设项目建设情况及竣工图是否符合《建设工程规划许可证》及其附图的核准要求等情况，并根据现场检查情况填写《现场检查部位标准化核查记录单》，记录归档。从结果来看：①符合验收要求的，市、区（县）规划土地管理部门应核发《上海市建设工程竣工规划验收合格证》，送达建设单位（个人）。建设单位（个人）凭《上海市建设工程竣工规划验收合格证》向相关管理部门申请办理建设项目后续相关手续；②不符合验收要求的，市、区（县）规划土地管理部门应核发《上海市建设工程规划土地综合验收结论通知单》，送达建设单位（个人），告知要求整改的理由、处理意见。建设单位（个人）应在整改后，重新按照本规定提出竣工验收申请。

2）关联的建筑工程竣工管理。由于建设工程竣工规划验收只是完整建设工程竣工验收管理中的一环，所以相关验收规定还体现在诸如建筑工程管理等关联工作中，二者紧密联系。《建筑法》（2019 修正）规定，交付竣工验收的建筑工程，必须符合规定的建筑工程质量标准，有完整的工程技术经济资料和经签署的工程保修书，并具备国家规定的其他竣工条件。建筑工程竣工经验收合格后，方可交付使用；未经验收或者验收不合格的，不得交付使用。国务院出台的《建设工程质量管理条例》（2019 修改）指出建设单位收到建设工程竣工报告后，应当组织设计、施工、工程监理等有关单位进行竣工验收，建设工程竣工验收应当具备下列条件：①完成建设工程设计和合同约定的各项内容；②有完整的技术档案和施工管理资质；③有工程使用的主要建筑材料、建筑构（配）件和设备的进场试验报告；④有勘察、设计、施工、工程监理等单位分别签署的质量合格文件；⑤有施工单位签署的工程保修书。条例还规定建设单位应当自建设工程竣工验收合格之日起 15 日内，将建设工程竣工验收报告和城乡规划、公安消防、环保等部门出具的认可文件或者准许使用文件，报建设行政主管部门或者其他有关部门备案。建设行政主管部门或者其他有关部门发现建设单位在竣工验收过程中有违反国家有关建设工程质量管理规定行为的，责令停止使用，重新组织竣工验收。

（3）违法建设的行政处罚

在城乡规划管理中，对于违法建设的行政处罚依据《城乡规划法》《行政处罚法》和《行政强制法》做出裁量。城乡规划行政处罚裁量权，是指城乡规划主管部门或者其他依法实施城乡规划行政处罚的部门，依据《城乡规划法》等相关规定，对违法建设行为实施行政处罚时享有的自主决定权。《城乡规划法》针对相关违法建设的法律责任做出了下述相关规定，《关于规范城乡规划行政处罚裁量权的指导意见》（建法〔2012〕99 号）在此基础上对规定进行了进一步细化：

①未取得建设工程规划许可证或者未按照建设工程规划许可证的规定进行建设的，由县级以上地方人民政府城乡规划主管部门责令停止建设；尚可采取改正措施

消除对规划实施的影响的，限期改正，处建设工程造价百分之五以上百分之十以下的罚款；无法采取改正措施消除影响的，限期拆除，不能拆除的，没收实物或者违法收入，可以并处建设工程造价百分之十以下的罚款。

②在乡、村庄规划区内未依法取得乡村建设规划许可证或者未按照乡村建设规划许可证的规定进行建设的，由乡、镇人民政府责令停止建设、限期改正；逾期不改正的，可以拆除。

③建设单位或者个人有下列行为之一的，由所在地城市、县人民政府城乡规划主管部门责令限期拆除，可以并处临时建设工程造价一倍以下的罚款：未经批准进行临时建设的；未按照批准内容进行临时建设的；临时建筑物、构筑物超过批准期限不拆除的。

④建设单位未在建设工程竣工验收后六个月内向城乡规划主管部门报送有关竣工验收资料的，由所在地城市、县人民政府城乡规划主管部门责令限期补报；逾期不补报的，处一万元以上五万元以下的罚款。

⑤城乡规划主管部门作出责令停止建设或者限期拆除的决定后，当事人不停止建设或者逾期不拆除的，建设工程所在地县级以上地方人民政府可以责成有关部门采取查封施工现场、强制拆除等措施。

5.6.2 城乡规划行政机关及其人员的监督检查

城乡规划监督检查贯穿于城乡规划制定和实施的全过程，是城乡规划管理的重要组成部分，也是保障城乡规划工作科学性与严肃性的重要手段。《城乡规划法》作为一部行政法不仅规范了行政机关与社会之间的关系，同样对城乡规划主管机关具有约束力。

（1）城乡规划机构监督检查的主要途径[①]

《城乡规划法》对城乡规划机关的监督检查作了明确的规定，主要包括以下途径：

1）行政监督检查。行政机关内部的层级监督，是指对城乡规划编制、审批、实施、修改等执行情况，由县级以上人民政府及其城乡规划主管部门对下一级政府及相关部门进行监督。城乡规划的层级监督包括：①对城乡规划主管部门的具体行政行为进行检查。如省级城乡规划主管部门会同地方政府对省级政府审批的城乡规划的实施情况进行经常性的监督检查；②检查城乡规划管理制度是否健全，如规划许可程序是否合法，是否建立了规划公示制度，城乡规划是否实行集中统一管理等。

① 内容主要整理和来源自：全国城市规划执业制度管理委员会．城市规划管理与法规（试用版）[M]. 北京：中国计划出版社，2008；边经卫．城乡规划管理——法规、实务和案例 [M]. 北京：中国建筑工业出版社，2015；薛晨玺．论城乡规划的监督检查 [J]. 山西建筑，2012，38（14）：278-279.

2）人大对城乡规划工作的监督。人民代表大会及其常委会对政府和法院、检察院的工作进行监督，这是宪法和法律明确规定的各级人大及其常委会的重要职权。县级以上各级人民代表大会常务委员会行使的主要职权之一是对本级人民政府的工作进行监督。《城乡规划法》明确规定了地方各级人民政府应当向本级人民代表大会常务委员会或者乡、镇人民代表大会报告规划实施情况和接受其监督的法律责任。地方各级人民政府对城乡规划工作要进行专题报告，同时也可以根据实际需要主动进行报告。

3）公众对城乡规划工作的监督。城乡规划是重要的公共政策，关乎国计民生，是社会舆论的焦点。城乡规划的严肃性体现在已经批准的城乡规划必须遵守和执行，公众监督则是保障城乡规划严肃性的重要途径，因此《城乡规划法》明确了城乡规划的公开制度和公众参与制度，同时规定遇到涉及国家秘密和商业秘密等按照相关法律规定不得公开的情形，则不能公开。

《城乡规划法》规定县级以上人民政府城乡规划主管部门对城乡规划的实施情况进行监督检查，有权采取以下措施：①要求有关单位和人员提供与监督事项有关的文件、资料，并进行复制；②要求有关单位和人员就监督事项涉及的问题作出解释和说明，并根据需要进入现场进行勘测；③责令有关单位和人员停止违反有关城乡规划的法律、法规的行为；④城乡规划主管部门的工作人员履行前款规定的监督检查职责，应当出示执法证件。被监督检查的单位和人员应当予以配合，不得妨碍和阻挠依法进行的监督检查活动。监督检查情况和处理结果应当依法公开，供公众查阅和监督。

（2）城乡规划行政机关及其人员的违规处罚

1）行政人员相关处罚。当城乡规划主管部门在查处违反法律法规的行为时，发现国家机关工作人员依法应当给予行政处分的，应当向其任免机关或者监察机关提出处分建议。应当给予行政处罚，而有关城乡规划主管部门不给予行政处罚的，上级人民政府城乡规划主管部门有权责令其作出行政处罚决定或者建议有关人民政府责令其给予行政处罚。

2）行政许可相关处罚。城乡规划主管部门违反本法规定作出行政许可的，上级人民政府城乡规划主管部门有权责令其撤销或者直接撤销该行政许可。因撤销行政许可给当事人合法权益造成损失的，应当依法给予赔偿。

3）规划编制相关处罚。对依法应当编制城乡规划而未组织编制，或者未按法定程序编制、审批、修改城乡规划的，由上级人民政府责令改正，通报批评；对有关人民政府负责人和其他直接责任人员依法给予处分。城乡规划组织编制机关委托不具有相应资质等级的单位编制城乡规划的，由上级人民政府责令改正，通报批评；对有关人民政府负责人和其他直接责任人员依法给予处分。

总体上，镇人民政府或者县级以上人民政府城乡规划主管部门有下列行为之一的，由本级人民政府、上级人民政府城乡规划主管部门或者监察机关依据职权责令改正，通报批评；对直接负责的主管人员和其他直接责任人员依法给予处分：①未依法组织编制城市的控制性详细规划、县人民政府所在地镇的控制性详细规划的；②超越职权或者对不符合法定条件的申请人核发选址意见书、建设用地规划许可证、建设工程规划许可证、乡村建设规划许可证的；③对符合法定条件的申请人未在法定期限内核发选址意见书、建设用地规划许可证、建设工程规划许可证、乡村建设规划许可证的；④未依法对经审定的修建性详细规划、建设工程设计方案的总平面图予以公布的；⑤同意修改修建性详细规划、建设工程设计方案的总平面图前未采取听证会等形式听取利害关系人的意见的；⑥发现未依法取得规划许可或者违反规划许可的规定在规划区内进行建设的行为，而不予查处或者接到举报后不依法处理的。

县级以上人民政府有关部门有下列行为之一的，由本级人民政府或者上级人民政府有关部门责令改正，通报批评；对直接负责的主管人员和其他直接责任人员依法给予处分：①对未依法取得选址意见书的建设项目核发建设项目批准文件的；②未依法在国有土地使用权出让合同中确定规划条件或者改变国有土地使用权出让合同中依法确定的规划条件的；③对未依法取得建设用地规划许可证的建设单位划拨国有土地使用权的。

5.6.3 城乡规划编制单位的监查与处罚

城乡规划编制单位有下列行为之一的，由所在地城市、县人民政府城乡规划主管部门责令限期改正，处合同约定的规划编制费一倍以上两倍以下的罚款；情节严重的，责令停业整顿，由原发证机关降低资质等级或者吊销资质证书；造成损失的，依法承担赔偿责任：①超越资质等级许可的范围承揽城乡规划编制工作的[①]；②违反国家有关标准编制城乡规划的。未依法取得资质证书承揽城乡规划编制工作的，由县级以上地方人民政府城乡规划主管部门责令停止违法行为，依照前款规定处以罚款；造成损失的，依法承担赔偿责任。以欺骗手段取得资质证书承揽城乡规划编制工作的，由原发证机关吊销资质证书，依照本条第一款规定处以罚款；造成损失的，依法承担赔偿责任。城乡规划编制单位取得资质证书后，不再符合相应的资质条件的，由原发证机关责令限期改正；逾期不改正的，降低资质等级或者吊销资质证书。

① 2018 年，住房和城乡建设部申请取消了城乡规划编制单位的资质管理。

5.7 注册规划师与城乡规划编制单位资质管理

5.7.1 注册规划师管理

注册城市规划师（2017 年更名为注册城乡规划师；2021 年更名为国土空间规划师，并由执业资格证书转变为水平评价类证书）是指通过全国统一考试，取得注册城市规划师执业资格证书，并经注册登记后从事城市规划业务工作的专业技术人员。早期的注册城市规划师考试为滚动考试，两年为一个滚动周期，参加全部科目考试的人员须在连续两个考试年度内通过全部科目的考试，免试部分科目的人员须在一个考试年度内通过应试科目。当时注册城市规划师考试共设 4 个科目：《城市规划原理》《城市规划相关知识》《城市规划管理与法规》和《城市规划实务》，凡考试合格者可获得国家印发的《注册城市规划师执业资格证书》。具有执业资格证书的规划师可按照相关要求，将资质注册在相应的工作单位开展执业，并按照规定的继续教育要求不断提升和完善执业能力。

注册规划师制度从 1999 年开始推行，最初由建设部主管，近期转由中国城市规划协会主要负责。1999 年 4 月，国家开始实施城市规划师执业资格制度，人事部、建设部印发《注册城市规划师执业资格制度暂行规定》，明确了全国城市规划师执业资格制度的政策制定、组织协调、资格考试、注册登记和监督管理等政策规定。2000 年 2 月，人事部、建设部印发《注册城市规划师执业资格考试实施办法》，对考试要求加以明确。2001 年 5 月，人事部、建设部下发《关于注册城市规划师执业资格考试报名条件补充规定的通知》，对注册城市规划师执业资格考试报名条件、资格审查等作出进一步规定。2016 年，根据新修订的《城乡规划法》和《国务院关于取消和调整一批行政审批项目等事项的决定》的要求，住房和城乡建设部取消注册城市规划师行政许可事项，城市规划师的注册及相关工作由中国城市规划协会负责承担，住房和城乡建设部对注册城市规划师的注册和执业实施指导和监督。2017 年注册城市规划师更名为“注册城乡规划师”。2021 年 1 月，人力资源和社会保障部发布关于对《国家职业资格目录（专业技术人员职业资格）》进行公示的公告，原注册城乡规划师由准入类调整为水平评价类，更名为“国土空间规划师”，由自然资源部和相关行业协会负责实施。

5.7.2 城乡规划编制单位资质管理

《城乡规划编制单位资质管理规定》（住房城乡建设部令第 12 号，2016 年修改）对城乡规划编制单位资质管理的相关要求进行了详细规定[①]。与此对应，各级城乡规

---

① 建设部于 2001 年 1 月 23 日发布《城市规划编制单位资质管理规定》（建设部令第 84 号）对相关工作作出规定，后于 2012 年废止。

划组织编制机关应当委托具有相应资质等级的单位承担城乡规划的具体编制工作。2018年底，住建部为贯彻落实中央有关“放管服”改革要求，向国务院报送文件，将包括城市规划编制单位资质认定等行政审批事项纳入第一批取消的行政审批事项清单。自此，住建部不再受理城乡规划编制单位甲级资质申报，不再开展相关审查审批工作。受国家机构改革的影响，截至2019年底，城乡规划编制单位的资质管理何去何从一度未能明确。2021年9月起，自然资源部开始逐批公布新的城乡规划编制单位甲级资质认定名单，表明了相关资质管理工作的新走向。

（1）城乡规划编制单位资质等级与标准。《城乡规划法》规定从事城乡规划编制工作应当具备下列条件，并经国务院城乡规划主管部门或者省、自治区、直辖市人民政府城乡规划主管部门依法审查合格，取得相应等级的资质证书后，方可在资质等级许可的范围内从事城乡规划编制工作：①有法人资格；②有规定数量的经相关行业协会注册的规划师；③有规定数量的相关专业技术人员；④有相应的技术装备；⑤有健全的技术、质量、财务管理制度。规划师执业资格管理办法，由国务院城乡规划主管部门会同国务院人事行政部门制定。编制城乡规划必须遵守国家有关标准。《城乡规划编制单位资质管理规定》（住房城乡建设部令第12号）将城乡规划编制单位资质分为甲级、乙级、丙级。各级资质需要达到一定标准，并对应一定的规划编制业务承担范围[①]。甲级城乡规划编制单位承担城乡规划编制业务的范围不受限制。省、自治区、直辖市人民政府城乡规划主管部门可以根据实际情况，设立专门从事乡和村庄规划编制单位的资质，并将资质标准报国务院城乡规划主管部门备案。

（2）资质申请与审批。2018年住房和城乡建设部申请取消城乡规划编制单位资质管理前，城乡规划编制单位甲级资质许可由国务院城乡规划主管部门实施；城乡规划编制单位乙级、丙级资质许可，由登记注册所在地省、自治区、直辖市人民政府城乡规划主管部门实施。资质许可机关作出准予资质许可的决定，应当予以公告，公众有权查阅。城乡规划编制单位初次申请，其申请资质等级最高不超过乙级。乙级、丙级城乡规划编制单位取得资质证书满两年后，可以申请高一级别的城乡规划编制单位资质。

（3）监督管理。2018年住房和城乡建设部申请取消城乡规划编制单位资质管理前，各级城乡规划主管部门对城乡规划编制单位具有监督管理的责任，监督检查机关应当将监督检查的处理结果向社会公布。城乡规划编制单位违法从事城乡规划编制活动的，违法行为发生地的县级以上地方人民政府城乡规划主管部门应当依法查处，并将违法事实、处理结果或者处理建议及时告知该城乡规划编制单位的资质许

① 这种业务范围约束主要针对法定规划，非法定规划的编制不在约束范围内。一般情况下，任何单位都有权参与相关非法定规划的编制或研究。

可机关。城乡规划编制单位取得资质后，不再符合相应资质条件的，由原资质许可机关责令限期改正；逾期不改的，降低资质等级或者吊销资质证书。

5.8 小结

我国的城乡规划法律法规体系在纵向上由法律、行政法规、部门规章、地方法规、地方规章、技术规范 / 标准等构成，在横向上包括主干法、辅助法和相关法。《中华人民共和国城乡规划法》《村庄和集镇规划建设管理条例》《风景名胜区条例》《历史文化名城名镇名村保护条例》所构成的“一法三条例”体系框定了城乡规划工作的基本规则框架。《城乡规划法》确定的法定规划包括城镇体系规划、城市规划、镇规划、乡规划、村庄规划，在此之外，城市设计、城市发展战略等非法定规划也是我国城乡规划编制和实施的重要支撑。在2018年国家机构改革前,我国城乡规划开展以“一书三证”为依托的规划许可与实施管理。城乡规划的监督检查既包括上级政府、人大、公众等对城乡规划相关政府管理机构及人员的监督，也包括城乡规划主管部门对违法建设等的查处和追责。在行业管理上，城乡规划编制单位过去按甲、乙、丙三级资质进行管理，并依照资质要求承担规定范围内的规划设计项目。规划专业技术人员可以通过参加注册规划师考试来取得“注册城乡规划师”执业资格。近期，随着自然资源部的组建，城乡规划从编制审批、法律法规、管理实施到监督检查 / 法律责任等各个维度的原有体系都面临着重构。城乡规划作为更加广泛的空间规划的组成内容，在新的国家机构改革中正在实现与其他规划类型和管理接口的对接与融合。

思考题

（1）我国城乡规划法律法规的横向体系和纵向体系如何构成?

（2）我国的法定城乡规划包括哪些类型，其层级、作用和相互关系如何?

（3）我国城乡规划实施管理中的“一书三证”是指什么?

课堂讨论

【材料】《北京市城市总体规划（2004—2020）》编制机制创新

2002年北京市委、市政府开始组织编制实施新一轮的城市总体规划，新规划于2005年1月27日经国务院批复实施。温家宝总理在听取北京市总体规划工作汇报后，认为规划“采取了‘政府组织、专家领衔、部门合作、公众参与、科学决策'的科学的规划编制方法，整个规划工作做到了科学、民主、依法办事。突出了首都规划的战略性、前瞻性，抓住了若干重大问题，而且与以往规划相比有进步、有突破、有发展"，"北京市总体规划在全国城市规划工作中起到了示范作用。"

城市总体规划必须协调好各方面的利益，调动全社会发展的积极性。在这一轮城市总体规划编制过程中，北京创新机制，制定了民主集中的开放式决策系统：

（1）政府组织，立足全局绘蓝图。城市总体规划是复杂的多目标决策，矛盾交织，涉及面广，城市规划成为各种利益主体博弈的平台。在确定城市各功能区发展定位的过程中，为了充分发挥各区县的主观能动性，规划在组织上由各区县根据自身的发展实际先提意向，再由北京市城市规划委员会组织论证。区县政府在很大程度上带有"经济人"的特点，都要追求自身利益最大化，提出的发展设想偏高、偏全、偏大。针对这种情况，北京市政府采取了一系列措施，打破行政界限，统筹考虑各区县功能定位和建设用地的配置，经过反复沟通和磋商，从首都发展的整体需求和根本利益出发，确定了"两轴两带多中心"，面向区域、开放、主次分明的空间结构体系。

（2）专家领衔，重大问题充分论证。为保障城市发展各项重大问题的科学决策，北京市邀请众多国内高层次、多层面、宽领域的知名专家学者领衔，作为专题研究和专项规划的负责人，对重大问题进行专题探索。北京不仅邀请近70个国家级和市级研究机构围绕新城规划及功能布局调整、交通及基础设施规划、生态环境保护、历史文化名城保护等20项专题，27个重点内容进行全面探讨，还邀请了近100人次的国外专家及12个国外机构进行学术交流以充分吸收发达国家的成功经验。规划在综合经济、环境、社会等专家意见的基础上，经过充分论证，科学确定城市人口规模。

（3）部门合作，统筹协调形成合力。总体规划编制涉及产业发展、土地利用、城市限建区、城市安全等方面问题，需要发改委、国土、卫生等20个市级政府相关部门参与意见。在制定综合交通、医疗卫生、生态环境保护等专项规划的过程中，需要与交通、卫生、环保等30多个部门进行协调。北京市总体规划就是在多部门的合作参与下完成的。北京市同时积极开展与国务院相关部门和天津市、河北省的沟通，开拓了解决问题的思路和途径，并且统一了思想认识，为规划实施打下良好基础。

（4）公众参与，问计于民，为民谋利。城市总体规划的编制与市民有着直接的利益关系，公众参与总体规划的编制是必要和可行的。为此，北京市建立了多种形式的公众参与机制，通过电话、网络、电视、调查和公示等途径征集意见，共收到近3000条市民建议。规划采取抽样的方法对1900户居民进行了入户问卷调查；在北京电视台直播节目中与观众互动，约50分钟时间收到观众的电话和短信留言共计703条；规委网站上开设的“我为总规修编提建议”专栏，收到长篇文字建议53篇；总体规划修编成果（草案）进行公示期间，参观的人数达26000人次，现场留言近500条。

北京城市总体规划修编工作组织方式背后的实质表现，是政府从“包揽”到“组织”工作模式的转变。随着我国政治体制改革的进一步深化，特别是政府职能从经济建设型向公共服务型的深刻转型，城乡规划向公共政策的转变显得尤为紧迫和必要，这就需要摒弃政府官员加专业技术人员的“精英主义”模式，更多地发挥专家咨询和公众参与的民主决策作用，切实维护相关利益人的“话语权”，反映大多数人的需求和愿望，做到科学、民主和依法决策。

【讨论】结合北京在城市总体规划修编工作中的具体做法，分析政府、专家和公众在城乡规划编制中是怎样发挥作用的？结合实际分析“部门合作”在城乡规划制定和实施中的重要性。

（资料来源：整理和改写自全国干部培训教材编审指导委员会．城乡规划与管理（科学发展主题案例）[M]. 北京：人民出版社，党建读物出版社，2011：26–33.）

延伸阅读

[1] 吴祖谋，李双元．法学概论 [M]. 13版．北京：法律出版社，2019.

[2] 张昊．城乡规划管理与法规（2019注册城乡规划师考试考点解读与历年真题解析）[M]. 北京：中国电力出版社，2019.

[3] 全国干部培训教材编审指导委员会．城乡规划与管理（科学发展主题案例）[M]. 北京：人民出版社，党建读物出版社，2011.

第 6 章

国土空间规划管理制度建设

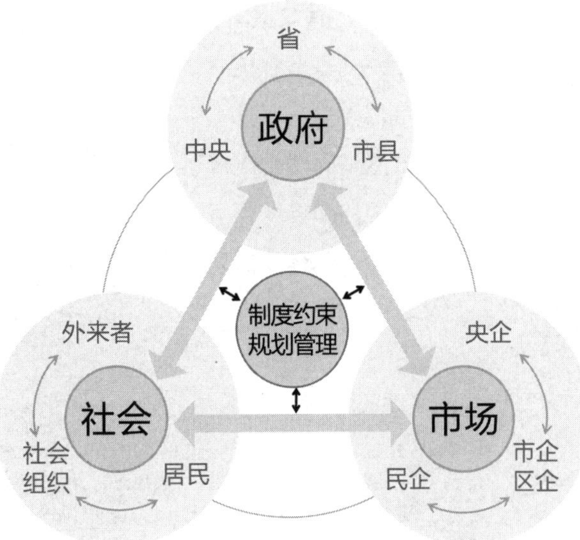

【章节要点】“多规合一”的空间规划体系改革探索；国外空间规划体系的经验借鉴（日本、美国、英国、德国）；自然资源部组建下的国土空间规划体系建构；国土空间规划管理制度建设（四大体系、“五级三类”规划系统、规划新思路、规划许可改革、信息化建设）；国土空间规划管理的持续发展。

以 2018 年自然资源部组建为标志，规划管理在我国正式迈入“国土空间规划”管理的历史新阶段，以解决我国各类空间规划长期以来存在的“九龙治水”和“规划打架”，审批管理周期过长、流程过复杂，规划因政府换届而变化无常等显著问题。本章回顾了自 2003 年以来，我国针对“规划打架”而开展的“多规合一”理论和实践改革探索——这些探索奠定了之后国土空间规划改革的重要基石，进而分集权、分权和折中三类总结了日本、美国、英国、德国等地的空间规划组织经验。本章重点落脚在自然资源部的组织建构和职能设定、自然资源部出台的关于国土空间规划的重要政策文件和技术指南、国土空间规划的四大体系与五级三类规划类型、自然资源部规划许可改革与信息化建设等方面，概括揭示我国国土空间规划变革的当前状况和最新进展[①]。

---

① 本章由特邀撰稿人撰写（6.4 节除外）：许景权，国家发改委城市和小城镇改革发展中心规划院，教授级高级工程师。作者内容主要整理自：沈迟，许景权．“多规合一”的目标体系与接口设计研究——从“三标脱节”到“三标衔接”的创新探索[J]. 规划师，2015，31（2）：12–16+26；许景权，沈迟，胡天新，等．构建我国空间规划体系的总体思路和主要任务[J]. 规划师，2017，33（2）：5–11；许景权．空间规划改革视角下的城市开发边界研究：弹性、规模与机制[J]. 规划师，2016，32（6）：5–9+15；许景权．基于空间规划体系构建对我国空间治理变革的认识与思考[J]. 城乡规划，2018（5）：14–20. 编者对部分内容进行了补充或调整。

6.1 “多规合一”的空间规划体系重构：试点实践

从2003年广西钦州率先提出“三规合一”的理念到2018年机构改革，我国各相关部门、各地区开展的“多规合一”（空间规划）试点进行了各具特色的改革探索，这十五年成为中华人民共和国成立以来非常活跃的一个规划改革探索时期。各种改革思路百花齐放，为国家全面推动空间规划改革、解决国土空间开发保护中存在的各类矛盾与问题、提升空间治理能力和效率积累了宝贵的经验。因此，系统地回顾总结我国“多规合一”试点实践的过程、经验做法与存在问题，对认识和重构空间规划管理体系具有重要意义。

“多规合一”的前身是“三规合一”，所谓“三规”，是指分别由发展改革部门、原国土资源部门、住房和城乡建设部门编制的经济和社会发展规划、土地利用规划、城乡规划。“三规合一”的提法最早出现于2003年，经过近十年的发展后，国家层面提出了推进“多规合一”的改革任务。所谓“多规”，是指包括经济和社会发展规划、土地利用规划、城乡规划、环境保护规划以及林业、交通、水利等规划在内的多类型规划。“合一”主要是为了解决我国多类规划由于缺乏衔接协调而导致的诸多问题，而对于字面上的“合一”在现实中的落实，究竟是把三规或多规合为一个规划，还是以互不替代为前提的相互融合，以及如何实现在基础数据、技术标准、机制体制、法律法规等方面的有效衔接，各界在很长一段时间内都存在不同认识甚至分歧。为此，中央在全国范围内相继推行市县层面和省级层面的“多规合一”试点工作，寄望于通过试点探索破解难题，为深入推进此项改革创造条件。按照推进主体的不同，2018年之前的“多规合一”试点实践可划分为两个阶段。

6.1.1 第一阶段（2003—2012年）：以部门和地方政府为推动主体

2004年，国家发展和改革委员会提出在广西壮族自治区钦州市、江苏省苏州市、福建省安溪县和四川省宜宾市等6个市县开展“三规合一”试点工作。在当时资源约束压力不大、规划实施监管手段相对有限的背景下，地方政府对“三规合一”的实际需求还并不强烈，缺乏普遍的动力与积极性，全面开展“三规合一”工作的时机尚不成熟。2006年，浙江省开展“两规”（城市总体规划与土地利用总体规划）联合编制试点工作；2008年，上海、武汉分别合并了国土和规划部门，并开展“两规合一”（城市总体规划与土地利用总体规划）的实践探索；2010年，重庆市开展了“四规叠合”工作。2012年，广州市率先在全国特大城市中，在不打破部门行政架构的背景下，开展“三规合一”（经济和社会发展规划、城市总体规划、土地利用总体规划）的探索工作（2015年2月广州市正式合并了市国土和规划部门）。

6.1.2 第二阶段（2013—2018 年）：国家层面主导推动

2012 年 11 月，中共十八大报告提出将生态文明建设纳入中国特色社会主义事业“五位一体”总体布局，提出加快实施主体功能区战略，推动各地区严格按照主体功能定位发展，构建科学合理的城镇化格局、农业发展格局和生态安全格局。

2013 年 11 月，中共十八届三中全会提出建立空间规划体系，划定生产、生活、生态开发管制边界，落实用途管制。2013 年 12 月，中央城镇化工作会议要求建立空间规划体系，推进规划体制改革，加快规划立法工作；城市规划要由扩张性规划逐步转向限定城市边界、优化空间结构的规划；城市规划要保持连续性，不能政府一换届，规划就换届。2014 年 3 月，《国家新型城镇化规划（2014—2020 年）》明确提出加强城市规划与经济社会发展、主体功能区建设、国土资源利用、生态环境保护、基础设施建设等规划的相互衔接；推动有条件地区的经济社会发展总体规划、城市规划、土地利用规划等“多规合一”。

2014 年，国家推动探索市县层面“经、城、土、环”的“多规合一”。2014 年 8 月，由国家发展改革委、原国土资源部、原环境保护部、住房和城乡建设部联合下发的《关于开展市县“多规合一”试点工作的通知》确定了全国 28 个试点市县，并提出“开展市县空间规划改革试点，推动经济社会发展规划、城乡规划、土地利用规划、生态环境保护规划‘多规合一’，形成一个市县一本规划、一张蓝图。”试点工作的实际执行过程采取了“统一组织、分头探索”的工作路径，国家发展改革委与环境保护部、原国土资源部、住房和城乡建设部分别形成了试点工作思路，各部委分头指导相关市县开展试点。

2015 年，国家强调“以主体功能区规划为基础”的“多规合一”。2014 年开始的市县试点探索逐渐促成了一个重要的认识，即短期内不应急于将发展类规划和空间类规划合而为一，而应首先推进空间性规划的“多规合一”，后期再整合发展类规划和空间类规划。既然经济社会发展规划短期内不合进来，各类空间性规划又该如何“多规合一”？ 2015 年 10 月，中共十八届五中全会提出“以主体功能区为基础统筹各类空间性规划，推进‘多规合一’”，这是顶层设计的一次明显转变。然而，由于 28 个试点市县已按要求在 2015 年 9 月前上报了探索“经、城、土、环”多规合一的试点成果，这也就意味着“以主体功能区规划为基础”的全新顶层设计，需要在此前试点基础上进行新的理论与实践探索。

2016 年，空间规划技术路线初步形成。2016 年 2 月 23 日，中央全面深化改革领导小组第二十一次会议听取了浙江省开化县关于“多规合一”试点情况的汇报，会议认为“开化的试点经验是可行的，值得肯定。”此后，国家发改委组织多方力量，在开化县“多规合一”试点前期工作成果的基础上，充分吸收其他试点地区的经验，并借鉴西方国家“分层规划”等相关空间规划理念，按照中央“以主体功能区为基础统筹各类空间性规划，推进‘多规合一’”的部署要求，创新探索了“先布棋盘，后落棋子”的市县空间规划技术路线，率先提出了“1+X”的空间规划体系构想（即以开化县空间规划为“1”，有机整合土地利用总体规划、城市总体规划的核心内容，形成“一本规划”；“X”则指依据开化县空间规划编制的各类专项规划、行动计划或实施方案），编制完成了开化县空间规划成果，形成了一套市县空间规划技术规程，并逐步得到更多的认可与推广。

2017年，国家全面推进省级空间规划试点工作。省级空间规划试点实际上起步很早，2015年6月，中央全面深化改革领导小组第十三次会议同意海南省就统筹经济社会发展规划、城乡规划、土地利用规划等开展省域“多规合一”改革试点；2016年4月，中央全面深化改革领导小组第二十三次会议审议通过了《宁夏回族自治区空间规划（多规合一）试点方案》，同意宁夏回族自治区开展空间规划（多规合一）试点。2016年12月，国家印发《省级空间规划试点方案》，推动了省级层面空间规划试点工作的全面开展，试点范围从海南、宁夏扩大到浙江、福建、广西、贵州、吉林、河南、江西等九个省份。与2014年的市县“多规合一”试点相比，省级空间规划试点的顶层设计明显增强，明确了“先布棋盘，后落棋子”的省级空间规划技术路线，有效地指导了各试点地区的空间规划编制工作。

6.1.3 从“多规合一”到构建国土空间规划体系①

从国内首次提出“三规合一”，到2013年后国家层面持续要求“构建空间规划体系”和推进“多规合一”，我国的规划改革在探索中持续前行。2015年是“多规合一”的分水岭，在此之前，无论是“三规合一”还是“多规合一”，都在探索将经济社会发展规划与相关空间性规划进行“合一”；2015年中共十八届五中全会提出“以主体功能区规划为基础统筹各类空间性规划，推进多规合一”后，事实上“合一”的对象就不再包含经济社会发展规划了，转变为主体功能区规划、土地利用规划、城乡规划等空间性规划的“合一”。这一转变使狭义上的“多规合一”（即各类空间性规划的合一）与构建空间规划体系的关系变得更加紧密。

构建国家空间规划体系是我国推进生态文明建设的客观要求，是关系到国民经济与社会能否长期、持续、健康发展的重要工作，是国家全面统筹经济社会发展、合理高效配置资源、协调发展与保护及解决规划“打架”问题的重要手段，也是实现国家治理体系和治理能力现代化的重要路径。

“多规合一”探索与2018年国家机构改革有着直接而密切的关系。首先，我国

---

① 内容主要整理和来源自：许景权，沈迟，胡天新，等.构建我国空间规划体系的总体思路和主要任务[J].规划师，2017，33（2）：5-11.

经过十余年的“多规合一”理论与实践探索，逐步认识到部门规划管理职责交叉重叠、部门与行业利益阻碍等机构职能问题是造成各类规划打架、多规难合一的重要原因，必须要进行国家机构改革，才能实现“多规合一”。其次，构建由自然资源资产产权制度、国土空间开发保护制度、空间规划体系等八项制度构成的生态文明制度体系，成为国家生态文明体制改革的重要目标。因此，由“多规合一”引发的相关规划机构改革诉求，在此背景下被赋予了更多的要求，促成了 2018 年自然资源部的组建及相应的国土空间规划体系变革。

6.2 国外空间规划体系经验借鉴

空间规划管理体系是国家行政体系的一个组成部分。毋庸置疑，一个国家的政治制度是决定该国空间规划管理体系的关键因素。我国空间规划管理体系重构的成败，很大程度上取决于是否能够处理好中央与地方、集权与分权的关系。

不同国家或因受传统文化影响（如日本和韩国等），或因受外部威胁影响（如荷兰受水灾影响，以色列受军事威胁影响），或因受人均资源短缺影响（如荷兰、日本和韩国的人均土地资源短缺，以色列的人均水资源短缺）等，在体制上既有中央集权的发展趋向，也有中央对地方的管理权限较小的分权联邦制，还有国家介于集权体制和分权体制之间。根据中央集权程度，可将国外空间规划体系分为以下三种类型。

6.2.1 集权体制下的空间规划体系：日本[①]

苏联和前东欧的社会主义国家，以及资本主义国家中的法国、荷兰、希腊、日本和新加坡等均拥有中央集权传统，社会主流价值相对倾向于国家主义，土地多归国家所有，即使土地私有，国家也有开发控制权，这些国家多拥有相对完整的空间规划体系。

日本是一个有集权传统的国家，在中央政府、都道府县和区市町村三级政府中，中央政府的权限大且拥有法律支持，中央政府财政占总财政收入的 70% 以上。日本于 1950 年制定的《国土综合开发法》奠定了其自上而下的综合开发规划架构。全国综合开发规划为最高层级，大都市圈建设规划、大地区开发规划、特殊地区规划为

---

① 内容主要整理和来源自：李亚洲，刘松龄 . 构建事权明晰的空间规划体系：日本的经验与启示 [J]. 国际城市规划，2020，35（4）：81–88；蔡玉梅，王国力，陆颖，等 . 国际空间规划体系的模式及启示 [J]. 中国国土资源经济，2014，27（6）：67–72；蔡玉梅，郭振华，张岩，等 . 统筹全域格局 促进均衡发展——日本空间规划体系概览 [J]. 资源导刊，2018（5）：52–53；张书海，王小羽 . 空间规划职能组织与权责分配——日本、英国、荷兰的经验借鉴 [J]. 国际城市规划，2020，35（3）：71–76；唐子来，李京生 . 日本的城市规划体系 [J]. 城市规划，1999（10）：50–55+64；许景权，沈迟，胡天新，等 . 构建我国空间规划体系的总体思路和主要任务 [J]. 规划师，2017，33（2）：5–11.

次层级，都道府县综合发展规划和市村町综合发展规划分别居第三、第四层级，下一层规划必须服从上一层规划。除了综合开发规划体系外，日本还于1974年颁布了《国土利用规划法》，规定了全国、都道府县和市村町三级政府自上而下地施加约束的国土利用规划体系。在两种空间规划体系中，国土综合开发规划由国土厅组织有关部门进行编制，是以空间规划为载体综合考虑社会、经济和文化发展战略问题，更具权威性。国土利用规划的编制由土地署负责，更强调通过制定各种土地利用标准进行分区管控，需以国土综合开发规划为基础。2001年后国土厅被撤销，与建设省和交通省等部门组成国土交通省，各类规划的运作整合在该部门内，实际增强了内阁在空间规划中的主导地位。之后随着《国土综合开发法》修订为《国土形成计划法》，规划层级由三级简化为两级。

具体来看，日本空间规划最早始于明治维新时期，是在西方国家影响下逐步形成的城市规划体制，并在此阶段颁布了第一部《城市规划法》（1919年）。但其真正形成完善的空间规划体系并快速发展则是缘于“二战”后国土开发和城市建设的极大需求。这其中三部法律的地位至关重要：一是1968年颁布的新《城市规划法》，在用地管理、规划审批等方面做了一系列变革，成为日本现代城市规划体制的基础；二是1950年颁布的《国土综合开发法》（于2005修订为《国土形成规划法》），根据该法规，每隔7—10年编制一次国土规划，空间规划开始从经济、社会、文化政策等角度指导全域国土资源的综合利用和保护；三是1974年制定的《国土利用规划法》，其与《国土综合开发法》相辅相成，共同成为国土规划管理的依据。三部法律及相关规划共同发展，逐步搭建起日本空间规划体系框架。在三部法律的指导要求下，日本形成了以下述规划为主的空间规划体系：依据《国土形成规划法》编制的国土形成规划；依据《国土利用规划法》编制的国土利用规划（并在都道府县层面编制土地利用基本规划）；以及依据各专业法规编制的专业土地利用规划（依据《城市规划法》编制的城市规划也属此类）（图6-1）。各类规划贯穿于国家、都道府县、市町村三个层级，其中国土形成规划还包括编制广域规划（即区域规划），进而形成“多规”并行的网络式规划体系。

当前日本的空间规划体系纵向可分为国家、区域、都道府县和市町村四级。国家层面的国土形成规划、国土利用规划和区域层面的广域地方规划均由国土交通省负责编制，但广域地方规划协议会（由驻地方的国家机关和地方政府组成）需对广域地方规划方案进行讨论修改，协调规划的各项事务。都道府县和市町村的规划管理机构主要是地方规划部门和各领域主管部门，如土地利用基本规划下的五类地区规划由各主管部门负责。国土交通省是内阁12个省中规模最为庞大的一个省，组织结构复杂，分为内部部局（即内设业务部门）、审议会、附属机构、特殊机关、驻地方机构和外局（即直属机构），其中内部部局和审议会是空间规划的管理部门。日本

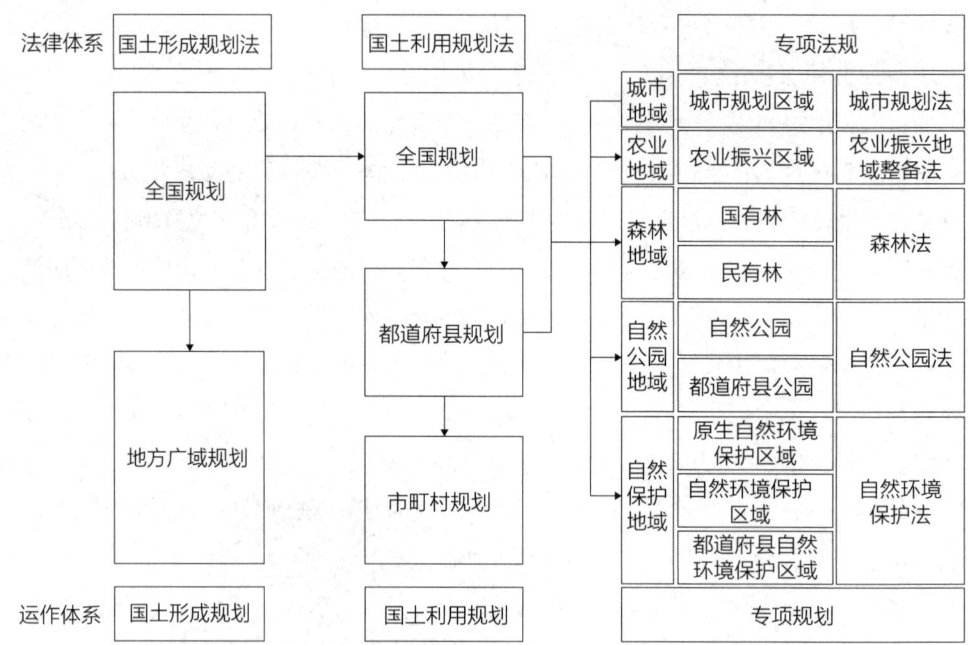

图 6-1　日本空间规划体系示意图

改绘自：李亚洲，刘松龄. 构建事权明晰的空间规划体系：日本的经验与启示 [J/OL]. 国际城市规划，2019（3）：1–14.

的空间规划职能结构呈现明显的编审分离特征，即内部部局负责规划编制，审议会则根据国土交通大臣的咨询提供规划建议和劝告。内部部局下设的国土政策局、都市局、水管理国土保护局、道路局、北海道局等分别负责不同规划类型的编制和推进，这些规划涵盖了大部分综合性规划和专项规划。

都道府县空间规划包括土地利用计划和城市总体规划①。土地利用规划包括土地利用总体规划和土地利用基本计划。其中土地利用总体规划的主要内容包括土地利用的基本理念、不同用地类型的规模和目标，以及必要的实施措施。土地利用基本规划将全域划分为城市规划、农业、林业、自然公园和自然保护五个区，分别编制城市规划（城市规划法，国土交通省负责）、农业促进规划（农业促进地区法，农林渔业部负责）、林业规划（林业法，农林渔业部负责）、公园规划（国家公园法，环境部负责）和保护规划（环境部负责的国家保护法），并制定相应的区域转换规则。城市总体规划范围是土地利用基本计划划定的城市规划区，主要内容包括划分城市促进区和城市限制区，提出规划区的总体发展目标和城市改善、开发以及保护的政策。

市町村规划作为都道府县规划的实施手段，与上层规划一脉相承，包括土地利

① 内容主要整理和来源自：蔡玉梅，郭振华，张岩，等. 统筹全域格局，促进均衡发展——日本国土空间规划体系概览 [J]. 资源导刊，2018（5）：52–53.

用规划和城市规划。土地利用规划的内容包括土地利用的基本理念、不同用地类型的规模和目标，以及必要的实施措施。城市规划包括城市总体规划和城市详细规划。城市总体规划主要内容确定城市发展方向、目标和远景，将城市规划区划分为城市改善区和城市限制区，并制定相应的开发方向，从而为详细的城市规划提供指导。城市详细规划的主要内容包括用途分区、公共设施建设以及城市开发项目，在城市促进区进一步划分用途分区（商业区、居住区和工业区等 12 类）。

6.2.2 分权体制下的空间规划体系：美国①

分权制国家对空间规划通常不作统一管理，各种规划多由地方自主编制。国家层面大多没有对宏观规划进行统筹管理的机构，国家层面的区域政策要在地方层面落实也需要依靠立法和财政补助。

美国是最典型的分权体制国家。由于实行联邦制，联邦政府对各州的管理权限小，且多将规划权力下放到州政府，州政府又将规划权力下放到地方。因此，政府对规划的控制缺乏自上而下的统筹协调机制，联邦政府要想影响地方的规划事务，多要借助联邦基金的分配来引导地方政府的政策。可见，美国并没有真正意义上统管各州和地方政府规划的国家规划与宏观区域规划，现有的《美国 2050 空间战略》所展现的未来空间方案在内容广度、分析深度和实施力度上都十分有限，主要作为未来愿景。

具体来看，美国采用联邦政府与各州分权而治的政体，地方政府依据州立法而非联邦宪法产生，这使得州政府对地方的影响比联邦政府更多。因此，地方政府的规划法规基本上建立在州立法框架之内，联邦规划立法比较薄弱②。

在联邦即全国层面，1922 年出台的《州分区规划授权法案标准》和 1928 年出台的《城市规划授权法案标准》成为美国空间规划的法律依据和基础。《州分区规划授权法案标准》为各州授权地方政府开展分区规划（区划）提供了依据。地方政府可将其管辖区内的土地按用途分成区，不同类型的分区的建设标准不同，而在同一类型的分区则采用相同的控制标准。主要指标包括控制建筑的高度、总面积、体量、位置与用途等。《城市规划授权法案标准》为各州授权地方政府进行总体规划建立了参考模式。两个法案在全国范围内得以推行，在实施中也出现了总体规划和分区

① 内容主要整理和来源自：陈超 . 美国城市规划管理的特点 [J]. 城乡建设，2012（9）：87–89+5；王郁 . 美英两国城市规划管理制度模式的比较与启示 [J]. 中国名城，2014（1）：61–67；陈超，汪静如 . 美国城市规划管理的特点及启示 [J]. 中国党政干部论坛，2016（4）：30–33；蔡玉梅，廖蓉，刘杨，等 . 美国空间规划体系的构建及启示 [J]. 国土资源情报，2017（4）：11–19；许景权，沈迟，胡天新，等 . 构建我国空间规划体系的总体思路和主要任务 [J]. 规划师，2017，33（2）：5–11.

② 内容主要整理和来源自：蔡玉梅，廖蓉，刘杨，等 . 美国空间规划体系的建构及启示 [J]. 国土资源情报，2017（4）：11–19.

规划衔接不明等问题。为此，1975年，美国法律协会颁布《土地开发规范》，在一定程度上改进了这两个法案。该规范强调了以现状为基础进行预测，制定远期战略和近期用地政策与措施，并提出制定五年一期的计划，内容包括优先建设项目、资金来源、负责执行的部门；更加注重规划的经济和社会效益、规划的定期修改和一年一度的法定建设项目报告；明确了总体规划进行远期指导和分区规划进行近期控制之间的关系。2002年美国规划师协会出版了《精明增长立法指南：规划和管理变化的法规示范》，其内容包括启动规划法规改革、目的和授权等15章内容，旨在适应可持续发展的要求，为各州规划立法提供标准的模式和语言。2013年统计表明，美国有3143个县级机构，联邦级规划机构只在罗斯福新政时期存在过，目前没有独立部门。

在州层面，规划立法形式多样，主要针对与全州利益相关的增长管理和环境保护两个主题，个别州没有州域规划法。规划行政体系包括州、区域和地方机构。不同州建立区域规划机构的方式有所不同。一些州采用法律授权形式，一些州采用政府间合作或权利协议的形式。总体来看，目前美国区域规划机构主要包括区域规划委员会、政府理事会、特殊目的区域机构三种类型。

地方规划机构与县、市两级政府管理层级相对应，包括县和市两级规划机构。地方城市政府是规划活动发起、规划编制、审批、实施、修订与监督的主体。美国城市规划体系以州规划授权法为基础，授权法在城市规划编制原则与程序、公众参与、执行与监督检查等方面都以法规的形式做了详细的规定，但具体的工作由城市政府来执行。做好总体规划和分区规划是地方政府规划管理实践中的重要内容。分区规划（区划）是地方政府进行土地管理的具体技术工具，是最早出现的现代规划管理手段之一。

对于地方政府来说，土地利用的形态不仅对城市的发展及其所需的公共服务的成本费用起着决定性的影响，而且通过其对土地经济价值的影响和固定资产税的涨落左右着地方财政收入的多少。因此，在制定规划以及审查开发项目时，一个新开发项目可能带来的税收是否能够与该项目相关的道路交通、公园、警察、消防等公共服务的管理运营成本相平衡，往往成为地方政府考量的一个重要指标。另一方面，由于对个体自由的崇尚和对强权政治的抵制，美国社会和公众舆论对政府干预社会事务的接受度较低，因此，有关城市规划管理对私有财产的干预和约束程度的合理性争议较多，经济社会环境对规划行政活动的制约作用较为明显。区划制在维持和提高住宅与土地等私有财产价值方面的作用是其能被社会广泛接受的重要原因之一[①]。

① 内容主要整理和来源自：王郁．美英两国城市规划管理制度模式的比较与启示[J]. 中国名城，2014（1）：61-67.

6.2.3 折中型体制下的空间规划体系：英国与德国

介于集权和分权体制之间的为折中型体制。英国、德国、丹麦和意大利等实行了这种体制。这些国家既有控制力较强的中央政府，又有较高自治度的地方政府。中央政府多设有主管规划的机构，并在议会设有立法检查机构，分别负责规划的编制和审批。中央政府通过法律和经济等多种手段对地方规划进行干预，地方规划多按照中央政府主管部门的程序来部署、分级编制和实施。

（1）英国①

英国的空间规划体系主要分为国家和地方两级，区域层面仅保留了伦敦规划。国家层面的国家规划政策框架（National Planning Policy Framework）由住房、社区和地方政府部制定，作为全国战略性规划指导，几乎涵盖了与可持续发展相关的所有领域，包括经济、交通、农村发展、通信基础设施、住房、社区、建筑设计、绿带、环境、历史和能源等方面，反映了政府总体发展目标和综合政策导向。地方层面的地方规划（Local Plan）由地方规划机构负责，不同类型的地区有不同的规划机构——绝大多数地区由郡议会负责规划事务；对于单一层级地区（伦敦自治市、单一管理区、国家公园），由单一权力机构管理。此外，邻里规划（Neighbourhood Plan）是在《2011年地方主义法案》（Localism Act 2011）中被正式引入的一种自下而上的规划类型，反映社区发展共同愿景，通过投票生效时成为所覆盖地区的地方规划文件的一部分。邻里规划的法定负责机构包括教区或镇议会、邻里论坛（Neighbourhood Forum）和社区组织。英国的规划体系以地方规划和邻里规划为核心，中央的规划政策框架只起到指导性作用。住房、社区和地方政府部由国务大臣领导，由两个执行机构和八个公共机构组成，与空间规划直接相关的是规划审查署（Planning Inspectorate）。

英国是世界上建立城乡一体化规划体系最早的国家。曾经的法定规划主要包括区域空间战略（现除伦敦规划外已不再实行）和地方规划，其中区域空间战略源于传统的结构规划，结构规划包括规划文本、总图以及规划说明，文本主要用来阐述地区发展及与土地利用相关的政策，用一张主图来说明。地方规划同样由文本和图组成，图中标明了各类土地利用的布局。主管部门参考土地利用图，以土地使用分类规则等为依据，对土地利用活动进行审批②。

---

① 内容主要整理和来源自：赵星烁，邢海峰，胡若函．欧洲部分国家空间规划发展经验及启示[J]. 城乡建设，2018（12）：74–77；蔡玉梅，王国力，陆颖，等．国际空间规划体系的模式及启示[J]. 中国国土资源经济，2014，27（6）：67–72；张书海，王小羽．空间规划职能组织与权责分配——日本、英国、荷兰的经验借鉴[J]. 国际城市规划，2020，35（3）：71–76；唐子来．英国的城市规划体系[J]. 城市规划，1999（8）：38–42；徐杰，周洋岑，姚梓阳．英国空间规划体系运行机制及其对中国的启示[C]// 规划60年：成就与挑战——2016中国城市规划年会论文集（13区域规划与城市经济），2016：1216—1227；周姝天，翟国方，施益军．英国最新空间规划体系解读及启示[J]. 现代城市研究，2018（8）：69–76+94.

② 内容主要整理和来源自：蔡玉梅，王国力，陆颖，等．国际空间规划体系的模式及启示[J]. 中国国土资源经济，2014，27（6）：67–72.

英国政府的行政管理实行三级体系，分别是中央政府（Central Government）、郡政府（County Council）和区政府（District Council）。在英国，有专门的政府机构负责英格兰的规划，即社区团体和地方政府部门（The Department of Communities and Local Government，简称 DCLG）。在苏格兰、威尔士和北爱尔兰地区，也有相对应的机构负责其规划。DCLG 在城乡规划中的主要职责包括：通过国会掌控规划系统的立法工作；为地方政府提供政策策略以支持规划系统的运作；制定国家层面（英格兰）的土地利用政策等。此外 DCLG 的首脑兼任国务大臣（Secretary of State），在规划系统运作过程中有着直接的权利，主要包括：当地方规划的申请不仅仅具有地方意义，而且具有全国范围的意义时，他可以介入地方规划的审批；对地方发展规划的准备进行监督并且在规划正式采纳前对规划进行审查[①]。

中央政府对于规划的指导主要是通过制定国家层面的政策，包括住房、可再生能源、食品安全等方面，内容主要包含在《国家规划政策框架》（National Planning Policy Framework（NPPF））内。对于地方政府来说，这是一种指导（Guidance）而不是指示（Prescription）。中央政府层级的职责还包括重大基础设施项目的审批，国家层面基础设施项目政策的制定等[①]。

英国（英格兰）被划分为 9 个区域。2004 年的《规划与强制性购买法》通过法律在每个区域设立规划机构，并提出“区域空间战略”（Regional Spatial Strategy，简称 RSS），政策主题涵盖了可持续发展的四大领域。不过在 2010 年，新一届的政府宣布废止 RSS。现行的规划体系中，英格兰 9 个区域有 8 个已经不再实施区域空间战略，只有伦敦地区继续实行伦敦规划（The London Plan）。伦敦规划由大伦敦市政府编制，制定了伦敦地区未来 20 年的发展计划，明确了战略目标[①]。2011 年英国地方化法律的主要目的之一是增加地方政府的权利，目前大多数的规划工作都是由地方规划机构来承担，主要包括地方自治区（Local Borough）、区议会（District Council）和国家公园（National Park）。

（2）德国[②]

德国虽是联盟制国家，具有分权化特点，但仍然有层级分明、程序井然的规划体系。德国在联邦一级设置有国土整治法则，以指导联邦的空间规划和空间政策，促进各州协作。德国联邦层面的规划主管部门，通过编制综合性规划，试图寻找有效路径来协调联邦和州及各州之间的矛盾，为此设立的空间规划部长会议具有咨询、

---

① 内容主要整理和来源自：徐杰，周洋岑，姚梓阳．英国空间规划体系运行机制及其对中国的启示 [C]// 规划 60 年：成就与挑战——2016 中国城市规划年会论文集（13 区域规划与城市经济），2016：1216-1227.

② 内容主要整理和来源自：李鑫，蔡文婷．政府管制视野下德国空间规划框架及体系特点与启发 [J]. 南方建筑，2018（3）：90-95；赵星烁，邢海峰，胡若函．欧洲部分国家空间规划发展经验及启示 [J]. 城乡建设，2018（12）：74-77；孙斌栋，殷为华，汪涛．德国国家空间规划的最新进展解析与启示 [J]. 上海城市规划，2007（3）：54-58；成媛媛．德国城市规划体系及规划中的公众参与 [J]. 江苏城市规划，2006（8）：45-46.

协调职能。州级政府有自主权来编制和实施国土规划，但要参考联邦制定的空间发展理念和原则（法定）及联邦空间发展方针政策（多由联邦与州联合制定）。德国空间规划体系的主要构成是：法定的联邦空间发展理念和原则、联邦空间发展政策大纲和基本方针、州发展规划、区域规划、市镇村规划。

德国《宪法》规定联邦和州政府等共同管理空间规划，以《空间规划法》《州规划法》及其《实施规定》和《建设法典》为法律依据。与行政组织形式对应，国家空间规划体系分为联邦、州、区域和地方四级。总体上看，德国空间规划体系表现为上下层级关系，功能明确又联系紧密，成为欧盟国家空间规划体系变革的方向和蓝本。各级规划的编制都遵循对流原则和辅助原则，体现"自上而下"和"自下而上"相结合的特点。各个层面的空间规划既从纵向落实上位规划，并对下位规划起到指导作用，又可从横向上与部门规划以及公共机构相互衔接和反馈，兼顾了规划体系完整以及不同层级规划重点突出的特性[①]。

"增长与创新、保障公共服务以及保护资源、塑造文化景观"是德国空间发展的三大理念，这与德国空间规划的法定目标和原则相辅相成。其宗旨主要是为了实现三个目标：提高德国发展潜力以及欧洲城市和地区间的竞争力；顺应城市和地区的人口变化，提供基础设施和公共服务方面的支持；改善居住区环境，保护开敞空间以及发展文化景观[②]。

联邦层面具有颁布空间规划框架性法律的权利，协调州和地方规划中出现的需求，制定国家整体发展战略，转化欧盟机构对于空间规划的新的要求和指导，指引和协同下级空间规划和部门的资源调配。州空间规划覆盖州的全部地域空间，核心在于确定人口预测基数、经济发展、基础设施建设和土地利用状况等情况，明确州空间协同发展的原则与目标等。市镇规划在遵从《州空间规划法》制定的法律框架和行动目标基础上，具有自治权，通过土地利用规划和建造规划来应对居民利益和规划诉求。此外，其他各类专项规划与综合性空间规划相互补充。[③]

国家级空间规划主要对全国空间的整体发展做出战略布署。它是制定其他各层次空间规划与发展政策的重要指引和根本前提，基本职能是：①规定国家空间组织的基本目标和原则。主要通过制定空间秩序规划政策导向及其措施框架，确立全国空间发展的主导思想及指导原则，来促进经济、生态、社会功能的可持续发展与合理分布。②通过依法管治来影响州及地方的空间规划。通过健全不同空间尺度规划的法律机制，明确各种规划的类型、涵盖内容、公众参与程序等，促进各地区基本

---

① 蔡玉梅，王国力，陆颖，等 . 国际空间规划体系的模式及启示 [J]. 中国国土资源经济，2014，27（6）：67–72.

② 谢敏，张丽君 . 德国空间规划理念解析 [J]. 国土资源情报，2011（7）：9–12+36.

③ 内容主要整理和来源自：李鑫，蔡文婷 . 政府管制视野下德国空间规划框架及体系特点与启发 [J]. 南方建筑，2018（3）：90–95.

生活条件的相对平衡、人口密集区与稀疏区的关系协调及重要生态空间的有效保护。

州级和区域级空间规划包括州域发展计划和州域内相关区域规划，基本职能是：①根据各州的具体条件，对国家空间规划的原则与目标进行一定的细化和具体化；②在国家空间规划的总体框架下，依据《空间规划法》和各州的规划法及其实施规定，编制州级空间规划和相关区域规划；③州级政府的管理部门和区域政府负责批准地方土地利用规划，以保持各地方计划的一致遵守；④州级政府有义务和权利对公共与私人投资的基础设施项目进行协调和批准。

地方空间规划是指各市镇政府编制的不同类型和尺度的规划，即传统意义上的狭义城乡规划，基本职能是：①参与制定城乡空间与功能发展战略规划；②负责制定两类法定的土地利用规划，一类是具有空间指引功能的预备型规划，另一类是具有土地管理功能的约束型规划，即土地利用规划（F–Plan）和建造规划（B–Plan）。在德国的《联邦建设法典》中，F–Plan 和 B–Plan 两项规划统称为建设指导规划。土地利用规划的工作对象是整个市域，相当于城市总体规划。土地利用规划根据城市发展的要求在市域范围内安排各种土地利用种类，以确立城市发展的总体框架。建造规划的工作对象比较具体，在空间尺度上可以小到一个单独的地块，也可能大到一个或几个街区。建造规划在工作深度上相当于详细规划，直接面向具体的城市建设，与城市居民的日常生产生活息息相关。原则上建造规划必须在相关土地利用规划的指导下制定。建造规划一经审批，即具有法律效力，任何人和单位不可变更，应依照执行。

6.3 自然资源部组建与国土空间规划体系构建

6.3.1 自然资源部的组建与相关空间规划职能

2018 年 3 月，国务院机构改革方案提出将国土资源部的职责，国家发展和改革委员会的组织编制主体功能区规划职责，住房和城乡建设部的城乡规划管理职责，水利部的水资源调查和确权登记管理职责，农业部的草原资源调查和确权登记管理职责，国家林业局的森林、湿地等资源调查和确权登记管理职责，国家海洋局的职责，国家测绘地理信息局的职责整合，组建自然资源部，作为国务院组成部门（图 6–2）。自然资源部对外保留国家海洋局牌子，不再保留国土资源部、国家海洋局、国家测绘地理信息局[①]。

自然资源部的主要职责是对自然资源开发利用和保护进行监管，建立空间规划

① 中华人民共和国自然资源部是根据党的十九届三中全会审议通过的《中共中央关于深化党和国家机构改革的决定》《深化党和国家机构改革方案》和第十三届全国人民代表大会第一次会议批准的《国务院机构改革方案》设立。

体系并监督实施，履行全民所有各类自然资源资产所有者职责，统一调查和确权登记，建立自然资源有偿使用制度，负责测绘和地质勘查行业管理等。自然资源部下设25个主要内设机构（表6–1），涵盖自然资源、土地、矿产、海洋、测绘、综合

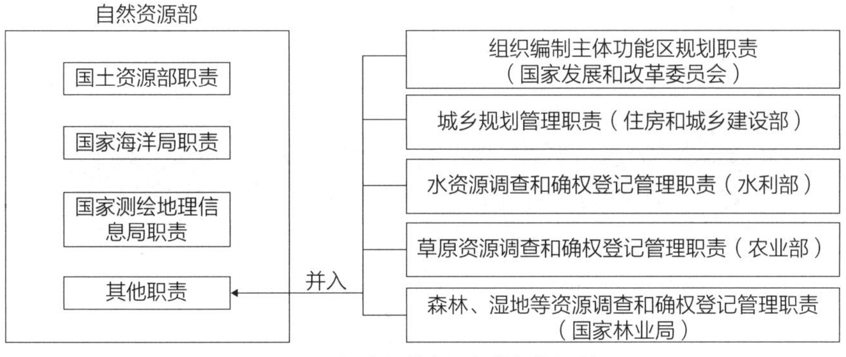

图6-2 组建自然资源部的机构调整

自然资源部的主要内设机构 表6–1

类别	机构	主要职责
自然资源	自然资源调查监测司	拟订自然资源调查监测评价的指标体系和统计标准，建立自然资源定期调查监测评价制度。定期组织实施全国性自然资源基础调查、变更调查、动态监测和分析评价。开展水、森林、草原、湿地资源和地理国情等专项调查监测评价工作。承担自然资源调查监测评价成果的汇交、管理、维护、发布、共享和利用监督
	自然资源确权登记局	拟订各类自然资源和不动产统一确权登记、权籍调查、不动产测绘、争议调处、成果应用的制度、标准、规范。承担指导监督全国自然资源和不动产确权登记工作。建立健全全国自然资源和不动产登记信息管理基础平台，管理登记资料。负责国务院确定的重点国有林区、国务院批准项目用海用岛、中央和国家机关不动产确权登记发证等专项登记工作
	自然资源所有者权益司	拟订全民所有自然资源资产管理政策，建立全民所有自然资源资产统计制度，承担自然资源资产价值评估和资产核算工作。编制全民所有自然资源资产负债表，拟订相关考核标准。拟订全民所有自然资源资产划拨、出让、租赁、作价出资和土地储备政策。承担报国务院审批的改制企业的国有土地资产处置
	自然资源开发利用司	拟订自然资源资产有偿使用制度并监督实施，建立自然资源市场交易规则和交易平台，组织开展自然资源市场调控。负责自然资源市场监督管理和动态监测，建立自然资源市场信用体系。建立政府公示自然资源价格体系，组织开展自然资源分等定级价格评估。拟订自然资源开发利用标准，开展评价考核，指导节约集约利用
土地	国土空间规划局	拟订国土空间规划相关政策，承担建立空间规划体系工作并监督实施。组织编制全国国土空间规划和相关专项规划并监督实施。承担报国务院审批的地方国土空间规划的审核、报批工作，指导和审核涉及国土空间开发利用的国家重大专项规划。开展国土空间开发适宜性评价，建立国土空间规划实施监测、评估和预警体系

续表

类别	机构	主要职责
土地	国土空间用途管制司	拟订国土空间用途管制制度规范和技术标准。提出土地、海洋年度利用计划并组织实施。组织拟订耕地、林地、草地、湿地、海域、海岛等国土空间用途转用政策，指导建设项目用地预审工作。承担报国务院审批的各类土地用途转用的审核、报批工作。拟订开展城乡规划管理等用途管制政策并监督实施
	国土空间生态修复司	承担国土空间生态修复政策研究工作，拟订国土空间生态修复规划。承担国土空间综合整治、土地整理复垦、矿山地质环境恢复治理、海洋生态、海域海岸带和海岛修复等工作。承担生态保护补偿相关工作。指导地方国土空间生态修复工作
	耕地保护监督司	拟订并实施耕地保护政策，组织实施耕地保护责任目标考核和永久基本农田特殊保护，负责永久基本农田划定、占用和补划的监督管理。承担耕地占补平衡管理工作。承担土地征收征用管理工作。负责耕地保护政策与林地、草地、湿地等土地资源保护政策的衔接
矿产	地质勘查管理司	管理地质勘查行业和全国地质工作，编制地质勘查规划并监督检查执行情况。管理中央级地质勘查项目，组织实施国家重大地质矿产勘查专项。承担地质灾害的预防和治理工作，监督管理地下水过量开采及引发的地面沉降等地质问题
	矿业权管理司	拟订矿业权管理政策并组织实施，管理石油天然气等重要能源和金属、非金属矿产资源矿业权的出让及审批登记。统计分析并指导全国探矿权、采矿权审批登记，调处重大权属纠纷。承担保护性开采的特定矿种、优势矿产的开采总量控制及相关管理工作
	矿产资源保护监督司	拟订矿产资源战略、政策和规划并组织实施，监督指导矿产资源合理利用和保护。承担矿产资源储量评审、备案、登记、统计和信息发布及压覆矿产资源审批管理、矿产地战略储备工作。实施矿山储量动态管理，建立矿产资源安全监测预警体系。监督地质资料汇交、保管和利用，监督管理古生物化石
海洋	海洋战略规划与经济司	拟订海洋发展、深海、极地等海洋强国建设重大战略并监督实施。拟订海洋经济发展、海岸带综合保护利用、海域海岛保护利用、海洋军民融合发展等规划并监督实施。承担推动海水淡化与综合利用、海洋可再生能源等海洋新兴产业发展工作。开展海洋经济运行综合监测、统计核算、调查评估、信息发布工作
	海域海岛管理司	拟订海域使用和海岛保护利用政策与技术规范，监督管理海域海岛开发利用活动。组织开展海域海岛监视监测和评估，管理无居民海岛、海域、海底地形地名及海底电缆管道铺设。承担报国务院审批的用海、用岛的审核、报批工作。组织拟订领海基点等特殊用途海岛保护管理政策并监督实施
	海洋预警监测司	拟订海洋观测预报和海洋科学调查政策和制度并监督实施。开展海洋生态预警监测、灾害预防、风险评估和隐患排查治理，发布警报和公报。建设和管理国家全球海洋立体观测网，组织开展海洋科学调查与勘测。参与重大海洋灾害应急处置

续表

类别	机构	主要职责
测绘	国土测绘司	拟订全国基础测绘规划、计划并监督实施。组织实施国家基础测绘和全球地理信息资源建设等重大项目。建立和管理国家测绘基准、测绘系统。监督管理民用测绘航空摄影与卫星遥感。拟订测绘行业管理政策，监督管理测绘活动、质量，管理测绘资质资格，审批外国组织、个人来华测绘
测绘	地理信息管理司	拟订国家地理信息安全保密政策并监督实施。负责地理信息成果管理和测量标志保护，审核国家重要地理信息数据。负责地图管理，审查向社会公开的地图，监督互联网地图服务，开展国家版图意识宣传教育，协同拟订界线标准样图。提供地理信息应急保障，指导监督地理信息公共服务
综合司局	办公厅	负责机关日常运转工作。承担信息、安全保密、信访、新闻宣传、政务公开工作，监督管理部政务大厅。承担机关财务、资产管理等工作
	综合司	承担组织编制自然资源发展战略、中长期规划和年度计划工作。开展重大问题调查研究，负责起草部重要文件文稿，协调自然资源领域综合改革有关工作。承担自然资源领域军民融合深度发展工作。承担综合统计和部内专业统计归口管理
	法规司	承担有关法律法规草案和规章起草工作。承担有关规范性文件合法性审查和清理工作。组织开展法治宣传教育。承担行政复议、行政应诉有关工作
	国家自然资源总督察办公室	完善国家自然资源督察制度，拟订自然资源督察相关政策和工作规则等。指导和监督检查派驻督察局工作，协调重大及跨督察区域的督察工作。根据授权，承担对自然资源和国土空间规划等法律法规执行情况的监督检查工作
	执法局	拟订自然资源违法案件查处的法规草案、规章和规范性文件并指导实施。查处重大国土空间规划和自然资源违法案件，指导协调全国违法案件调查处理工作，协调解决跨区域违法案件查处。指导地方自然资源执法机构和队伍建设，组织自然资源执法系统人员的业务培训
	科技发展司	拟订自然资源领域科技发展战略、规划和计划。拟订有关技术标准、规程规范，组织实施重大科技工程、项目及创新能力建设。承担科技成果和信息化管理工作，开展卫星遥感等高新技术体系建设，加强海洋科技能力建设
	国际合作司（海洋权益司）	拟订自然资源领域国际合作战略、计划并组织实施。承担双多边对外交流合作和国际公约、条约及协定履约工作，指导涉外、援外项目实施。负责外事管理工作，开展相关海洋权益维护工作，参与资源勘探开发争议、岛屿争端、海域划界等谈判与磋商。指导极地、公海和国际海底相关事务。承担自然资源领域涉外行政许可审批事项
	财务与资金运用司	承担自然资源专项收入征管和专项资金、基金的管理工作。拟订有关财务、资产管理的规章，负责机关和所属单位财务及国有资产监管，负责部门预决算、政府采购、国库集中支付、内部审计工作。管理基本建设及重大专项投资、重大装备。承担财政和社会资金的结构优化和监测工作，拟订合理利用社会资金的政策措施，提出重大备选项目
	人事司	承担机关、派出机构和直属单位的人事管理、机构编制、劳动工资和教育培训工作，指导自然资源人才队伍建设等工作

资料来源：根据自然资源部官方网站相关信息整理。

司局等门类，其中包括国土空间规划局和国土空间用途管制司[①]。

2018 年 8 月发布的《自然资源部职能配置、内设机构和人员编制规定》（以下简称“三定方案”）中与空间规划体系相关的规定主要有：①拟订自然资源和国土空间规划及测绘、极地、深海等法律法规草案，制定部门规章并监督检查执行情况；②负责建立空间规划体系并监督实施；③推进主体功能区战略和制度，组织编制并监督实施国土空间规划和相关专项规划；④开展国土空间开发适宜性评价，建立国土空间规划实施监测、评估和预警体系；⑤组织划定生态保护红线、永久基本农田、城镇开发边界等控制线，构建节约资源和保护环境的生产、生活、生态空间布局；⑥建立健全国土空间用途管制制度，研究拟订城乡规划政策并监督实施；⑦负责土地、海域、海岛等国土空间用途转用工作；⑧查处自然资源开发利用和国土空间规划及测绘重大违法案件。

从三定方案可以看出，空间规划体系主要由国土空间规划和相关专项规划组成，空间规划（及相关专项规划）的内容至少包括国土空间开发适宜性评价，划定生态保护红线、永久基本农田、城镇开发边界等控制线，构建生产、生活、生态空间布局，以及国土空间用途管制等内容，这与此前的空间规划试点实践在规划内容上基本一脉相承。

6.3.2 国土空间规划体系建设

国土空间规划体系是指由各层级、各类型空间规划组成的有机整体，一般包括规划编制审批体系、实施监督体系、法律法规体系和技术标准体系。空间规划是对一定区域国土空间的开发保护在空间和时间上做出的安排，是该区域空间发展和可持续发展的蓝图，也是各类开发建设和保护活动的基本依据。

机构改革后，国内一些专家学者对建立空间规划体系分别提出了相应建议。林坚提出构建“一总四专、五级三类”的空间规划体系，即 1 个总体规划，以及资源保护利用类规划、国土空间整治与生态修复类规划、重大基础设施与公共设施类规划、保护地类的保护利用规划等 4 类专项规划；按规划层级分为国家、省、市、县、县级以下 5 级，按规划内容分为国家、省级规划，市、县级规划，县级以下实施规划 3 类[②]。邹兵认为应有机整合既有的各类规划，在纵向上注重协调处理各层级空间规划的权责关系，在横向上注重协调处理与外部其他部门规划的关系。尹稚认为应直面社会问题，做有价值观为导向、有价值体系统领的规划，加快推进空间规划立法工作[③]。

---

① 另有“机关党委”负责机关和在京直属单位的党群工作；“离退休干部局”负责离退休干部工作。

② 林坚，吴宇翔，吴佳雨，等. 论空间规划体系的构建——兼析空间规划、国土空间用途管制与自然资源监管的关系 [J]. 城市规划，2018，42（5）：9-17.

③ 邹兵. 自然资源管理框架下空间规划体系重构的基本逻辑与设想 [J]. 规划师，2018，34（7）：5-10.

2019年1月23日，中央全面深化改革委员会第六次会议审议通过了《关于建立国土空间规划体系并监督实施的若干意见》，会议指出，将主体功能区规划、土地利用规划、城乡规划等空间规划融合为统一的国土空间规划，实现“多规合一”，是党中央作出的重大决策部署。要科学布局生产空间、生活空间、生态空间，体现战略性、提高科学性、加强协调性，强化规划权威，改进规划审批，健全用途管制，监督规划实施，强化国土空间规划对各专项规划的指导约束作用。

我国构建国土空间规划体系的主要目标是①：到2020年，基本建立国土空间规划体系，逐步建立“多规合一”的规划编制审批体系、实施监督体系、法律政策体系和技术标准体系；基本完成市县以上各级国土空间规划编制，初步形成面向“两个一百年”的全国国土空间开发保护“一张图”；到2025年左右，健全国土空间法律法规和技术标准体系；全面实施国土空间监测预警和绩效考核机制；形成以国土空间规划为基础、以统一用途管制为手段的国土空间开发保护制度。到2035年，全面提升国土空间治理体系和治理能力现代化水平，基本形成生产空间集约高效、生活空间宜居适度、生态空间山清水秀，安全和谐、富有竞争力和可持续发展的国土空间格局。

6.4 国土空间规划管理制度建设

6.4.1 国土空间规划关键政策文件

自然资源部组建以来，在2018年到2020年出台了一系列的政策文件，以建构、规范和约束相关职责的工作开展（表6-2）。其中最为重要的基础性文件是中共中央、国务院于2019年5月9日下发的《关于建立国土空间规划体系并监督实施的若干意见》（中发〔2019〕18号），意见明确了国土空间规划的层级、类型、要求和体系建构等关键内容。之后，自然资源部等机构下发的其他各项重要文件分别就国土空间规划的全面开展、加强村庄规划促进乡村振兴、建立以国家公园为主体的自然保护地体系、推进国土空间规划“一张图”建设和现状评估、推进规划用地“多审合一、多证合一”改革、落实三条控制线（生态保护红线、永久基本农田、城镇开发边界）、开展信息化建设等不同维度作出规定，覆盖了国土空间规划相关的诸多重点工作领域和工作要求。受机构改革的影响以及为顺应新时期社会发展的新需要，《城乡规划法》（2019年4月23日修正）、《土地管理法》（2019年8月26日修正）等在此期间也进行了相应的修订②。为了规范国土空间规划的编制工作，2020

① 中共中央 国务院《关于建立国土空间规划体系并监督实施的若干意见》，中发〔2019〕18号，2019年5月9日发布。

② 2020年3月，自然资源部召开视频会议指出，针对地方自然资源管理部门存在的问题和困难，要解决如何做好新旧《土地管理法》实施政策衔接。自然资源部将加快推进《土地管理法实施条例》修改和配套政策出台，即将公开征求意见；新《土地管理法》实施前，已经受理的建设项目审批，按照原有规定执行。

年1月自然资源部发布了两项规划技术指南，分别是《资源环境承载能力和国土空间开发适宜性评价指南（试行）》（双评价指南）和《省级国土空间规划编制指南（试行）》；2020年9月《市级国土空间总体规划编制指南（试行）》发布。

国土空间规划相关的关键政策文件（2018.5—2020.9）　　表6-2

序号	名称
1	中共中央　国务院《关于建立国土空间规划体系并监督实施的若干意见》 中发〔2019〕18号（2019年5月9日发布）
2	自然资源部《关于全面开展国土空间规划工作的通知》 自然资发〔2019〕87号（2019年5月28日发布）
3	自然资源部办公厅《关于加强村庄规划促进乡村振兴的通知》 自然资发〔2019〕35号（2019年5月29日发布）
4	中办国办《关于建立以国家公园为主体的自然保护地体系的指导意见》 国务院办公厅发（2019年6月26日发布）
5	自然资源部《关于开展国土空间规划"一张图"建设和现状评估工作的通知》 自然资发〔2019〕87号（2019年7月18日发布）
6	自然资源部《关于以"多规合一"为基础推进规划用地"多审合一、多证合一"改革的通知》 自然资发〔2019〕2号（2019年9月17日发布）
7	中共中央办公厅　国务院办公厅印《关于在国土空间规划中统筹划定落实三条控制线的指导意见》 中共中央办公厅　国务院办公厅印发（2019年11月1日发布）
8	自然资源部关于印发《自然资源部信息化建设总体方案》的通知 自然资源部（2019年11月1日发布）
9	自然资源部办公厅关于印发《资源环境承载能力和国土空间开发适宜性评价指南（试行）》的通知 自然资办函〔2020〕127号（2020年1月19日发布）
10	自然资源部办公厅关于印发《省级国土空间规划编制指南（试行）》的通知 自然资办发〔2020〕5号（2020年1月17日发布）
11	自然资源部办公厅关于印发《市级国土空间总体规划编制指南（试行）》的通知 自然资办发〔2020〕46号（2020年9月22日发布）

6.4.2 《关于建立国土空间规划体系并监督实施的若干意见》解读①

《中共中央　国务院关于建立国土空间规划体系并监督实施的若干意见》的正式印发，标志着国土空间规划体系构建工作正式全面展开。建立国土空间规划体系并监督实施，将主体功能区规划、土地利用规划、城乡规划等空间规划融合为统一

① 内容主要整理和来源自：焦思颖.《中共中央　国务院关于建立国土空间规划体系并监督实施的若干意见》解读（上）[EB/OL].（2019-05-30）[2020-03-23]. http：//www.mnr.gov.cn/dt/ywbb/201905/t20190530_2433285.html；焦思颖.《中共中央　国务院关于建立国土空间规划体系并监督实施的若干意见》解读（下）[EB/OL].（2019-05-30）[2020-03-23]. http：//www.mnr.gov.cn/dt/ywbb/201905/t20190529_2425485.html.

的国土空间规划，强化国土空间规划对各专项规划的指导约束作用，意义重大。

（1）四大体系建构

建立“多规合一”的国土空间规划体系是系统性、整体性、重构性的改革，是一整套运行体系制度设计，而不只是规划成果本身。新的国土空间规划体系主要包括四个子体系，即规划编制审批体系、实施监督体系、法规政策体系、技术标准体系。其中，规划编制审批体系和实施监督体系包括编制、审批、实施、监测、评估、预警、考核、完善等完整闭环的规划及实施管理流程；法规政策体系和技术标准体系是两个基础支撑。

1）规划编制审批体系。明确各级各类国土空间规划的编制和审批工作，以及规划之间的协调配合要求与途径。融合了主体功能区规划、土地利用规划、城乡规划等空间规划的新的国土空间规划包括“五级三类”：五级规划体现一级政府一级事权，全域全要素规划管控，强调各级侧重点不同；三类包括总体规划、相关专项规划和详细规划，总体规划是战略性总纲，相关专项规划是对特定区域或特定领域空间开发保护的安排，详细规划作出具体细化的实施性规定，是规划许可的依据。

2）实施监督体系。对国土空间规划进行实施和监督管理，包括：以国土空间规划为依据，对所有国土空间实施用途管制；依据详细规划实施城乡建设项目相关规划许可；建立规划动态监测、评估、预警以及维护更新等机制；优化现行审批流程，提高审批效能和监管服务水平；制定城镇开发边界内外差异化的管制措施；建立国土空间规划“一张图”实施监督信息系统，并利用大数据、智慧化等技术手段加强规划实施监督等。

3）法规政策体系。建立国土空间规划体系的法规政策支撑：一方面，要在充分梳理研究已有相关法律法规的基础上，加快国土空间规划立法，做好过渡时期的法律衔接；另一方面，国土空间规划的编制和实施需要全社会的共同参与和各部门的协同配合，需要有关部门配合建立健全人口、资源、生态环境、财政、金融等配套政策，保障规划有效实施。

4）技术标准体系。建立国土空间规划体系的技术支撑。“多规合一”对原有城乡规划和土地利用规划的技术标准体系提出了重构性改革要求，要按照生态文明建设的要求，改变原来以服务开发建设为主的工程思维方式，注重生态优先绿色发展，强调生产、生活、生态空间有机融合。按照改革要求，自然资源部正逐步牵头建构统一的国土空间技术标准体系，加快制定各类各级国土空间规划编制技术规程。

（2）“五级三类”国土空间规划编制

国土空间规划的编制审批和监督实施要分级分类进行，可概括为“五级三类”。

1）五级。五级指与我国行政管理层级相对应的“国家、省、市、县、乡镇”层级，不同层级的规划体现不同空间尺度和管理深度要求。其中，国家和省级规划侧重战略性，对全国和省域国土空间格局作出全局安排，提出对下层级规划的约束性要求和引导性内容；市县级规划承上启下，侧重传导性；乡镇级规划侧重实施性，实现各类管控要素精准落地。五级规划落实国家战略，体现国家意志，下层级规划要符合上层级规划要求，不得违反上层级规划确定的约束性内容。

2）三类。三类指总体规划、详细规划和相关专项规划，总体规划与详细规划、相关专项规划之间体现“总—分关系”。国土空间总体规划是详细规划的依据、相关专项规划的基础；详细规划要依据批准的国土空间总体规划进行编制和修改；相关专项规划要服务和遵循国土空间总体规划，不得违背总体规划强制性内容，其主要内容要纳入详细规划。具体来看：①在国家、省、市、县编制国土空间总体规划，各地结合实际编制乡镇国土空间规划。各层级的国土空间总体规划是对行政辖区范围内国土空间保护、开发、利用、修复的全局性安排，强调综合性；②相关专项规划可在国家、省、市、县层级编制，强调专业性，是对特定区域（流域）、特定领域空间保护利用的安排。其中，海岸带、自然保护地等专项规划及跨行政区域或流域的国土空间规划（如长江经济带国土空间规划等），由所在区域或上一级自然资源主管部门牵头组织编制；以空间利用为主的某一领域的专项规划，由相关部门组织编制；③详细规划在市县及以下编制，强调可操作性，是对具体地块用途和强度等作出的实施性安排，是开展国土空间开发保护活动、实施国土空间用途管制、核发城乡建设项目规划许可、进行各项建设等的法定依据。城镇开发边界内的详细规划由市县自然资源主管部门编制，报同级政府审批；城镇开发边界外的乡村地区，由乡镇人民政府编制村庄规划作为详细规划，报上一级政府审批。

（3）国土空间规划新思路和新要求

1）贯彻生态文明思想和新发展理念，突出体现国土空间规划的战略性、科学性、协调性、操作性、权威性。各级国土空间总体规划编制要按照生态文明建设和中华民族永续发展的要求，对空间开发保护作出战略性、系统性长远安排，强调底线约束，探索以生态优先、绿色发展为导向的高质量发展新路子。要采用科学的理念、方法、工作方式编制和实施规划，运用城市设计、乡村营造、大数据等手段，提高规划编制水平。要协调好国土空间规划和相关规划的关系：一方面，国土空间规划要结合主体功能定位，为国家发展规划确定的重大战略任务落地实施提供空间保障；另一方面，要坚持底线思维，充分发挥国土空间规划在国家规划体系中的基础作用，发挥好对各专项规划的指导约束作用，促进经济社会发展格局、城镇空间布局、产业结构调整与资源环境承载力相适应，约束不合理的发展诉求。要注重操作性，在规划编制的过程中要考虑规划如何实施，综合运用各种政策工具保障规划实施。要强化规划权威，规划一经批复，不得随意修改、违规变更，对规划编制和实施中的违规行为，要严肃追责。

2）统一规划数据基础和规划期限，谋划全域全要素、陆海统筹、区域协调发展的国土空间开发保护格局。当前基础数据要以第三次全国国土调查数据作为规划现状底数和底图基础，统筹考虑全国水资源、森林资源、草原资源、湿地资源、矿产资源等调查监测评价成果。规划成果数据库按照统一的国土空间规划数据库标准与规划编制工作同步建设，实现城乡国土空间规划管理全域覆盖、全要素管控。

3）将各类相关专项规划叠加到统一的国土空间基础信息平台上，形成全域“一张图”。做好陆海统筹，编制陆海统筹规划的“一张图”，确定陆海统一分区，明确管制要求，做好海域、海岛和海岸带保护利用，推进陆海空间整体优化。以国土空间基础信息平台为基础，同步搭建国土空间规划“一张图”实施监督信息平台，统筹建设国家、省、市、县各级系统，实现上下贯通，做到自上而下一个标准、一个体系、一个接口。实施好区域协调发展战略，优化生产力的空间布局，促进协调发展、开放发展。

4）夯实基础研究，在全面摸清家底、深入分析评价的基础上开展规划编制工作。开展原有空间规划实施评估，国土空间开发保护现状和未来风险点评估，以及自然资源承载能力和国土空间开发适宜性评价，在评估评价的基础上制定国土空间规划。根据中央要求，要在科学评估既有生态保护红线等重要控制线划定情况基础上，结合国土空间规划编制提出优化调整意见，完成“三线”划定工作。划定城镇开发边界要尽可能避让永久基本农田红线和生态保护红线，科学优化城镇布局形态和功能结构，提升城镇人居环境品质，促进城镇发展由外延扩张向内涵提升转变。

5）坚持问题导向和目标导向相结合，因地制宜编制规划。国土空间规划的编制必须做到立足实际、实事求是、因地制宜、分类指导。根据当地自然条件、人文特色、发展阶段等特点，找准实际问题，有针对性地开展规划编制。如大城市、特大城市、超大城市要提出都市圈、城镇圈以及跨行政区域规划协调要求；沿海市县要统筹陆海分区做好海域、海岛和海岸带保护利用；地级市要加强对所辖县（市、区）的统筹，合理分配建设用地规模指标，统筹安排市域交通基础设施网络，均衡配置各类空间资源；自然保护地、海岸带、生态敏感脆弱区等特殊区域，要在规划中明确特殊保护要求和实施措施；村庄规划要结合县和乡级国土空间规划编制，优化村庄布局，通盘考虑土地利用、产业发展、居民点布局、人居环境整治、生态保护和历史文化传承等，按照“应编尽编”的原则编制“多规合一”的实用性规划。

6.4.3 自然资源部的规划许可与审批制度改革①

我国规划行政许可制度的产生和发展经历了一个漫长而曲折的过程②：1978 年

① 自然资源部关于以“多规合一”为基础推进规划用地“多审合一、多证合一”改革的通知（自然资规〔2019〕2号），2019年9月17日发布并执行。

② 张舰，刘佳福，邢海峰.《城乡规划法》实施背景下完善规划行政许可制度思考[J].城市发展研究，2011，18（9）：47-50.

国家计委、建委、财政部颁布的《关于基本建设程序的若干规定》要求“凡在城市辖区内选点的，要取得城市规划部门的同意，并且要有协议文件”，这可以说是我国规划行政许可制度的雏形；1984 年颁布的《城市规划条例》以行政法规的形式，对建设用地许可、临时用地许可、建设工程许可及改变地形地貌活动的许可做出了规定，标志我国规划行政许可制度建立和相关规划工作纳入法制轨道；1989 年《中华人民共和国城市规划法》系统构建了以“一书两证”为代表的城乡规划行政许可制度；2008 年实施的《中华人民共和国城乡规划法》，将乡村建设纳入规划行政许可范围,建立起“一书三证”的城乡规划行政许可制度。2019 年自然资源部印发《关于以“多规合一”为基础推进规划用地“多审合一、多证合一”改革的通知》，改革规划许可和用地审批，合并规划选址和用地预审，合并建设用地规划许可和用地批准，推进多测整合、多验合一，简化报件审批材料[①]。

（1）合并规划选址和用地预审。将建设项目选址意见书、建设项目用地预审意见合并，自然资源主管部门统一核发建设项目用地预审与选址意见书（图 6–3），不再单独核发建设项目选址意见书、建设项目用地预审意见。涉及新增建设用地，用地预审权限在自然资源部的，建设单位向地方自然资源主管部门提出用地预审与选址申请，由地方自然资源主管部门受理；经省级自然资源主管部门报自然资源部通过用地预审后，地方自然资源主管部门向建设单位核发建设项目用地预审与选址意见书。用地预审权限在省级以下自然资源主管部门的，由省级自然资源主管部门确定建设项目用地预审与选址意见书办理的层级和权限。使用已经依法批准的建设用地进行建设的项目，不再办理用地预审；需要办理规划选址的，由地方自然资源主管部门对规划选址情况进行审查，核发建设项目用地预审与选址意见书。

（2）合并建设用地规划许可和用地批准。将建设用地规划许可证、建设用地批准书合并，自然资源主管部门统一核发新的建设用地规划许可证（图 6–4），不再单独核发建设用地批准书。以划拨方式取得国有土地使用权的，建设单位向所在地的市、县自然资源主管部门提出建设用地规划许可申请，经有建设用地批准权的人民政府批准后，市、县自然资源主管部门向建设单位同步核发建设用地规划许可证、国有土地划拨决定书。以出让方式取得国有土地使用权的，市、县自然资源主管部门依据规划条件编制土地出让方案，经依法批准后组织土地供应，将规划条件纳入国有建设用地使用权出让合同。建设单位在签订国有建设用地使用权出让合同后，市、县自然资源主管部门向建设单位核发建设用地规划许可证。

（3）推进多测整合、多验合一。以统一规范标准、强化成果共享为重点，将建设用地审批、城乡规划许可、规划核实、竣工验收和不动产登记等多项测绘业务整

---

① 机构合并后，原国土资源部、住建部等独立主管的一些相互关联的许可环节需要进行内部合并。

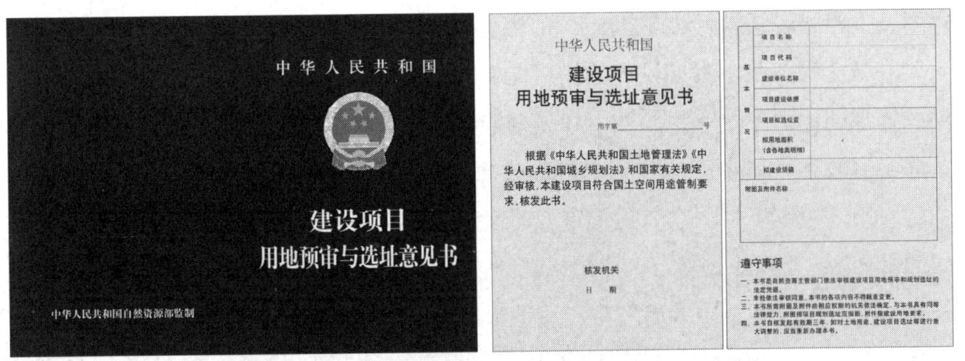

中华人民共和国

建设项目
用地预审与选址意见书

中华人民共和国自然资源部监制

中华人民共和国

建设项目
用地预审与选址意见书

用字第＿＿＿＿＿＿号

根据《中华人民共和国土地管理法》《中华人民共和国城乡规划法》和国家有关规定，经审核，本建设项目符合国土空间用途管制要求，核发此书。

核发机关

日　期

基本情况	项目名称	
	项目代码	
	建设单位名称	
	项目建设依据	
	项目拟选位置	
	拟用地面积（含各地类明细）	
	拟建设规模	
附图及附件名称		

遵守事项

一、本书是自然资源主管部门依法审核建设项目用地预审和规划选址的法定凭据。
二、未经依法审核同意，本书的各项内容不得随意变更。
三、本书所需附图及附件由相应权限的机关依法确定，与本书具有同等法律效力，附图指项目规划选址范围图，附件指建设用地要求。
四、本书自核发起有效期三年，如对土地用途、建设项目选址等进行重大调整的，应当重新办理本书。

图 6-3　建设项目用地预审与选址意见书的封面与内页

资料来源：自然资源部官方网站相关资料

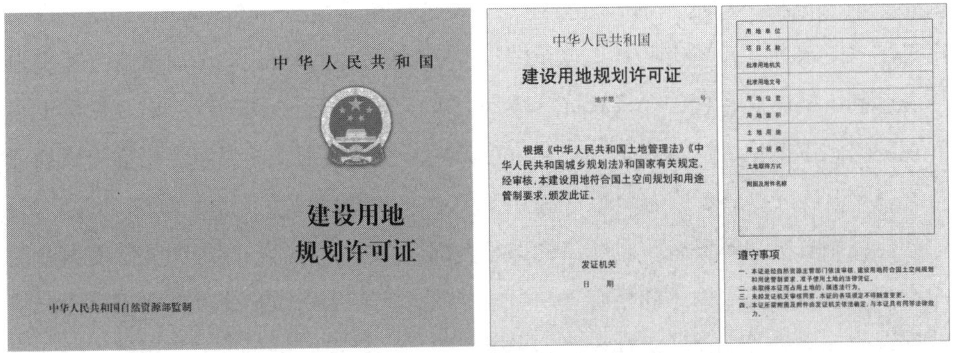

中华人民共和国

建设用地
规划许可证

中华人民共和国自然资源部监制

中华人民共和国

建设用地规划许可证

地字第＿＿＿＿＿＿号

根据《中华人民共和国土地管理法》《中华人民共和国城乡规划法》和国家有关规定，经审核，本建设用地符合国土空间规划和用途管制要求，颁发此证。

发证机关

日　期

用地单位	
项目名称	
批准用地机关	
批准用地文号	
用地位置	
用地面积	
土地用途	
建设规模	
土地取得方式	
附图及附件名称	

遵守事项

一、本证是经自然资源主管部门依法审核，建设用地符合国土空间规划和用途管制要求，准予使用土地的法律凭证。
二、未取得本证而占用土地的，属违法行为。
三、未经发证机关审核同意，本证的各项规定不得随意变更。
四、本证所需附图及附件由发证机关依法确定，与本证具有同等法律效力。

图 6-4　建设用地规划许可证的封面与内页

资料来源：自然资源部官方网站相关资料

合，归口成果管理，推进“多测合并、联合测绘、成果共享”。不得重复审核和要求建设单位或者个人多次提交对同一标的物的测绘成果；确有需要的，可以进行核实更新和补充测绘。在建设项目竣工验收阶段，将自然资源主管部门负责的规划核实、土地核验、不动产测绘等合并为一个验收事项。

（4）简化报件审批材料。各地要依据“多审合一、多证合一”改革要求，核发新版证书。对现有建设用地审批和城乡规划许可的办事指南、申请表单和申报材料清单进行清理，进一步简化和规范申报材料。除法定的批准文件和证书以外，地方自行设立的各类通知书、审查意见等一律取消。加快信息化建设，可以通过政府内部信息共享获得的有关文件、证书等材料，不得要求行政相对人提交；对行政相对人前期已提供且无变化的材料，不得要求重复提交。支持各地探索以互联网、手机 APP 等方式，为行政相对人提供在线办理、进度查询和文书下载打印等服务。

国土空间规划的审批制度更加注重处理政府与市场的关系，与原来的城市总体规划、土地利用总体规划审批制度相比，主要有以下五方面不同[①]：

①减少国务院审批的城市数量，提高行政效能。原来的城市总体规划和土地利用总体规划由国务院审批的城市数量分别有 108 个和 106 个，国土空间规划体系改革后，由国务院审批国土空间总体规划的城市数量将减少到一半左右。

②精简规划审批内容，压缩审查时间。按照"管什么就批什么"的原则，对省级和市县国土空间规划从目标定位、空间格局、底线约束、要素配置、实施传导机制、技术标准、信息平台等方面进行实质性审查，从程序及成果的合法合规性等方面进行程序性审查。简化报批流程，取消大纲编制报批环节，严格控制征求部门意见时间，自审批机关交办之日起，在限定时间内完成审查工作，提出审查意见，上报国务院审批。

③简政放权，对地方的国土空间规划审批留有弹性空间。一方面，事权下沉，对于国务院审批以外城市和县、乡镇国土空间规划，由省级人民政府根据当地实际明确编制审批内容和程序要求；另一方面，考虑到我国各地差异大，对乡镇国土空间规划编制审批作了灵活规定，各地可以因地制宜，将市县与乡镇国土空间规划合并编制，也可以几个乡镇为单元编制乡镇级国土空间规划。

④强调省级和国务院审批城市的国土空间规划报批前需经同级人大常委会审议的要求。原来的城市总体规划有这个要求，但土地利用总体规划没有要求。国土空间规划体系构建中，为了更好发挥人大参与监督、规划编制和实施的作用，继续保留和强化人大常委会审议这一环节。

⑤增加相关专项规划与国土空间规划的衔接及"一张图"核对的要求。为避免规划打架的老问题，切实发挥国土空间规划对各专项规划的指导约束作用，要求相关专项规划在编制和审查过程中应加强与有关国土空间规划的衔接及"一张图"的核对，批复后纳入同级国土空间规划"一张图"实施监督信息系统。国土空间规划成果及有关数据与专项规划编制部门共享。

2020 年 3 月 12 日，国务院印发《关于授权和委托用地审批权的决定》（国发〔2020〕4 号），明确在严格保护耕地、节约集约用地的前提下，要进一步深化"放管服"改革，改革土地管理制度，赋予省级人民政府更大用地自主权。放权既有授权方式，也有委托方式，具体包括：①将国务院可以授权的永久基本农田以外的农用地转为建设用地审批事项授权各省、自治区、直辖市人民政府批准；②试点将永久基本农田转为建设用地和国务院批准土地征收审批事项委托部分省、自治区、直辖市人民政府批准。

---

① 焦思颖.《中共中央 国务院关于建立国土空间规划体系并监督实施的若干意见》解读（下）[EB/OL].（2019-05-30）[2020-03-23].http：//www.mnr.gov.cn/dt/ywbb/201905/t20190529_2425485.html.

6.4.4 自然资源部的信息化建设

国土空间规划要以国土空间基础信息平台为基础，形成国土空间规划“一张图”[①]。翔实统一而又充分共享的基础数据是城市规划能够得以科学编制和规划管理有效开展的基础，但数据的收集和使用在我国城市规划管理领域一直是难题，体现在城市经济、人口、用地、地图等相关信息数据的不完整、不准确、不交圈或各自保密上。2019 年 11 月，自然资源部发布《自然资源部信息化建设总体方案》（图 6–5、图 6–6），对于建设统一的规划支撑数据平台提供了重要契机，也是自然资源部大力推进以“放管服”深化改革为导向的“互联网 + 政务服务”的重要内容。

依据发布的方案，我国的自然资源信息化体系包括国家、省、市、县四级体系[②]，地方自然资源信息化体系由省参照国家级平台确定建设模式与框架。自然资源信息化建设由“一张网”“一张图”“一个平台”作为支撑：①“一张网”即互联网，包括国家电子政务外网和内网；②“一张图”即统一底图，有统一的数据基础、标

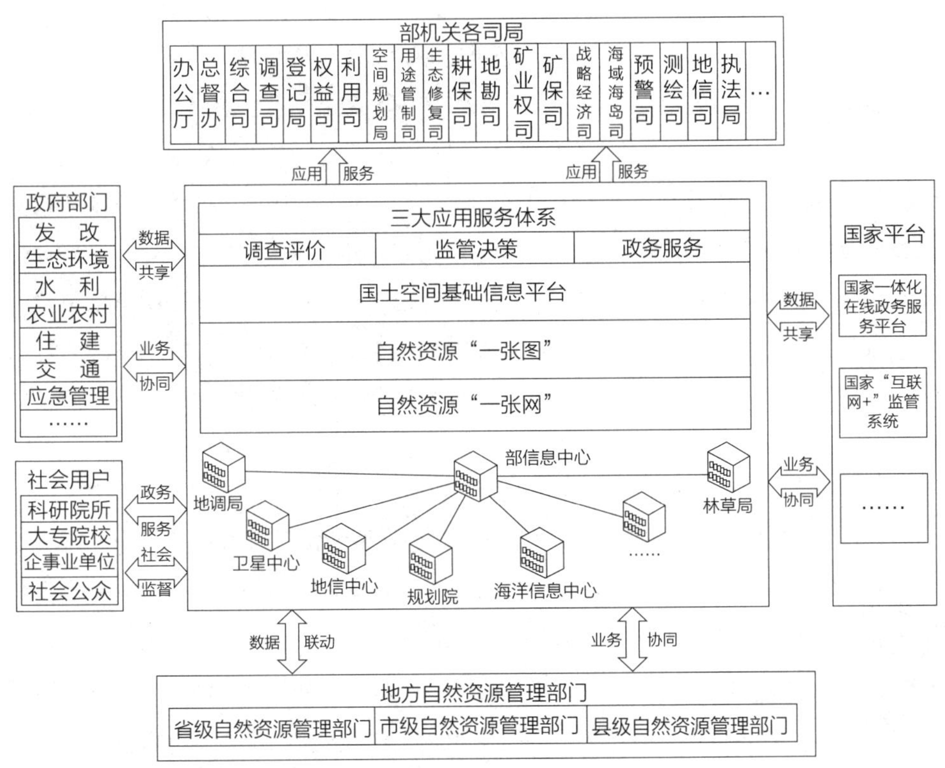

图 6–5 自然资源信息化的基本组成

资料来源：自然资源部．自然资源部信息化建设总体方案，2019.11.

---

① 焦思颖．《中共中央 国务院关于建立国土空间规划体系并监督实施的若干意见》解读（下）[EB/OL].（2019–05–30）[2020–03–23].http：//www.mnr.gov.cn/dt/ywbb/201905/t20190529_2425485.html.

② 考虑到乡、镇一级技术水平较低、专业人员缺乏以及管辖范围较小的特点，乡、镇的资源由县级统一管理。

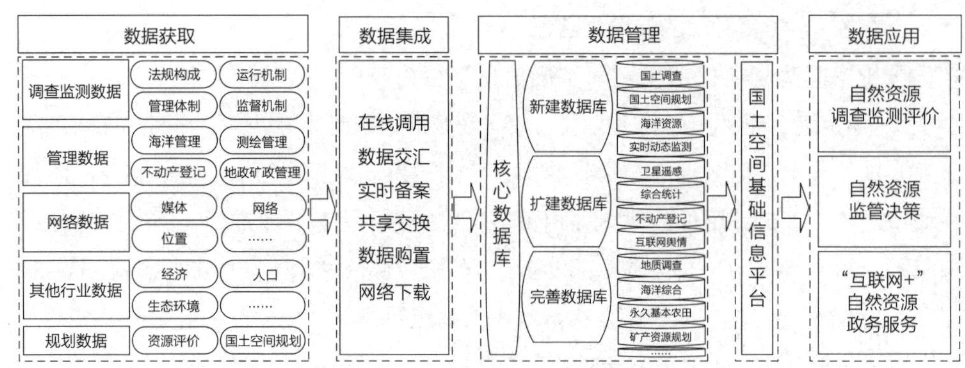

图 6-6　自然资源信息化的数据架构

改绘自：自然资源部 . 自然资源部信息化建设总体方案，2019.11.

准规范和统一的注册接入；③“一个平台”即国土空间基础信息平台，由自然资源部数据主中心管控。将自然资源信息化体系建设这一重大任务细分，主要包括以下几个专题：自然资源本底数据建设、国土空间规划编制、国土空间用途管制、自然资源资产管理、空间规划实施监测评估预警、国土空间保护与修复和其他类。

总体方案提出自然资源信息化的三大应用体系为：自然资源调查监测评价、自然资源监管决策、“互联网 +”自然资源政务服务应用体系。其中，调查监测评价体系以高精度、一体化调查技术为主体作用，同时运用现代物联网技术，构建全天候监测与预警的感知体系；监管决策应用体系中，囊括了“一张图”、耕地保护、地质灾害预警等各监管领域；“互联网 +”自然资源政务服务应用体系更多关系到企业和群众的实际利益。方案同时提出，将建立自然资源部政务服务应用体系，建立网上受理大厅，加强与国家一体化在线政务服务门户对接，实现“就近能办、异地可办”。

6.4.5 《中华人民共和国民法典》出台对自然资源管理的影响[①]

2020 年 5 月 28 日，《中华人民共和国民法典》（以下简称《民法典》）作为我国第一部以“法典”命名的法律由第十三届全国人民代表大会第三次会议表决通过，开创了我国法典编纂立法的先河。《民法典》包括总则、物权、合同、人格权、婚姻家庭、继承、侵权责任以及附则 7 编，共 1260 条，被誉为是“社会生活的百科全书”，它整合了曾经分散在《民法通则》《物权法》《担保法》《合同法》《侵权责任法》《民法总则》《婚姻法》《继承法》和《收养法》中的相关内容[②]。

---

① 内容主要整理和来源自：魏莉华 . 从自然资源管理角度看《民法典》[J]. 资源导刊，2020（6）：16-17.

② 《民法典》自 2021 年 1 月 1 日起施行，《婚姻法》《继承法》《民法通则》《收养法》《担保法》《合同法》《物权法》《侵权责任法》《民法总则》同时废止。

《民法典》是中国特色社会主义法律体系的重要组成部分，是民事领域的基础性、综合性法律，它规范了各类民事主体的各种人身关系和财产关系，涉及经济、社会和生活的方方面面，也与自然资源管理工作息息相关。自然资源主管部门作为统一行使全民所有自然资源资产所有者职责、统一行使所有国土空间用途管制和生态修复职责的政府组成部门，在履行保护土地、探矿权、采矿权、海域使用权、无居民海岛使用权等物权，维护公平公正的市场经济秩序，防止自然资源所有权侵害等方面赋有重要职责，因此贯彻实施《民法典》是自然资源主管部门的重要任务。

（1）《民法典》的调整范围：《民法典》主要调节市场经济领域及非经济的社会领域、婚姻家庭领域和个人私生活领域，范围涉及个人、社会与国家，它的颁布实施对中国的政治、经济和社会发展将产生深刻的影响。在政治领域，有利于提升国家治理能力和促进政治文明；在经济领域，《民法典》提供的交易规则将进一步促进市场经济向纵深发展；在社会领域，《民法典》鼓励守望相助，有助于创建和谐社会。

（2）《民法典》对自然资源管理的影响：来自《民法典》的影响主要体现在将绿色原则设定为民事活动基本原则、完善物权保护体系、进一步确认不动产统一登记制度、对住宅建设用地使用权续期问题作出原则规定、完善农村集体产权保护制度、确立生态环境损害赔偿制度等方面。

①《民法典》将绿色原则确立为民事活动的基本原则，有利于进一步筑牢节约资源、保护生态环境的基本国策，为依法追究各类损害生态环境和自然资源的行为提供法律依据。《民法典》在"物权编"中规定，不得违反国家规定弃置固体废物，排放大气污染物、水污染物、噪声、光、电磁波辐射等有害物质，强调设立建设用地使用权应当符合节约资源保护生态环境的要求；在"合同编"中规定，当事人在履行合同过程中应当避免浪费资源、污染环境和破坏生态。

②《民法典》丰富完善了物权保护体系，坚持宪法确定的自然资源所有权制度不动摇，将原《物权法》等法律中关于建设用地使用权、海域使用权、探矿权、采矿权等内容统筹写入法典。在此基础上，法典明确无居民海岛属于国家所有，坚决维护国家海洋权益；将"居住权"纳入用益物权的范围，明确居住权原则上无偿设立，居住权人有权按照合同约定或者遗嘱占有使用他人住宅，为"以房养老"等多主体供给、多渠道保障的住房制度改革提供法律保障。

③《民法典》进一步确认不动产统一登记制度，将《物权法》和《不动产登记暂行条例》的有关内容整合后写入法典。法典聚焦产权人合法权利保护，明确"因登记错误给他人造成损害的，登记机关应当承担赔偿责任，登记机关赔偿后，可以向造成登记错误的人追偿"；将新设立的"居住权"纳入不动产统一登记范围，规定设立居住权的，应当向登记机构申请居住权登记，居住权自登记时设立。

④《民法典》对住宅建设用地使用权续期问题作出原则规定，明确住宅建设用地使用权期限届满的，自动续期；续期费用的缴纳或者减免，依照法律、行政法规的规定办理[①]。这为保障群众“户有所居”吃下“定心丸”。

⑤《民法典》完善了农村集体产权保护制度。与新修正的《土地管理法》相衔接，法典完善了被征地农民的补偿制度，在原有的土地补偿费、安置补助费、地上附着物和青苗的补偿以及社会保障费用的基础上，增加村民住宅补偿费用作为法定的补偿范围，而且明确要及时足额支付。《民法典》还落实农村承包地“三权分置”改革的要求，对土地承包经营权的相关规定作了完善，增加土地经营权的规定，并删除耕地使用权不得抵押的规定，以适应“三权分置”后土地经营权入市的需要。《民法典》同时明确，农村集体建设用地和宅基地制度依照土地管理的法律规定办理。

⑥《民法典》确立了生态环境损害赔偿制度。在原《侵权责任法》“环境污染责任”的基础上，法典补充了“生态破坏责任”，将该章修改为“环境污染和生态破坏责任”，进一步完善了环境生态侵权责任体系。法典明确了追究生态环境损害赔偿责任的方式和内容，规定对于造成生态环境损害的，国家规定的机关或者法律规定的组织有权请求侵权人承担修复责任，并确定了赔偿损失和费用的内容，为健全完善生态环境损害赔偿制度提供法治保障。

（3）自然资源管理部门落实《民法典》的途径：落实和践行《民法典》的关键是依法行政，需要恪守法治原则，施行《民法典》有关民事权利保障的规定，尊重和保障民事权利。

① 推进自然资源资产产权制度改革沿法治轨道前行。完善自然资源资产产权法律体系，平等保护各类自然资源资产产权主体合法权益，加快构建系统完备、科学规范、运行高效的中国特色自然资源资产产权制度体系。《民法典》形成了归属清晰、权责明确、保护严格、流转顺畅的现代产权制度，为全面推动自然资源资产产权制度改革指明了方向。

② 适时启动自然资源法典编纂的研究和准备工作。《民法典》的编纂在中国立法史上具有划时代的意义，借鉴《民法典》编纂的成功经验，可以考虑适时启动我国自然资源法典编纂的研究和准备工作。我国现有的自然资源立法主要是按照资源的种类进行单项立法，如《森林法》《土地管理法》《矿产资源法》《水法》《草原法》《渔业法》《海域使用法》《海岛保护法》等，这些陆续制定出台的法律，前后时间不一，存在重复、冲突、空白、不衔接、滞后等一系列问题，而这些问题又很难通过所有法律“一揽子”修改来解决，给自然资源执法带来问题。在现有

① 续期费用具体如何缴纳和减免，在《城市房地产管理法》修改中将会作出进一步规定。

自然资源单行法律的基础上，可以探索编纂自然资源法典，通过法典来实现自然资源法律制度的整体性、系统性，切实解决现行自然资源立法存在的重复、冲突、遗漏、滞后等问题。

③ 严格依法行政，实现良法善治。自然资源主管部门是代表国家行使公权力的行政机关，必须坚持以人民为中心的发展思想，牢固树立限制公权、保护私权的理念，严格执行《民法典》各项制度，准确把握政府和社会、政府和市场之间的关系，在土地、矿产、海域海岛等自然资源出让、监管和行政执法等工作中平等保护各类自然资源资产产权主体合法权益，全面实现自然资源领域的良法善治。

6.5 国土空间规划管理展望

国土空间规划体系的重构将对空间规划管理产生显著影响，空间规划管理必须主动变革以适应这一历史性变化。

（1）规划编制审批管理。规划编制从多规并立向一本规划转变。2019 年 1 月，全国人大发布了关于《〈中华人民共和国土地管理法〉、〈中华人民共和国城市房地产管理法〉修正案（草案）》的征求意见。并对《中华人民共和国土地管理法》和《中华人民共和国城市房地产管理法》修正案（草案）进行说明，规定经依法批准的国土空间规划是各类开发建设活动的基本依据，已经编制国土空间规划的，不再编制土地利用总体规划和城市总体规划，即国土空间规划将替代土地利用总体规划和城市总体规划。国土空间规划的编制将更加突出战略性、提高科学性、加强协调性、注重操作性。规划审批管理将更加精简高效。按照“谁审批、谁监管”的原则，分级建立国土空间规划审查备案制度。逐步精简规划审批内容，管什么就批什么、批什么就报什么，以大幅缩减审批时间。减少国务院审批的城市数量，提高行政效能。直辖市、计划单列市、省会城市及国务院指定城市的国土空间规划由国务院审批。各专项规划在编制过程中应加强与有关国土空间规划的衔接，在报批前应依据国土空间规划“一张图”进行规划符合性审核，批复后叠加到同级国土空间“一张图”的信息平台上。

（2）规划实施监督。规划权威性将得到强化，规划一经批复就具有法律效力，任何部门和个人不得随意修改、违规变更，防止出现换一届党委政府改一次规划。下级规划要服从上级规划，专项规划、详细规划不得违反总体规划确定的约束性指标和管控要求；坚持先规划、后实施，不得违反国土空间规划进行各类开发建设活动。以国土空间规划为依据，对所有国土空间分区分类实施用途管制。规划实施监督将更多地运用信息化手段，实施监督将更加严格有效。依托国土空间基础信息平台，国土空间规划动态监测预警和实施监管机制将持续建立健全。上级自然资源部门要会同有关部门组织对下级国土空间规划对各类管控边界、约束性指标等管控要求的落实情况进行考核，将国土空间规划执行情况纳入自然资源执法督察。建立国土空间规划定期评估制度，结合国民经济社会发展实际和规划定期评估结果，对国土空间规划进行动态调整完善。

（3）相关法律法规。空间规划相关配套法律法规将陆续出台。在新的国土空间规划相关法律法规实施前，我国将沿用现行城乡规划法和土地管理法的有关原则；梳理与国土空间规划相关的现行法律法规和部门规章，对“多规合一”改革涉及突破现行法律法规规定的内容和条款，按程序报批，取得授权后施行。完善适应主体功能区要求的人口、自然资源、生态环境保护、财政、金融、税收、投资、城乡建设等配套政策，保障国土空间规划的有效实施。

（4）技术标准体系。自然资源部门将构建统一的国土空间规划技术标准体系，修订完善国土资源现状调查和国土空间规划用地分类标准，制定各级各类国土空间规划编制办法和技术规程。

6.6 小结

中华人民共和国成立以来，各级各类空间规划在支撑城镇化快速发展、促进国土空间合理利用和有效保护方面发挥了积极作用，也存在一些突出问题：一是规划类型过多、内容重叠冲突带来的“规划打架”；二是审批流程复杂周期过长，“马拉松式审批”时有发生；三是地方规划朝令夕改，甚至“政府一换届、规划就换届”，规划权威性、稳定性不够①。因此我国自2003年开始探索“多规合一”的空间规划体系变革，2018年自然资源部组建后，新的国土空间规划体系得以建构，表现出以“五级三类”规划为核心的全域和全要素覆盖、底线约束与利用发展相结合的规划体系新特征。与此相适应，新的法律法规、信息数据、监督管理体系也在不断建设和完善中。全国各地依据中央要求，已经在省和市县层面纷纷开展新的国土空间总体规划编制工作。

在自然资源部的领导下，规划管理工作的新体系建设尚起步不久，依然任重道远。变革过程中，前期对规划编制讨论的重点聚焦在法定规划体系建构以及国土空间总体规划编制方法等相关问题上，对市县详细规划（城镇层面）的具体变革和实施讨论较少，但详细规划是与规划建设的实施落地紧密相关的重要环节，将逐步上升为讨论的核心内容之一。

---

① 焦思颖.《中共中央 国务院关于建立国土空间规划体系并监督实施的若干意见》解读（上）[EB/OL].（2019-05-30）[2020-03-23]. http：//www.mnr.gov.cn/dt/ywbb/201905/t20190530_2433285.html.

思考题

（1）什么是“多规合一”，我国为什么要开展“多规合一”的改革探索？

（2）自然资源部组建后确定的国土空间规划体系包括哪些规划类型？

（3）自然资源部近期开展了哪些“多审合一、多证合一”的规划管理变革？

课堂讨论

【材料】国土空间规划体系变革影响规划权实施的博弈研究

国务院机构改革提出建立国土空间规划体系，并由自然资源部来行使这一职责，这对于规划界来说是一个重大变革，也是自中华人民共和国成立以来，所有涉及空间的规划权第一次统一到一个部门，且与建设部门脱钩。这意味着一直以来的“规建管”体系面临着重新调整，规划权实施路径也将发生重大变化。规划制定后如何保障实施，规划部门与建设部门如何衔接？这将引起一直以来城镇建设遵循的“一书两证＋规划核实”这个规划管理体系的重大变革。国家机构改革前的“一书两证”时期，规划管理存在政府和市场、规划和建设、公平和效率之间的博弈：

（1）“政府—市场”的关系博弈。“城市、镇总体规划——控制性详细规划——提出规划条件——建设用地规划许可证——建设工程规划许可证（含建设工程方案总平面图审查）——建筑工程施工许可证——规划核实——竣工验收”构成了从规划到建设的全流程。但是在地方实际工作中，相关主管部门在规划权实施过程中，扩大了部门的权力范围，从审批内容到审批深度都有了扩展，这对于建设单位，即行政相对方来说，增加了许多负担。

（2）“规划—建设”许可的事权边界博弈。规划是对空间资源的分配，建设则是对空间资源的使用。当规划管理力度强时，在建设工程规划许可证阶段，审查建设工程设计方案的要求会更多，对一些扩充初步设计的内容一并审查，还有部分地方由规划部门审查完施工图后才核发建设工程规划许可证。当建设管理力度强时，设计方案可以后移至施工许可证阶段，即施工图审查时去落实。

（3）“规划—国土”相互钳制流程中的“公正—效率”博弈。过去规划、国土分离，是为了权力制衡，通过交叉运行，建构了“提出规划条件——招拍挂出让土地——签订土地出让合同——领取建设用地规划许可证——批复建设用地批准书——不动产（土地权属）登记”这样的流程。通过互为前置，互相钳制，流程在一定阶段一定程度上约束了腐败的发生，但也使得审批效率降低，部门间互相推诿的情况增加。

因此，机构改革前规划权实施中存在的问题包括：

① 建设用地规划许可证作用的弱化。土地出让方式从划拨转向招拍挂之后，土地出让合同的签订双方不含规划部门，如果规划条件与合同附件的规划条件出现了不同或矛盾，规划部门可能无法进行监管；

② 建设工程规划许可证功能的越位。建设工程规划许可证最重要的附件或说组成内容是建设工程设计方案总平面图，通过审查方案总平面图是否符合规划条件，向下指导施工图的设计。而一些地方索性强化了建设工程设计方案审查，深度甚至要求达到施工图程度，将流程改成先批施工图，再核发建设工程规划许可证，这实际是规划部门越位代替建设部门把关施工图；

③ 规划核实的功能缺失。规划核实是在建设完工后对是否符合控制性详细规划的规划条件予以核实的行政行为，核实之后才允许进行竣工验收及之后的流程。但由于规划核实不是一个行政许可，仅作为行政行为，约束性不足，留给规划部门的自由裁量空间也大，造成规划核实的功能缺失。

机构改革后，空间规划权实施阶段的博弈包括政府部门的内部博弈（部门之间，中央与地方等）、政府与市场等的外部博弈：①内部博弈突出表现在“规划—建筑”部门博弈，以及自然资源部内部的许可整合上。由于规划与建设的分离，两者事权分属自然资源部和住房城乡建设部，决定了规划权实施阶段的内部博弈将主要集中于规划部门与建设部门之间，其重点就在建设工程规划许可证与施工许可证之间的责权边界划分。机构改革之后，自然资源部门（原规划部门）原先在城镇实施规划管理的“一书两证”与国土部门的用地预审、用地批准等环节面临整合，原来已经达到的博弈平衡将面临重构；②在规划权实施的后阶段，博弈类型从内部博弈转变为外部博弈，博弈主体转变为政府部门（规划许可核发方）与建设单位（规划许可申领方），博弈方式变为建设与监管。

改革之后，自然资源部门由于统管包括土地、空间资源等方面的自然资源，职责关注重点不再是追求高速发展时期的城市建设本身，更多关注的是在追求高质量发展时期对土地、空间资源如何进行合理利用而不破坏生态环境，因此对空间资源的使用方的约束更严格。在空间规划权博弈中，内部博弈将逐渐趋于稳定（划分主管部门与其他上下游、左右邻相关部门的权责界线），外部博弈还将继续。

【讨论】自然资源部组建之前的“一书两证”管理涉及哪些问题和哪些博弈关系？自然资源部进行规划许可改革后的规划实施管理中存在哪些主要的博弈关系？

（资料来源：整理和改写自黄玫．国土空间规划体系变革影响规划权实施的博弈研究 [J]. 北京规划建设，2019（5）：85-90.）

延伸阅读

[1] 中共中央国务院 . 中共中央国务院关于建立国土空间规划体系并监督实施的若干意见 [M]. 北京：人民出版社，2019.

[2] 董祚继，吴次芳，叶艳妹，等 .“多规合一”的理论与实践 [M]. 杭州：浙江大学出版社，2017.

[3] 田志强 . 市县国土空间规划编制的理论方法与实践 [M]. 北京：科学出版社，2019.

第 7 章

城乡土地制度

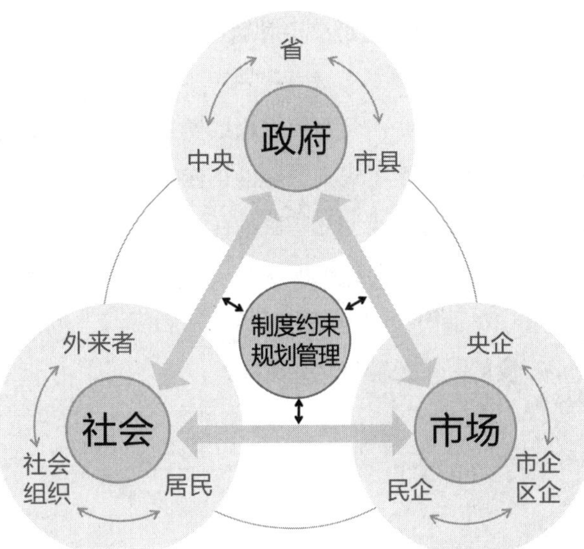

【章节要点】土地制度的概念（广义与狭义）；我国古代土地制度变迁历程（秦以前的井田制及土地私有制萌芽、秦汉至五代的土地国有及私有制并存、宋以后至明清的土地私有蓬勃发展）；我国近代时期的土地制度（天朝田亩制、孙中山平均地权思想、地主土地所有制）；中华人民共和国成立至改革开放前的土地制度变迁（土地改革、农业合作化阶段、“人民公社”阶段）；改革开放后的土地制度改革（农村家庭联产承包责任制与国有土地使用权转让、农地流转探索与城市土地财政、城乡融合与土地政策联动）；当前我国土地制度的发展困境与改革建议。

土地制度是决定和影响社会经济发展的一项基本制度，与规划管理息息相关。国土空间规划（城市规划、城乡规划）本质上是对以土地（海洋）为载体的各类空间进行保护和利用等方面的安排，国家对土地所有权、使用权等的权利界定与制度设计，决定了规划管理的工作特点与模式选择，这也是以土地公有制为基础的我国与以土地私有制为基础的西方发达国家，在规划管理上存在显著差异的重要原因之一。本章从历史维度简要追溯了我国古代与近代的土地制度变迁，然后重点归纳了中华人民共和国成立后的土地制度演进历程，并在此基础上探讨了我国当前土地制度的改革困境与发展建议。

7.1 土地制度

土地制度的基本目标是保证土地资源的合理分配和有效使用。土地制度是有关土地所有、占有、支配和使用诸方面的原则、方式、手段和界限等法律、政策和规范等所确立的规则体系。它在广义上包括一切涉及土地问题的制度，是人们在一定的社会经济条件下，因土地归属和利用问题等而产生的所有土地关系的总称，主要包括土地的所有制度、使用制度、规划制度、保护制度、征用制度、税收制度和管理制度。狭义的土地制度主要是指土地所有制度、土地使用制度和土地管理制度，有时仅指土地所有制——这是土地制度的核心，土地所有制在法律上的表现通常为土地所有权。

7.2 我国古代土地制度变迁[①]

我国古代土地所有制的变迁主要经历了：秦以前的井田制及土地私有制萌芽、秦汉至五代的土地国有及私有制并存、宋以后至明清的土地私有蓬勃发展几个时期。从中可以发现随着社会制度的改革，这期间的土地制度呈现出在国家土地所有制和大土地所有制之间此消彼长、自耕农小土地私有制缓慢发展的局面。

7.2.1 秦以前：井田制及土地私有制的萌芽

在人类的原始部落时期，由于发展有限，土地由各原始群及群内成员共同使用，不存在土地占有观念，土地实行“原始群土地共有制”。随着氏族制度的发展，各氏族对土地占有的观念大大增强，但氏族内部土地仍由氏族成员共同占有和利用，土地实行“原始氏族土地公有制”。这种原始氏族土地公有制历经夏、商、周，一直延续到战国时代，随着人口增加及氏族规模的不断扩大，社会生产力的发展，以血缘关系为基础的氏族制度逐渐被国家制度所取代，其原始氏族土地公有制也转化为国家土地所有制。

至西周时期，土地国有制度得到了较为全面的发展，形成了以土地国有制度为基础，通过土地分封制度维系的“天子—诸侯—卿大夫—士大夫”的金字塔形统治结构[②]，土地生产方式则采用“井田制”形式。农民通过“分田”而获得土地，国家通过井田收取赋税，官吏通过井田获得俸禄。井田分为“公田”和“私田”，农民必须先忙完公田劳动后，才可以从事私田劳动[③]。“私田”大小根据家庭人口规模并以维持农户生活安定为标准而划定，“私田”禁止交易，实行轮换制度和还田制度[④]。除八家共耕的公田外，还有一些公田，专为祭祀所用，也称为籍田。

---

① 内容主要整理和来源自：王琦．中国古代土地所有制演进的逻辑及其当代启示 [J]. 上海财经大学学报，2010，12（4）：11-18；赵冈，陈钟毅．中国土地制度史 [M]. 北京：新星出版社，2006.

② 从田地亩数来看，天子千亩，诸侯百亩，卿大夫五十亩。

③ 据《孟子》记载：“方里而井，井九百亩，其中为公田。八家皆私百亩，同养公田；公事毕，然后敢治私事。”

④ 农夫所耕田地面积根据土地的肥沃程度而划分，对于肥沃程度较差的田地实行休耕制度，每家农户每年需要更换农耕田地，并随耕作田地变迁居址。

随着生产力的发展，井田制逐渐体现出衰败趋势，至春秋时期，井田制度已无法激励生产积极性，成为生产力发展的障碍。“民不肯尽力于公田”，“无田甫田，维莠骄骄”的局面时有发生。至战国时代，齐国实行“相地而衰征”，晋国实行“作爰田”和“作州兵”，鲁国实行“履亩而税”，楚国实行“量入修赋”，各国纷纷变革，意在废弃井田制度。其中较有代表性的是周宣王废除了公田制和祭田制，而将农地全部分配给个别农户，实行“行无公田，不借民力”的彻法，即将原来分划的公田私田打通成一片，全部配授。每人终身可能只受田一次，长期在同一块土地上耕作，类似于私产制度[①]。彻法依产量而征收田赋，类似于农产品税或农业所得税，统治者只需要掌握课税权，就会按时有财政收入，故不再重视土地所有权的归属问题。彻法发展至后期，演变形成为正式的赋税制度，政府能依当时国用之需要，自由提高税率。公元前350年，商鞅变法从制度层面完整地废除了井田制，“为田开阡陌封疆”“除井田，民得买卖”，私人的土地所有权正式以制度的形式确立下来。

7.2.2 秦汉至五代：土地国有及私有制并存

秦汉初期，商鞅废井田、开阡陌带来了土地私有制的发展，私有土地合法化，私人正式取得了政府认可的土地所有权。从此以后，私有土地成为中国历史上最主要的土地所有权制度，各朝代虽也有各种形式的公有土地，但是数量远没有私有土地多。只有在公元485—780年这将近三百年的时间内，以私有土地为主体的制度发生了例外的变化，可以说是几乎中断。这个时期内实行均田法，使得私有土地的范围大为缩小。到了唐朝中叶，全国范围内又恢复了以私有土地为主流的制度。

秦国经过商鞅变法，实行“授田制”，明确土地属皇帝所有，政府通过附着在土地上的税赋徭役政策获得税收，官吏根据军功授田、封爵赐田。西汉前期，连年战乱导致人口大规模减少，人地矛盾并不十分突出，此时公田占据了全国土地的绝大部分。自耕农的生产方式虽然在西汉时期占主导地位，但生产规模都不太大，私人土地没有出现兼并的情况。汉朝中后期，随着经济的恢复和发展，大土地私有制空前发展，至汉武帝时期，出现了西汉时期第一次土地兼并风潮。西汉统治者采取“限民名田”等措施[②]，试图以此来抑制土地兼并，虽然取得了一定效果，但至西汉末年土地兼并风潮再起，导致社会矛盾频发，社会和经济发展出现严重危机。

王莽掌权之后，推行“王田改革”，企图用行政力量恢复“井田制”平均分配土

---

① 久而久之，土地私相授受、交换，甚至买卖情况时有发生。

② 当时贫富差距加大，社会矛盾加剧，出现“富者田连阡陌，贫者无立锥之地”的局面，“限民名田”等措施由此规定“关内侯吏民，名田皆无得过三十顷”，见《汉书》，卷一一，《哀帝纪》。

地的办法来减轻对农民的剥削，缓和阶级矛盾，却遭遇失败[①]。东汉光武帝刘秀建国后不久曾颁布“度田令”，使土地所有者按照实际占有土地数量纳税，以期抑制土地兼并[②]。三国曹魏时期，各国间长期争战，国内荒地面积达到顶点。各国均需动员士兵或百姓，从事屯垦，以解决粮荒问题，于是屯田制度再次普遍使用，即国家直接组织农民或军队进行农业生产。西晋则在曹魏屯田制基础上，实行官吏按官品高低、人民按耕作能力占有固定数量土地的“占田制”，通过国家法令和制度形式，对国有土地私有化实施法律上的承认。东晋南朝时期，虽然国家依然占有大部分土地，但随着“占锢山泽”的出现和庶族地主政治经济地位的提高，大土地私有制得到了迅速发展，大批国有土地被私有化。

北魏初期推行的“均田制”一如西晋时期“占田制”的翻版[③]，但地主原有的土地丝毫不动，只是不能进一步兼并更多土地，这实际上意味着国家对大量占有土地的地主阶级作出了极大的让步[④]。“均田制”自北魏始，经北齐、北周、隋至唐中叶，绵延近三百年之久。隋朝时期，大量公田被用于官吏授田，实际上成为贵族、官僚的私有土地，均田制遭到严重破坏。唐初实行的均田制，授田对象的范围上比前朝扩大，土地买卖的条件和范围大为放宽[⑤]。在从均田法恢复到土地私有制的过程中，社会上出现了一种新的圈地运动，即唐宋庄园。唐宋庄园不是封建领主的领地，而是权贵之人通过各种途径取得的大量农地，属于私产，可以买卖与转手。自此，“均田制”遭到了彻底的破坏[⑥]。

7.2.3 宋以后至明清：土地私有蓬勃发展

北宋王朝建立之后即宣称“田制不立”，允许民间私人购买田地成为田主，国家对土地买卖活动中的民间竞争与兼并现象采取“不抑兼并”、自由放任的不干预态度，甚至鼓励地主兼并土地。广大自耕农在土地兼并浪潮的冲击下，纷纷陷于贫困破产的境地，失去土地的农民只有租种地主的土地，形成了封建地主租佃制的土地经营形式。

---

① 新莽时期政府手中并没有掌握大量的国有土地，而强令土地私有者缴出所有权给国家，导致社会激烈反抗，“王田制”沦为一纸空文，王莽王朝被推翻。

② 刘秀无意从根本上触动地主集团的利益，不久之后即下令停止度田，向豪强地主让步。土地兼并和失地流民问题日益严重，最终酿成黄巾军起义，东汉王朝灭亡。

③ 人民按照男女老幼确定分得土地的数量和种类；地方官吏按官职高低授给数额不等的职田或禄田，以田中产物作为这些官吏任官的薪俸，官吏离职时土地交于继任者。

④ 但不久后，魏宣武帝改职分田为永赐，“得听买卖”，即为永业田，永业田有授不还，业主可以世代保持足额，实际上已转化为私有田产。

⑤ 僧尼、道士、工商业者等均可授田，官吏依品级授永业田普通化，职分田的数额也普遍高于隋朝。不仅永业田可以买卖，口分田（相当于前朝的麻田、桑田）亦可以买卖。

⑥ 均田制破坏的另一个原因是，随着人口的快速增加，国家土地分配逐渐不足，给田不足额现象普遍发生，法定授田额已经失去了原有的意义。此外，均田法经过几百年的实施后，因不断的授田与还田，原有毗连的大块农田被不断分割成零星小块。每家分得之田产零散于四方，耕作者不得不奔波于不同田块之间，造成人力的重大浪费。

北宋末年，女真族在北方建立金国，对内迁的女真族人实行“计口授地”的土地分配制度[①]。至金末年，女真族人内部的贫富分化已相当明显，贵族凭借权势占据大量土地，把土地租给无地的汉族人民耕种。随着土地兼并的加剧和租佃关系的发展，原来担任军政职务的贵族逐渐转变为大小地主，国有土地的所有权也随之转移，呈现出土地私有化的趋势。元朝建立以后，承继了金、南宋两朝大量的国有土地，但至元朝中后期，大量集中在元朝政权手中的官田和屯田，通过分地、赐田等形式分配给贵族、官僚和寺院，涉及的土地动辄几万、几十万亩，国有土地大量转化为私有土地。

明代初期，诸王公贵族利用“欲赐”、“奏讨”、“奏乞”、购买等形式兼并大量土地。为了抑制兼并，明太祖朱元璋一方面打击“巨姓”豪富，强迫他们迁出本地，空出土地分于少地、无地农民耕种。另一方面对全国土地进行彻底清量，绘制土地形状及位置、标注权属，即鱼鳞图册；命令大地主将名单备案呈报御前，批准他们保持自己的产业，但同时加之以很多服役的义务，使其家产不致无限地扩大，全国逐渐形成了一个以自耕农为基础的农业社会。清初时期，连年战乱导致土地大量荒芜，清政府采取招集流民、奖励垦荒、扶植生产的措施，规定开垦的土地归开垦者所有。此外，政府还将原属明代皇室贵族的部分土地划归佃农所有，不少无地农民获得了土地。明清政府的这些举措，无疑促进了小土地所有制、自耕农经济的发展。这一时期土地国有制度随着封建社会经济的发展、地主制经济的强化和商品经济的活跃，而日渐成为强弩之末。明清时期的官田[②]，最初都是作为国有土地赐予贵族阶层的，但是随着社会经济的发展，其性质逐渐发生了变化：明代皇帝赐给王公大臣的土地逐渐变成了他们的私田，产生了大量缙绅地主；清代官田主要形式的“旗地”原本只准世代沿袭不得买卖，然而至清朝末年，旗地典卖现象屡禁不止，清王朝只得承认旗地买卖的合法性。明代中叶以后，屯田、官田的没落都显示出国有土地的日渐式微，至清朝末年，绝大部分土地都转化为了私有制的形式。

7.3 我国近代时期的土地制度与地权思想[③]

近代时期是中国历史上的一个特殊年代，国家分裂、军阀当政、各派系林立、政权交替，各派地权思想此起彼伏，较为有代表是太平天国《天朝田亩制度》、孙中

① “计口授地”的土地所有权归国家，不得进行买卖。

② 明代官田除了继承宋元时的官田之外，还包括各种形式的无主土地，赐予王公大臣以及寺院的土地，军屯、民屯、商屯田土地等。清代官田的来源主要是承袭前明的官田、籍没田和建朝后所圈占的土地。

③ 内容主要整理和来源自：巴特尔（BA Teer）. 从我国土地制度演进探索农地制度的改革方向 [D]. 呼和浩特：内蒙古农业大学，2015：35–42.

山平均地权思想[①]以及民国时期的地主土地所有制。

（1）太平天国的《天朝田亩制度》。清末实行土地私有后，土地高度集中，农民破产流离，地税之高，超乎前代，田赋浮收勒折，数倍于正额。大户只纳零头，或抗延不纳，小户则倍征暴敛，或田卖粮存。轻重倒置，人民生活在水深火热之中。因此，清政府被推翻后，太平天国首先对土地制度进行了改革，并推出了《天朝田亩制度》。提出没收地主土地财产，绝对平均分配土地的制度，给予封建土地制度一记重创。《天朝田亩制度》实行官民平等、取消差别的土地分配制度，不论男女按人口平均分配土地。产品分配也实行绝对平均主义做法，设立圣库、余粮交公。

（2）孙中山平均地权思想。太平天国破灭以后，孙中山在《天朝田亩制度》的基础上，进一步提出了“平均地权”“耕者有其田”思想。他认为土地是一种自然资源，应该为社会所公有，并通过征收地价税的方式实现土地社会公有，具体措施为核定地价、照价纳税、照价收买、涨价归公，防止土地投机行为，杜绝社会贫富悬殊。通过推翻一般大地主，把全国田地分到一般农民，实现耕者有其田。

（3）地主土地所有制。民国时的土地所有制度是在学习西方的基础上，第一次从法律上明确提出土地所有权，但同时保留了许多中国传统的土地制度成分，呈现出中西杂合、缺乏系统的特点，具体表现为西方的不动产权、地上权等与中国传统的永佃权、典权等同时存在。而各大军阀及官僚等先后通过《清查官员财产章程》《垦荒暂行条例》，大量圈占官有荒地、沙田等，实行官田私有化，土地买卖频繁，土地集中趋势加剧。农村中自耕农、半自耕农比例逐渐减少，佃户显著增加。地主通过将小块土地出租的方式，向农民收取高额地租。

7.4 中华人民共和国成立至改革开放前的土地制度变迁[②]

中华人民共和国成立至改革开放前，我国的土地制度变迁先后经历了私有私营土地改革、私有公营农业合作和公有公营的“人民公社”三个阶段。

7.4.1 土地改革阶段

中华人民共和国成立后，为稳定形势，中国共产党召开了七届三中全会，并颁布了《中华人民共和国土地改革法》，在老区原有土地改革的基础上，对解放区土地进行彻底的改革。其路线和政策主要依靠贫农和雇农、团结中农，中立富农，逐渐消灭封建剥削制度，发展农业。其改革的主要内容是废除封建地主土地所有制，变

① 《天朝田亩制度》和平均地权思想并没有动摇地主土地所有制的主体地位。

② 内容主要整理和来源自：王丽华．中国农村土地制度变迁的新政治经济学分析[D]. 沈阳：辽宁大学，2012.

为农民土地所有制。没收地主耕地、农具、牲畜和房屋，将其分配给无地和少地的农民进行耕种，对地主进行劳动改造，重新划拨土地。对于富农和工商业则采取保护措施。此次土地改革共历时两年，至 1952 年，除西藏等少部分地区以外，国内大部分区域已基本完成土地改革工作。

值得注意的是，虽然改革后中国土地制度的基本性质已转变为小农土地私有制，农民成了农业生产的主体，家庭变成了农村生产的基本单位，但农民实际得到的并不是土地的私有产权，土地的所有权仍属于国家，农民得到的主要是土地的使用权，政府对土地具有较大的干预权。

7.4.2　农业合作化阶段

土地改革后所形成的小农经济没有持续多长的时间，自 1953 年起，中国便开始实行农业合作化的土地制度，即通过互助合作的形式将以生产资料私有制为基础的小农经济改造成以生产资料公有制为基础的合作经济。农业合作化先后经历了具有社会主义萌芽的互助组、土地入股统一经营的初级社和土地、牲畜、农具等折价归集体所有的高级社三个阶段。

互助组是以个体经济为基础，由农民按照自愿互利的原则而形成的集体劳动组织，与单干相比互助组只是以换工形式联合了农民的生产活动，在生产技术方面没有什么变化，生产工具和土地仍然归农民个人所有。

初级社是在互助组的基础上发展起来的，社员将土地、耕畜、农具等交给合作社统一使用，农产品根据社员的生产资料投入情况，由社里统一支配。该阶段，农民对土地还保留有处分权和退股权，部分改变了土地私有的情况，是个体经济转向集体经济的一种过渡形式。

高级社是农业合作迅猛发展的阶段，该阶段社员私有土地全部无代价转为集体所有。社员的私有牲畜、大型农具等由公社统一购买为集体财产，社员不再享有土地和牲畜分红权利。土地制度已完全转变为公有制度。

7.4.3　人民公社阶段

1958 年，中共中央政治局扩大会议通过了《关于在农村建立人民公社问题的决议》，发动人民公社运动，将“若干个社合并成一个大社”“并大社，转公社”。人民公社的主要特点“一大二公”，其中“一大”主要表现为规模大，一个公社平均 500 户农民，1000 个劳动者和 1000 亩土地；“二公”指土地公有化程度高，社员的一切土地连同耕畜、农具等生产资料以及一切公共财产都无偿收归公社所有，对于土地，农民没有经营自主权，只有劳动权利，生产产品实行平均主义及大锅饭分配原则。对农业生产进行管理的机构分为三级，包括管理委员会、生产大队和生产队。其中，生产队是基层劳动组织，人力、物力在公社内统一调配，无偿平调。

7.5 改革开放后的我国土地制度改革

改革开放后，中国土地制度改革经历了从农村到城市，再到城乡融合的过程，按照改革目的及制度调整的具体内容，大致可以分为“创新变革—稳固调整—全面深化”三个阶段。我国实行土地公有制，但《中华人民共和国宪法》规定，城市的土地归国家所有，农村的土地归集体所有，使得城市与农村的土地处于两种不同的管理体制之下。城乡二元土地制度的实行，促使农村土地和城市土地朝着不同的方向发展。

7.5.1 创新变革阶段（1978—1991年）：农村家庭联产承包责任制与国有土地使用权转让

改革开放之前，农村实行以“人民公社”为载体的“三级所有，队为基础”的集体所有制，在一定程度上解放和发展了农村生产力，为国家完成工业化原始积累作出了积极贡献。但随着国家初步工业化目标的实现和原始工业积累的完成，这种土地制度的弊端也逐渐显现，主要表现为“政社合一”体制下，片面强调“一大二公”和“一平二调”，逾越了当时的生产力水平，挫伤了农民生产积极性。为了改善这种局面，1978年中共第十一届三中全会通过《人民公社工作条例（试行）》，首次从法律制度层面对家庭联产承包责任制做出了认定。随后，中国通过在内蒙古、甘肃等地推动家庭联产承包责任制试点并出台一系列相关文件，在更大范围内推动了家庭联产承包责任制的发展，开启了以公有制为主体的多种经济成分并存的发展格局。家庭联产承包责任制的施行使得人民公社“三级所有、队为基础”的经营制度彻底瓦解，同时确立了以“包产到户、包干到户”为标志的家庭经营体制，集体经济组织与农户签订承包协议，明确所分的耕地，也明确应承担的责任和义务，使得农户成为从事商品生产经营活动的主体，极大地调动了农民的生产积极性，农村经济得到了迅速增长①。

1982年公布施行的我国《宪法》规定，城市土地以及矿藏、水流、海域、森林、山岭、草原、荒地、滩涂等自然资源属于国家所有，除法律规定属于国家所有以外的农村和城市郊区土地、宅基地和自留地、自留山，以及法律规定归集体所有的土地和森林、山岭、草原、荒地、滩涂，属于集体所有，从此确立中国城市土地国有

---

① 内容主要整理和来源自：毕国华，杨庆媛，张晶渝，等.改革开放40年：中国农村土地制度改革变迁与未来重点方向思考[J].中国土地科学，2018，32（10）：1–7.

制和农村土地集体所有制并存的土地所有制架构[①]。对于城市土地，《宪法》中指出"任何组织和个人不得侵占、买卖、出租或者以其他形式非法转让土地"。1987年深圳第一宗土地公开拍卖促使1988年宪法修正案对土地使用权转让做出修改："任何组织或个人不得侵占、买卖或者以其他形式非法转让土地，土地的使用权可以依照法律的规定转让"。1988年，《中华人民共和国土地管理法》（后简称《土地管理法》）响应宪法所做出的第一次修正，规定"国有土地和集体土地使用权可以依法转让"，"国家依法实行国有土地有偿使用制度"，这样国有土地使用权和所有权相分离，国有土地进入市场有了法律基础。1989年，国务院下发了《关于加强国有土地使用权有偿使用收入管理的通知》，准备将土地出让收入纳入财政收支体系[②]。

7.5.2　稳固调整阶段（1992—2012年）：农地流转探索与城市土地财政依赖

1992年邓小平同志"南方谈话"后，国家确立了建设社会主义市场经济的改革方针，农业与农村经济发展掀起了新浪潮。随着市场化改革和城镇化的推进，部分农户开始出现兼业化和非农化行为，农村劳动力向城镇的转移加快，农地利用率开始下降。同时，另一部分农户逐渐建立起规模经营意识，专业户、家庭农场等新型农业经营主体逐渐涌现，由此催生出了土地流转需求。为适应农地市场化经营需求并提升农村土地利用效率，中共中央、国务院于1993年11月5日发布了《关于当前农业和农村经济发展的若干政策措施》，提倡在稳固承包经营权的基础上，实行"增人不增地，减人不减地"，允许土地使用权依法有偿转让。随后，国家陆续出台了一系列相关政策文件，目的在于表明对土地流转的肯定，同时为农村土地流转制度的探索与完善提供支撑与引导。但由于缺乏明确规定，部分地方仍对土地承包经营权流转的合法性及流转形式等存在争议，直到2003年《中华人民共和国农村土地承包法》颁布，才为土地流转提供了确切的法律依据。在此基础上，2007年出台《中华人民共和国物权法》把土地承包经营权界定为"用益物权"，进一步强化了土地承包经营权流转的法律地位，从财产权角度保障了农村基本经营制度的稳定。家庭联产承包责任制的稳固与土地承包经营权流转的探索，极大地激发了农民的创造力和干劲，对于维护农村稳定、提升农村土地利用效率以及统筹城乡发展等起到了积极意义[③]。

2008年10月9日，中共十七届三中全会召开，通过了《中共中央关于推进农村改革发展若干重大问题的决定》，提出要"稳定土地承包关系'长久不变'，赋予

① 刘守英．中国城乡二元土地制度的特征、问题与改革[J]. 国际经济评论，2014（3）：9－25+4.

② 吴宇哲，孙小峰．改革开放40周年中国土地政策回溯与展望：城市化的视角[J]. 中国土地科学，2018，32（7）：7–14.

③ 内容主要整理和来源自：毕国华，杨庆媛，张晶渝，等．改革开放40年：中国农村土地制度改革变迁与未来重点方向思考[J]. 中国土地科学，2018，32（10）：1–7.

农民更加充分而有保障的土地经营权”，由此拉开了新一轮农村土地制度改革的序幕。一直到 2013 年中央一号文件要求 5 年内完成全国农村土地确权登记颁证工作，这一阶段农村土地制度改革的重点均放在土地确权上。“土地确权”是家庭联产承包责任制实施以来，为适应农村土地市场资源要素的规范化流动需求，由国家层面开展的以农地产权清晰化处置为主要目的的实质性措施，成为当时解决农村人地矛盾和发展问题的重要手段。在开展农村土地确权工作之前的相当长一段时间内，由于农地权能模糊，土地承包经营权流转在实践中遇到许多阻碍，导致各地矛盾冲突不断，农户流转意愿不强，农地市场化效率低下。土地确权工作为解决这些问题提供了有效路径，同时一定程度上为 2013 年之后的农地“三权分置”改革等奠定了基础。土地确权后，农地流转中的许多现实问题得到解决，对提高农户流转意愿、提升农村要素活力等起到了积极作用①。

对于城市土地，1998 年国务院下发了《关于进一步深化城镇住房制度改革加快住房建设的通知》，标志了中国住房分配货币化的开始，商品房与土地财政正式绑定，城市土地的权能被极大激活，地方政府逐渐走上依赖土地财政，即通过出让国有土地使用权获得地方收入的道路（图 7–1）。同年，《土地管理法》第二次修订规定“农民集体所有的土地使用权不得出让、转让或者出租用于非农业建设”以及“耕地总量动态平衡”，致使建设用地供不应求，城市土地的资本作用不断加强。自 1998 年始，住房分配货币化与工业园区开发“双轮”驱动的土地城镇化模式正式形成。然而，随着 2001 年北京市申奥成功，房地产市场开始出现过热现象。2005—2006 年，政府先后出台了 10 多项房市调控政策，中国自此开启了长期的房价调控时代。土地

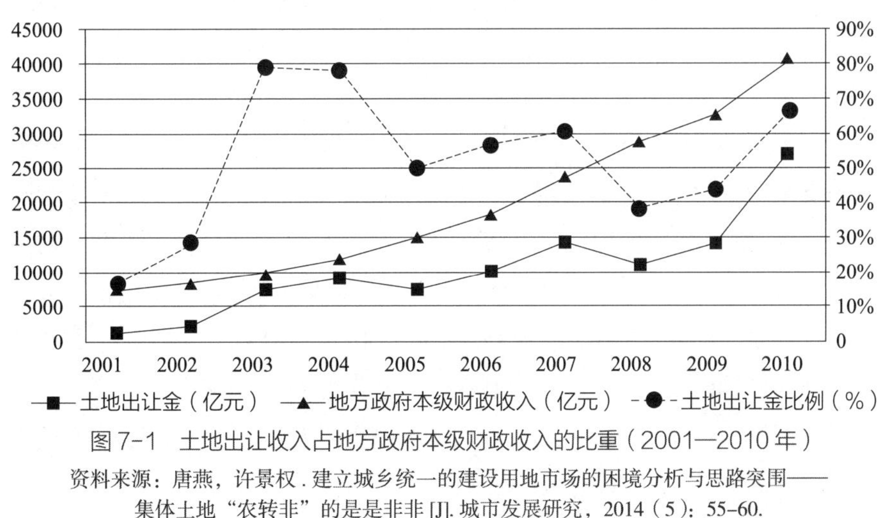

图 7–1 土地出让收入占地方政府本级财政收入的比重（2001—2010 年）

资料来源：唐燕，许景权．建立城乡统一的建设用地市场的困境分析与思路突围——集体土地“农转非”的是是非非 [J]. 城市发展研究，2014（5）：55–60.

① 内容主要整理和来源自：毕国华，杨庆媛，张晶渝，等．改革开放 40 年：中国农村土地制度改革变迁与未来重点方向思考 [J]. 中国土地科学，2018，32（10）：1–7.

供给结构失衡、利用粗放问题也随之逐步显现：大规模工业园区不仅导致产能过剩，而且产生用地粗放、低效问题，又限制了住宅用地供给；耕地总量动态平衡、新增建设用地指标限制及单一的住房体系合力助推房价，土地财政得益但不可持续。土地供给结构错配及利用低效成为人口城镇化远远滞后于土地城镇化的重要原因①。

7.5.3 全面深化阶段（2013年至今）：城乡融合与土地政策联动

2013年，国内出口受阻，经济增速放缓，中国经济发展步入新常态，中共十八届三中全会提出“全面深化农村改革”的任务，强调“产权是所有制的核心”，并以此为逻辑起点将农村土地制度改革重点放在“赋予农民更多财产权利”上。随后，2014年中央一号文件《关于全面深化农村改革加快推进农业现代化的若干意见》专门以“深化农村土地制度改革”为题阐述了土地制度改革的具体内容。其内容主要包括以下四点：①农村土地承包政策。赋予农民对承包地占有、使用、收益、流转及承包经营权抵押、担保权能。在落实农村土地集体所有权的基础上，稳定农户承包权、放活土地经营权，允许承包土地的经营权向金融机构抵押融资；②引导和规范农村集体经营性建设用地入市。符合规划和用途管制的前提下，允许农村集体经营性建设用地出让、租赁、入股，实行与国有土地同等入市、同权同价；③农村宅基地制度改革。通过若干试点，慎重稳妥推进农民住房财产权抵押、担保、转让；④加快推进征地制度改革。完善对被征地农民合理、规范、多元保障机制，除补偿农民被征收的集体土地外，还必须对农民的住房、社保、就业培训给予合理保障②。

2014年11月，中共中央办公厅、国务院办公厅印发《关于引导农村土地经营权有序流转发展农业适度规模经营的意见》提出将实施农村集体土地所有权、承包权、经营权的“三权分置”。2015年，中央进一步提出开展农村土地征收、集体经营性建设用地入市、宅基地制度改革，即农村土地制度“三项改革”。2018年中央一号文件又专门对宅基地制度改革做出了新的部署，开始探索宅基地所有权、资格权、使用权“三权分置”。同年，《土地管理法》第三次修改审议通过，新修改的《土地管理法》删去了“从事非农业建设必须使用国有土地或者征为国有的原集体土地”的规定，并规定“对土地利用总体规划确定为工业、商业等经营性用途，并经依法登记的集体经营性建设用地，允许土地所有权人通过出让、出租等方式交由单位或者个人使用。”对于农村征地补偿，新法改变了以年产值倍数法来确定土地补偿费和安置补助费的做法，按区片综合地价进行补偿。自此，以农地“三权分置”、农村土

① 吴宇哲，孙小峰．改革开放40周年中国土地政策回溯与展望：城市化的视角[J]. 中国土地科学，2018，32（7）：7-14.

② 内容主要整理和来源自：毕国华，杨庆媛，张晶渝，等．改革开放40年：中国农村土地制度改革变迁与未来重点方向思考[J]. 中国土地科学，2018，32（10）：1-7.

地制度“三项改革”、宅基地“三权分置”等为核心内容的新农村土地制度基本确立，城乡统一的建设用地制度基本形成，中国农村土地制度正式进入了一个“全方位、多层次、宽领域”的崭新时期[①]。

在城市，这一阶段土地制度的核心是新型城镇化，重点解决土地城镇化阶段所遗留的用地粗放低效以及城乡融合阶段下农村人口进城等问题。2014 年，上海公布《关于本市盘活存量工业用地的实施办法（试行）》的通知，全面实施工业用地“提质增效”策略。2018 年，自然资源部印发《关于健全建设用地“增存挂钩”机制的通知》，要求强力破除土地资源无效低效供给，提高资源供给质量和效率。长期存在的土地供给结构错配及利用低效进一步阻碍了流动人口进城落户，如何在农村“离村人口”和“进城落户”之间实现衔接，是城乡融合、共享发展的关键着力点。为此，为扩大城市土地供给，保护进城农民权益，2019 年，国务院公布《关于建立健全城乡融合发展体制机制和政策体系的意见》，指出“允许村集体在农民自愿前提下，依法把有偿收回的闲置宅基地、废弃的集体公益性建设用地转变为集体经营性建设用地入市”[②]。

7.6 当前我国土地制度的发展困境与改革建议[③]

长期以来，中国实行独特的城乡二元土地制度，也就是农村土地归集体所有；城市土地归国家所有，由政府进行管控。政府通过征收的形式将集体农业土地转为国有非农建设用地，并对被征收土地的农民进行重新安置和赔偿，通常其总金额不超过前 3 年总农业产值的 30 倍。之后，政府通过土地用途改变和出让的方式，将农地转用而来的低价土地转为有偿使用的高价土地，实现土地价值的资本化，地方政府对其资本化过程中的附加增值进行捕获，这套制度成为地方政府“以地谋发展（土地财政）”的主要工具。在土地转用过程中，政府替代农民集体成为土地的所有者和经营者，地方政府竞相通过土地的宽供应促进经济增长，依靠低成本的招商引资推动工业化。并且，地方政府进一步通过将土地作为资产向银行进行抵押融资，获得城市基础设施建设的资金。不可否认的是，这种方式对于中国快速城镇化起了至关重要的作用。然而近年来随着城市发展的转型，以地谋发展的土地财政模式弊端凸显，城市产业转型升级与内涵品质提升的存量发展模式，使得多年来拉动中国经济发展

---

① 内容主要整理和来源自：毕国华，杨庆媛，张晶渝，等 . 改革开放 40 年：中国农村土地制度改革变迁与未来重点方向思考 [J]. 中国土地科学，2018，32（10）：1–7.

② 吴宇哲，孙小峰 . 改革开放 40 周年中国土地政策回溯与展望：城市化的视角 [J]. 中国土地科学，2018，32（7）：7–14.

③ 内容主要整理和来源自：刘守英，熊雪锋 . 二元土地制度与双轨城市化 [J]. 城市规划学刊，2018（1）：31–40；刘守英 . 城乡中国的土地问题 [J]. 北京大学学报（哲学社会科学版），2018（3）：79–93；郭晓鸣 . 中国农村土地制度改革：需求、困境与发展态势 [J]. 中国农村经济，2011（4）：4–8+17.

的土地发动机动力减退，单向保障城市发展的土地制度已越来越不适应城乡互动发展的新格局，沿用多年的农地制度和宅基地制度也逐渐显示其缺陷性。

7.6.1 农村土地改革困境[①]

农村土地制度改革的一个基本悖论是：既要为快速的工业化、城镇化提供低成本的用地保障，又要防止因农民的土地权利被任意剥夺而造成难以承受的社会矛盾，从而导致中国农村土地制度改革的困境。

中国的经济体制改革是以农村土地制度改革为基础转向城市的，农村土地有力推动了国民经济的发展。但也必须看到农村土地承包制的局限性，在集体所有和按人口均分土地的制度下，农村土地不可避免地产生土地分散、零碎经营的问题。这种模式在精耕细作的小农经济时代具有较好的适应性，然而随着农作物产量的提高，农村剩余劳动力的溢出和转移，农村规模经营并未同步推进。而农村土地产权之间的模糊界定和土地经营权交易的市场缺失，进一步成为农业转型升级的阻碍。

另一方面，快速城镇化带来了不断增长的土地需求，在城镇土地供需矛盾失衡、农村集体用地和城市国有建设用地之间巨大价格剪刀差的双重诱导下，城郊土地价格飞升，农民对土地转化流转产生迫切的需求。部分城郊非农建设用地以非法的方式进行流转，导致城镇建设用地供应总量难以控制、土地市场秩序遭到破坏、农村集体用地管理失控等一系列问题。这些矛盾产生的根本原因在于农村集体土地产权主体虚置、权属关系不清，土地流转制度不完善以及农民的土地权利难以得到有效的制度保障。这种趋势反映了农村土地制度创新存在着强烈的内生动力，同时也表明农村土地制度改革实践仍然面临着各种制度困境。

从产权经济学的视角看，中国农村土地属于集体经济组织所有，具有公共产权性质，与私人产权相对立。在一般情况下，私人产权边界清晰、归属明确、排他性强，因而该产权形态往往具有较高的效率；而与之相反，公共产权则更有助于实现社会公平。如果纯粹从经济效率的需求出发，农村土地在产权安排上似乎适宜采用私人产权的形式，也就是让农民享有完整的土地所有权，将更有利于促进土地的优化配置和合理利用。但是，产权理论同时表明，土地资源作为一种特殊的自然资源，其利用过程与农村社区有着错综复杂的联系，完全的私人产权安排可能因“市场失灵”而引发农村内部有限资源占有和分配不均的矛盾，而通过土地产权的分离使用，特别是对土地使用权的充分保障，同样可以达到有效提高土地利用效率的目标。中国农村土地制度改革不能超越土地公有制的底线，要提高土地产权的经济效率，需要在土地产权的分离使用上寻求突破。改革的基本逻辑即是在土地所有权不变的基

---

① 内容主要整理和来源自：郭晓鸣．中国农村土地制度改革：需求、困境与发展态势[J]. 中国农村经济，2011（4）：4–8+17.

础上，将土地使用权、收益权和处分权尽可能完整地界定给农民，并允许其按照市场原则交易。而土地的有限产权无疑具有特殊的制度特征，如何规范构建土地有限产权的交易制度和怎样实现对有限产权的利益保护，正是当前各地普遍面临的复杂难题。

7.6.2 城市土地财政依赖[①]

中国独特的土地财政制度曾经保证了快速城镇化的推进，为城市建设提供了大量的资金，但也产生了以下突出问题。

1）土地城镇化和人口城镇化之间的失衡。我国在土地上实行城乡二元土地制度，户籍上也同样长期实行农村人口和城市人口的二元制度。农民在其农村土地被政府征收以后，户籍上通常仍然为农村人口。虽然政府通过一定的途径对失地农民进行补贴，但被迫进入城市的失地农民由于户籍的差别，无法在社会保障、就业、医疗和教育等领域与具有城市户籍的本地人口享有同等的权利。近年来的统计数据表明，农村集体土地转化为城市国有土地的速度远大于农村人口转为城市人口的速度，导致土地城镇化和人口城镇化之间的失衡。

2）土地财政的高度依赖性产生较大的经济风险和社会风险。地方政府过度依赖土地财政，其土地出让收入在财政收入中的比重从16.61%（2001年）提高到56.59%（2016年）。尽管在城镇化的初步阶段，土地财政为政府积累了大量资金，但随着大量新增用地转为存量用地，城市周边可供转换出让的农村用地不断减少，土地资源短缺的问题越发凸显。而近年来，随着农民权利意识的觉醒，政府征地拆迁成本大幅上升，通过土地出让的净收益已降至20%左右。而为了保证高速的城市发展速度，地方政府不得不通过土地抵押的方式来获得基础设施建设的资金，将土地作为资产向银行举债，并主要依靠土地出让收入偿还旧债。随着土地出让收入的持续下滑，土地抵押的比例不断攀升，地方政府资金缺口逐渐扩大，地方政府背负着沉重的债务，面临金融风险。

3）过热的房地产市场导致资产泡沫化和其他市场经济的萎靡。现行制度下，政府相继通过对工业用地的低价出让甚至财政补贴来争取工业投资，促进城市产业发展，而教育、医疗等基础服务设施用地则以政府无偿划拨的形式获得。因而承载商品房建设的居住土地成为土地财政收入中的主要来源，在快速城镇化背景下，不断涌入的非城镇居民对住房产生了大量需求，在房地产初始开发成本不断攀升与住房需求激增的双重胁迫下，住房价格暴涨。在稀缺土地资源的制约下，部分政府为了获得高额的土地财政收入，减少住宅用地供应以保持高地价，进一步造成住房供应

---

① 内容主要整理和来源自：刘守英．中国城乡二元土地制度的特征、问题与改革[J]. 国际经济评论，2014（3）：9-25+4.

紧张和住房价格攀升。在大幅上涨的房地产市场面前，居民对住房的需求从居住转向投资和投机，不仅加剧了住房供求失衡，而且大量的资金转向房地产市场，导致其他行业投资减少，社会创新驱动不足，制约了社会的发展。

7.6.3 我国城乡土地制度的改革建议①

（1）农村土地制度改革

随着农民收入的提高，农村产业结构的调整，农民对土地的经济依赖降低，农业现代化与规模化生产的新用地要求涌现，农村土地制度的持续改革势在必行，其重点在于前面已经分析到的几个方面：

1）承认农民对土地的财产权利，优化农村土地承包权与经营权的分离使用与合约保障。由于当前大量农村人口已定居城市，不再从事农业活动，导致农地的承包与经营活动相分离。在农地所有权、承包权、经营权三权分置的情况下，需要正式制度和法律保障来界分三权的内涵与关系，以更好地保障所有者、承包者与经营者各自的权利。农地承包权与经营权的分割过程中，承包农户应当成为决定权利是否分割和如何分割的决策者，集体组织不应以集体所有者名义介入和行使。

2）农村宅基地制度改革。在曾经的制度安排下，农民对宅基地只有占有权、使用权、居住权，没有明确的收益权、转让权、抵押权和继承权。农民进城后其宅基地无法有效地有偿退出，造成部分宅基地废弃、闲置，许多农村房屋的破败与村庄空心化与此有关，导致土地的低效使用。宅基地不能抵押、转让就无法资本化，因此应合理赋予宅基地财产权，让农民宅基地可以有偿退出，可出让、转让、交易。

3）集体经营性建设土地入市。要实现城乡土地的同地、同价、同权并非易事，在详细制度安排上和各地的具体实践推进上需要探索的内容依然很多，包括如何在综合考量现状、规划与利益平衡的基础上确定可入市的集体经营性建设用地；集体土地入市的程序与方式，如何处理土地零散化问题、是否租让并用、股权确立与集体资产管理平台建构等；村民、集体与政府之间的权责界定，村民、集体乃至地方政府对集体土地入市的增值收益分配办法等。

（2）城市土地制度改革

在新型城镇化、城乡互动发展的新阶段，土地从农村流向城市的单向配置方式需要变革。新阶段的土地制度不仅要促进城市用地的高效配置，助力城市转型升级，还要实现乡村的平等发展权，这主要涉及：

1）征地制度改革。中国的土地快速城镇化阶段已经过去，城市框架已经搭建，过去的低价征地城镇化模式需要变革，这既因为无法继续通过大面积征地为城市扩

---

① 内容主要整理和来源自：刘守英．城乡中国的土地问题 [J]. 北京大学学报（哲学社会科学版），2018（3）：79–93.

张提供大量新增建设用地，也因为存量建设用地继续沿用征地方式成本高昂。因此新阶段应依照公共目的、市场价补偿、程序公开透明等机制来改革现行征地制度，以服务经济发展的同时维护社会稳定与公平正义。

2）城市土地结构改革。以地谋发展造成的土地结构扭曲是国民经济结构失衡的根源。在城乡互动阶段，城市用地从增量为主转向存量为主，通过优化土地结构解决失衡问题大有可为，例如减少政府以地为让利点招商引资、优化工业用地占比，减少政府依靠增加基础设施用地来保固定资产投资，合理控制新城、新区建设，盘活存量公共用地，减少不合理的保障房供地等。

3）城中村改造与城市更新中的土地制度创新。城乡互动阶段须解决二元土地制度形成的双轨城镇化，包括改变单一征地模式造成的城镇化成本抬升，利用土地制度改革实现城市更新中的资本平衡、土地所有权利益以及土地增值收益的合理分配。可以合理允许城中村农民集体利用集体土地提供租赁房，解决进城农民在城市的落脚和居住问题。进一步推进落实城乡建设用地的权利平等，在符合规划和用途管制前提下，农民集体建设用地与国有建设用地享有同等的权利，集体经济组织和农民可以利用集体建设用地从事非农建设，享有出租、转让、抵押建设用地的权利。

7.7 小结

土地制度在中国的历史社会变迁过程中扮演了极其重要的角色，可以看到各朝代更替往往都伴随着较大的土地制度变革。对于农业社会而言，农地及依附在农地上的税收制度是社会发展的重要保障。进入工业化时代以后，社会经济对土地的依赖性有所降低，但土地财政逐步成为拉动城市发展的发动机。土地制度的核心是所有权问题，纵观中国土地制度的发展，其经历了“共有—私有—共有”的过程。尽管中华人民共和国的土地实行国家和集体所有制，但其土地制度发展的重心随着时代的需要不断发展变化，遵循着“农村—城市—城乡二元—城乡统筹”的发展脉络。了解土地制度发展变化的历史，可以更深刻地理解城乡空间更替变化的内在机制。随着城乡二元土地逐步走向融合与统一，规划的编制和管理也会随之发生相应的调整与变化。

思考题

（1）近代以前，我国土地制度经历了哪几个发展阶段？

（2）我国城乡二元土地制度是如何产生的？

（3）现行农村土地制度改革的重点体现在哪几个方面？

课堂讨论

【材料】集体土地转为国有土地的增值收益分配

基于城乡二元体制下的我国农村土地征收及管理制度面临着日益迫切的改革诉求。在“农地转用”（集体土地转为国有土地）过程中，固有制度存在农地转用范围过大、征地补偿标准偏低、增值收益分配不合理等症结，需要探讨农地转用过程中合理的增值收益分配制度设计。

集体土地的征收和转用过程中，政府在支付征地补偿费或者由用地者先行垫付征地补偿费后，取得集体农地并将之转为国有土地，然后再按照建设用地规划许可的土地用途予以统一供应。集体用地一旦转化为城市建设用地便产生了巨大的价值差,也即增值收益。这些收益通常被政府和开发商持有绝大部分,农民在“被动接受”的过程中得到一些依从于土地原用途的基本补偿，也即按照“年均产值倍数法”,对农民/集体实行基于农用价值而非土地转用增值之上的“土地补偿费、安置补助费以及地上附着物和青苗的补偿费”。在很多城市，尽管农民实际所得补偿要远高于此，但相对于他们的长远发展来说依然不足。对于国家和农民/集体应该如何参与享有农地流转的增值收益问题，社会各界所持观点迥异，对增值收益的归属提出了不同的方向：

（1）涨价归农。强调保护农民/集体利益，认为应当承认农民群体对集体土地享有的各种权益，包括土地收益权和发展权。土地对于农民来说意味着基本的生存保障，因此土地流转产生的增值当归农民/集体所有，政府则可通过适当的税收方式对过高收益进行调节。

（2）涨价归公。认为集体用地转变为城市建设用地所产生的增值是由于国家及社会的长期投资积累所致，也即城市发展的“外部性”才是农地身价变更的根本原因，只有将这些由国家/社会投资带来的土地增值收归国有才能“取之于民、用之于民”。

（3）公农共享。认为“涨价归农”使得社会创造的价值被农民“不劳而获”，并可能带来被征地与未征地农民之间的收益不均，“涨价归公”则忽视了农民对集体土地拥有的整体权利，以及农民为社会整体利益而放弃的非农用地开发权。基于此，让失地农民、国家、在耕农民都成为土地流收益的分配主体才是更加稳妥和整合的解决途径，即“充分补偿失地农民，剩余归公，支援全国农村”。

我国长期实行的农地征收模式采用类似于“涨价归公”的思路，土地增值收益主要由代表公共利益的地方政府所享有。为实现更合理、更公正的集体建设用地流转和收益分配，可以尝试分步走的制度改革：

（1）第一阶段：公农共享。通过提高征地补偿等途径将集体土地农转非的部分增值收益返还给农民以此保证失地农民的长远生存。同时积极探索相关配套制度以帮助农民将返还收益用于社会保障、金入股、再就业培训等，从而强化农民的后续生产生活能力。政府享有的部分土地增值收益应用于公共服务的提供等，支出使用须有明确的规定和监管。

（2）第二阶段：涨价归农。政府退出集体土地增值收益的直接分配，从同时充当“运动员”和“裁判员”的双重角色中解放出来，真正以“监管者”的身份承担起土地的管理职能。农民/集体通过与开发者/使用者之间的直接交易取得土地收益,从而建立起城乡平等的土地流转市场,消除“城市土地”和“农村土地”之间的二元差别。在这个过程中，政府可以通过合理的税费等方式（征收房地产税）取得因外部正效应带来的部分增值收益以满足公共服务所需。

【讨论】农地转用过程中哪些主体应享有增值收益？如何设计合理的增值收益分配制度？

（资料来源：整理和改写自唐燕，许景权．建立城乡统一的建设用地市场的困境分析与思路突围——集体土地“农转非”的是是非非 [J]. 城市发展研究，2014，21（5）：55-60.）

延伸阅读

[1] 赵冈，陈钟毅．中国土地制度史 [M]. 北京：新星出版社，2006.

[2] 刘守英．土地制度与中国发展 [M]. 北京：中国人民大学出版社，2018.

[3] 华生．新土改：土地制度改革焦点难点辨析 [M]. 北京：东方出版社，2015.

第 8 章

城乡住房制度

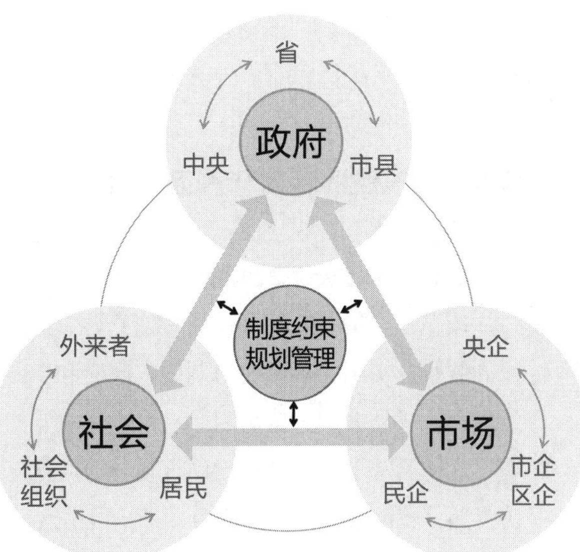

【章节要点】城镇住房制度的改革历程、房地产调控的政策成效与现存问题、城镇住房制度改革的思路与举措；农村宅基地制度的发展历程、宅基地制度的现状问题与改革诉求；住房制度与规划管理的关系。

本章从“城镇住房”和“农村住房”两方面概述了我国城乡住房制度的发展演进与改革变化。对城镇住房制度的讨论与当下广受社会关注的房地产调控问题相结合，重点聚焦住房商品化改革、房价波动与上涨、保障性住房体系建设等内容，剖析我国城镇住房制度改革的现状与问题，并就此给出综合性的制度改革举措建议。对农村住房制度的讨论聚焦于“宅基地”制度，概要梳理我国宅基地制度的形成及其变革历程，辨析我国当前宅基地制度存在的不足及改革诉求。

8.1 城镇住房制度与房地产调控①

8.1.1 住房市场发展和制度改革历程

改革开放之前，我国城镇实行产权公有（国家及企事业单位所有）、实物分配、低租金使用的福利住房制度，政府和单位承担住房建设、分配和管理的全部责任，个人只需缴纳少量房租。在百废待兴、构建产业体系的中华人民共和国成立初期，这种低水平的福利住房制度是与当时低工资制度相匹配的，也在一定程度上解决了部分城镇居民的基本住房需求。但是这种住房制度本身的缺陷导致它难以持续，

① 本节由特邀撰稿人撰写：邵挺，国务院发展研究中心市场经济研究所房地产研究室主任、研究员。

不断增加的住房建设投资使得政府和企业财力难以支撑，居民住房条件改善缓慢。1978 年，我国城镇人均住房建筑面积仅为 6.7m²。低水平租金难以实现“以租养房”，福利分配制度不可避免地陷入困境。因此，传统的住房制度改革已经势在必行。

（1）住房制度改革的启动探索和推进期（1979—1997 年）

面对传统住房制度的问题和缺陷，1980 年 4 月邓小平同志在讨论经济长期规划时，对建筑业发展和住宅制度改革问题提出了基本构想。他提出，要打破单位统一建房模式，采取公私合营、民建公助或个人自建等多种方式，通过提高公房租金增强个人购买住房意愿，购买住房可分期付款，对于低收入者给予补贴等。这一讲话涉及传统住房制度改革的诸多问题，包括市场化改革模式、住房金融以及住房保障等多个重大议题，为我国住房制度改革提供了基本思路。1993 年，中共十四届三中全会明确了社会主义市场经济体制改革的方向和目标，也为住房制度改革指明了市场化变革方向。

1）实施“提租补贴”的住房改革初始阶段。1986 年，在公房出售补贴试点受阻后，部分城市开始租金改革试点，国务院《关于全国城镇分期分批推行住房制度改革实施方案》等文件的出台，逐步明确了“提租补贴”的住房改革方案①。方案在租金调整方面，坚持“多提少补”的原则，促进租售比价合理化，这也是当时住房制度改革的核心环节。在住房投资体制上，鼓励公房出售，把由国家、企业统包的住房投资体制，转换成国家、集体、个人三方面共同负担的体制。“提租补贴”在改革初期取得了一定效果，但由于 1990 年代初期发生的严重通货膨胀，加之提高租金触及利益调整，在落实过程中遭遇了阻力而没能全面展开。

2）确立土地有偿使用制度。明确允许土地使用权可依法转让（包括出让、转让、出租和抵押），即城镇土地开始实行有偿、有限期、可转让的使用制度。这是我国土地使用制度改革的起步，标志着土地使用权的商品属性及其流转的合法性得到确立，也随之影响到住房的供给模式。

3）探索建立多层次住房供应体系。在继续公房租金改革的同时，国家提出要建立以中低收入家庭为对象、具有社会保障性质的经济适用住房供应体系和以高收入家庭为对象的商品房供应体系，经济适用住房建设速度有所加快。1997 年，全国经济适用房投资达 154.8 亿元，占当年房地产投资总量的 4.8%。同时国家开始建立和培育房地产市场，将各单位建设、分配、维修、管理住房的体制改革为社会化、专业化的投资建设和运行体制。1997 年，房地产开发企业已发展到 2.1 万余家，商品房销售额达到 1533.7 亿元。

---

① “提租补贴（又称住房提租补贴）”是一种无偿性补助支出，属于住房补贴范畴，是对住房在规定标准以内的低收入职工家庭，符合当地市（县）级以上人民政府规定的租金补助条件的，企业可适当给予困难补助。总体上，住房提租补贴是指房改前，对租住公有住房的职工，因租金提高而由单位给予的补贴。

4）公积金制度的试点和普遍建立。1991年，上海推行住房公积金制度试点，开始建立国家支持、单位资助、个人积累的政策性住房金融机构。这一时期公积金主要用于住房建设项目贷款，居民个人贷款比重很小。1996年底，全国住房公积金累计缴存额达到600多亿元，起步较早的城市缴存率达到85%以上。

5）建立商品房预售制度[①]。改革之初，我国住房金融发展滞后，除银行贷款外几乎没有其他房地产开发融资渠道，而且房地产开发企业大都规模小、积累少。因此，借鉴香港经验，深圳首先试行商品房预售制度，随后以法律形式确立和推广。商品房预售制客观上加速了房地产企业资金周转，降低了项目融资成本。

住房建设规模在这一时期不断扩大，1997年城镇住宅竣工面积为4.06亿m^2，是1978年的10.7倍。城镇住宅投资主体逐步多元化，1982年城镇住宅竣工面积中，全民所有制单位投资建设的比重为80.5%，1997年这一比重降低到44.4%。此时期居民居住水平明显提高，1997年城市人均住宅建筑面积17.8m^2，是1978年的2.66倍。

（2）住房制度改革全面推进阶段（1998—2003年）

随着社会主义市场经济体制的建立和完善，房地产作为经济新增长点逐渐成为各方面共识。为应对1997年亚洲金融危机，国家实施积极财政政策和稳健货币政策，并将进一步扩大住房消费需求作为扩大内需的重要方面，全面推动住房制度市场化改革。

1）停止住房实物福利分配，逐步实行住房分配货币化，建立和完善以经济适用住房为主的多层次城镇住房供应体系。《国务院关于进一步深化城镇住房制度改革加快住房建设的通知》（国发〔1998〕23号）提出，最低收入家庭由政府或单位提供廉租住房、中低收入家庭购买经济适用住房、其他收入高的家庭购买或租赁市场价商品住房。

2）进一步强化土地有偿使用制度。土地有偿使用制度改革初期，国有土地使用权出让方式多为协议出让，为寻租留下较大空间，不利于土地资源优化配置和提高使用效率。2002年，国土资源部明确要求“凡商品住宅等各类经营性用地，必须以招标、拍卖或者挂牌方式出让”。只有经济适用住房用地可以采取行政划拨方式供应。

3）住房金融体系改革进一步推进。商业性住房金融制度方面，形成了以商业银行为主体、其他金融机构广泛参与的住房金融机构体系，以及以银行信贷为主，兼有信托和其他方式的住房融资体系。2002年，房地产开发企业资金来源总额达到9750亿元，其中国内贷款达到22.6%。公积金制度此时不仅已在全国普遍建立，《公

① 商品房预售最早出现于香港，是指房地产开发企业将正在建设中的房屋预先出售给承购人，由承购人预先支付定金或房款的行为。这个过程中，那些在建、尚未完成建设、不能交付使用或没取得房屋产权证等情况的房屋通常被称为期房。

积金管理条例》还规定了“公积金只用于居民个人住房贷款、停止发放单位住房建设贷款”，住房公积金制度进入法治化、规范化发展阶段。这一时期，为支持发展个人住房贷款业务，国家建立了住房贷款担保制度，对扩大城镇居民住房消费发挥了积极作用。

房地产市场化改革有力推动了房地产投资。1998—2003 年间，房地产开发住宅施工面积在城镇住宅施工面积中所占比重由 43.2% 迅速提高到 73.5%，房地产开发住宅投资在城镇住宅建设投资中所占比重由 1998 年的 48.3% 快速上升到 2003 年的 78.6%，房地产市场成为居民住房供给的主渠道。居民“等靠要”的福利性住房观念发生根本性转变，更多通过购买或租赁商品住房来解决住房问题。

（3）房地产市场调控与保障房建设阶段（2004—2012 年）

随着城镇住房制度改革深入推进，住房建设步伐加快，住房消费有效启动，居民住房条件有了较大改善，保障性住房管理更加规范，相关管理办法相继出台，但局部地区出现了房地产投资增幅过大、市场结构不尽合理、价格增长过快等现象。因此，围绕房地产过热问题，国家有关部门密集出台了一系列调控政策措施。

2003 年，中国经济已经走出通货紧缩，但由于“非典”疫情的影响，并未出台防过热的政策措施。在此背景下，中国人民银行《关于进一步加强房地产信贷业务管理的通知》（银发〔2003〕121 号）要求房地产信贷业务从紧。与央行对房地产信贷从紧的政策取向不同，随后我国住房政策制度做出重大调整，国务院《关于促进房地产市场持续健康发展的通知》强调，房地产业已经成为国民经济的支柱产业，提出“逐步实现多数家庭购买或承租普通商品住房”，经济适用房被定位为具有保障性质的政策性商品住房。这个变化使更多家庭开始从商品房渠道获取住房。

2004 年上半年房地产投资过热显现，中央政府采取了控制土地和信贷两个闸门的宏观调控政策。7 月份国土资源部要求继续开展经营性土地使用权招标、拍卖、挂牌出让情况执法监察工作，再次强调 2004 年 8 月 31 日后，不得再以历史遗留问题为由采用协议方式出让经营性土地使用权（被称为“831 大限”）。在信贷方面，央行连续两次提高存款准备金率，时隔 9 年首次上调金融机构存贷款基准利率。银监会明确规定了土地储备、房地产开发和个人贷款的风险管理，这是继 2003 年央行 121 号文后又一个加强房地产贷款管理的重要信号。

2005 年面对房价持续较快攀升，国家出台了“老国八条、新国八条、七部委八条”等一系列调控政策。主要内容包括：一是调整供给结构，增加普通商品住房、经济适用住房和廉租住房供给，提高其在市场供应中的比例；二是增加房地产交易环节的税收力度，对个人购房不足两年进行转手交易，按房款收入全额征收增值税；三是调整个人住房贷款政策，个人住房贷款利率回到同期贷款利率水平。放开个人住房贷款利率上限，仅实行下限管理，个人住房贷款最低首付从 20% 提高到 30%；四是加大对闲置土地的清理力度，切实制止囤积和炒卖土地行为；五是减缓城市房屋拆迁速度，减轻被动性住房需求对房地产市场的压力；六是严肃查处违规销售、恶意哄抬住房价格等非法行为，遏制投机炒作。

尽管2005年密集调控政策起到一定效果，房地产投资增速回落8.2个百分点，商品房销售价格涨幅回落3.6个百分点，但2006年上半年房地产投资增速再次反弹，部分大城市房价大幅上涨。2006年5月17日国务院常务会议提出“国六条”，再次强调房地产健康发展问题，随后九部委出台了“国十五条”，抑制部分城市房价过快上涨。

2007年下半年美国爆发“次贷危机”后，很快蔓延为全球金融危机。出于“稳增长”的需要，我国房地产调控政策在2008年由适度收紧迅速转向明显放松，规定“首次贷款购买普通自住房享受利率和首付比例优惠，而且贷款购买第二套改善型住房也给予支持，将个人住房交易的增值税免征年限再次从5年改为2年”。在宽松政策刺激下，2009年多数大中城市房价再次出现大幅反弹，导致2010年国家再度收紧调控政策。与以往调控不同，这一轮房地产调控的主要特点体现为以下几个方面：一是限购政策出台，日后成为抑制投资投机性住房需求的重要手段。对部分房价过高、上涨过快的城市，拥有两套及以上住房的户籍家庭、拥有一套及以上住房的非户籍家庭，以及无法提供纳税、社保证明的非户籍家庭，已经不能购买住房；二是个人住房信贷的控制力度升级。2011年初，第二套住房贷款的首付款比例提高至60%，贷款利率不低于基准利率的1.1倍；三是调整土地供应结构。保障性住房、棚户区改造和中小套型普通商品住房用地不低于住房建设用地供应总量的70%，进一步推广“限房价、竞地价”方式，严格限制土地囤地炒作行为。

2003年后大中城市房价持续攀升，使中低收入家庭的住房可支付能力不断下降，低收入家庭住房困难未得到有效解决。在2007年前，尽管保障性住房管理制度有所完善，廉租住房和经济适用房的管理办法相继出台，但实际落实情况不佳，保障性住房的总体建设进度偏慢，历史欠账进一步积累，廉租住房未能做到应保尽保，经济适用房的违规申请、不当获利现象也未能得到有效抑制。因此，从2007年开始，我国住房政策设计重点转向保障性安居工程建设。2007年，国务院《关于解决城市低收入家庭住房困难的若干意见》（国发〔2007〕24号）进一步明确了我国住房保障体系[①]。加快保障性安居工程建设成为应对国际金融危机、扩大内需、促进经济稳定持续增长的重要措施。为加快推进保障性安居工程建设，我国先后确定了“十二五”

---

① 主要包括：进一步建立健全城市廉租住房制度、改进和规范经济适用住房制度、逐步改善其他住房困难群体的居住条件等。

时期开工建设各类保障性住房和棚户区改造住房 3600 万套、2013 至 2017 年改造各类棚户区 1000 万套的目标。截至 2012 年底，全国累计开工建设城镇保障性安居工程 3400 多万套，基本建成 2100 多万套，累计支持农村危房改造及游牧民定居工程 1100 多万户。

（4）完善房地产市场调控体系和住房保障方式（2013—2018 年）

为巩固前期房地产调控成果，2013 年 2 月 21 日“国五条”出台，加快形成引导房地产市场健康发展的长效机制，调控政策中首次提到“对出售自有住房按规定应征收的个人所得税，通过税收征管、房屋登记等历史信息能核实房屋原值的，应依法严格按转让所得的 20% 计征”，还明确了“扩大个人住房房产税改革试点范围”的要求。2014 年以来，我国房地产市场区域分化开始显现，2014 年 3 月 5 日的《政府工作报告》首次提出“针对不同城市情况分类调控”的思路,到 2015 年初只有“北上广深”这四个一线城市和三亚还在实施“限购”政策。2015 年下半年以来，各个城市的房地产市场分化进一步加剧。受宽松信贷金融政策的影响，部分热点城市住房投资投机性需求旺盛,推动房价高位过快上涨。但许多三四线城市受住房存量过大、人口流入放缓甚至净流出等因素影响，“去库存”压力加大。从 2016 年上半年启动的新一轮调控，按照供给侧结构性改革方向，坚持因地制宜、因城施策的原则，房价过快上涨的热点城市以及“去库存”压力大的三四线城市，结合自身城市特点都出台了相应政策。本轮调控仍然采取了限购、金融信贷、土地等在内的措施，最大特点是赋予地方政府更大灵活性。地方政府在跟上级主管部门沟通后，在首付比例、房贷利率、契税调整等方面有了更多自主权，实施差异化、精准化调控。从效果看，“去库存”成效显著，部分热点城市房价过快上涨态势初步得到遏制，但长期政策效果仍待观察。

伴随房地产市场供需形势和住房保障需求的变化，住房保障方式也在持续调整和优化。“十二五”期间，在廉租房、经适房以及棚户区改造以外，公共租赁住房作为一种新的保障形式成为发展重点。在顺利完成“十二五”期间保障性安居工程建设任务后，“十二五”末城镇住房保障覆盖面已超过 20%，棚户区改造成为保障性安居工程的重点和难点。2015 年我国提出“2015—2017 年间改造包括城市危房、城中村在内的各类棚户区住房 1800 万套，农村危房 1060 万户”的目标。另外，针对房地产市场区域分化加剧的现实，2015 年末中央政府提出房地产“去库存”目标后，棚户区改造的货币化安置比例大幅提高，将满足居民住房保障需求同化解房地产市场库存有机结合起来。2017 年以来，北京等地的共有产权房建设推进力度加大，这是通过地方政府让渡部分土地出让收益，将房屋低价配售给符合条件的保障对象家庭的做法，个人 / 家庭与政府则按照一定比例关系共同持有房屋产权。

8.1.2 城镇住房制度改革的进展

总体上，1998 年我国城镇住房制度改革以来，城镇住房制度体系不断完善，城镇住房市场快速发展，居民居住条件得到极大改善。住房保障体系基本建立和不断优化，保障性住房的“兜底”作用充分显现，越来越多的中低收入城镇居民享受到了住房保障待遇。

（1）商品住房市场快速发展。随着住房制度改革逐步深入，商品住房逐渐成为城镇住房供应的主体。1998—2015 年间，中国城镇房地产完成投资额由 3614 亿元增加到 95979 亿元，年均增长 21.3%，其中住宅投资额由 2082 亿元增加到 64595 亿元，年均增长 22.4%。同期的全国城镇住宅销售面积从 1.08 亿 m^2 增加到 11.2 亿 m^2，年均增长 14.8%，累计销售面积达到 109 亿 m^2。房地产企业成为城镇住宅开发的主体。统计表明，城镇住宅竣工面积由 1998 年的 4.8 亿 m^2 增加至 2014 年的 10.88 亿 m^2，年均增长 5.7%。其中，房地产开发住宅竣工面积由 1998 年的 1.4 亿 m^2 增加到 2015 年的 7.4 亿 m^2，年均增长 11%，占城镇住宅竣工面积的比重由 1998 年的 30% 提高到 2014 年的 68%。

（2）居民住房条件明显改善。城镇住房制度改革以来，城镇居民家庭住房条件和居住环境明显改善。中国城镇化率从 1996 年的 30.5% 持续提高到 2015 年的 56.1%。城镇居民人均住房面积由 1998 年的 18.7m^2 增加到 2012 年的 32.9m^2，2015 年城镇和农村人均住房建筑面积分别达到 33m^2 和 37m^2 以上，接近中等发达经济体的平均值。居民自有住房数量大幅提高。第六次人口普查数据显示，2010 年我国城镇居民住房自有化率达到 75%。与主要经济体相比，我国城镇居民的住房自有率已达到较高水平[①]。

（3）房地产业有力支撑了经济发展。房地产业的发展对经济增长发挥了重要促进作用。2016 年 9 月末房地产业对 GDP 累计同比贡献率达到 8.02%，拉动 GDP 累计同比上升 0.5 个百分点。1998 年以来房地产业增加值占 GDP 的比重一直在 4% 以上，2016 年 9 月底达到 6.4%。房地产开发投资占城镇固定资产投资的比重多年来都保持在 20% 左右，2016 年 9 月底回落到 17.5%。近年来，直接来源于房地产的税收收入约占全国税收收入的 20% 左右，土地出让收入占地方财政收入的 40% 左右。此外，房地产业作为终端需求产业，带动了 40 多个相关产业的发展，创造了大量就业岗位。

（4）住房保障体系逐步完善。住房保障体系和组织实施机制逐步完善，目前已基本形成实物保障和货币补贴两类保障方式并存、实物保障方式中租赁型和产权型两类保障房并轨运行的格局。租赁型保障房指廉租住房（含发放租赁补贴）

① 概括起来，基本上美国住宅私有率为 65%、加拿大为 62%、欧洲一些国家长期维持在 40%—50% 之间。

和公共租赁住房，2014 年以后统称公共租赁住房。产权型保障房指经济适用房、共有产权房、限价房等政策性商品住房。2011—2015 年间，全国累计开工建设城镇保障性安居工程 4013 万套、基本建成 2860 万套，超额完成“十二五”时期开工建设 3600 万套的任务，城镇低收入家庭住房困难明显缓解。公共租赁住房建设成效显著，“十二五”时期，全国累计开工建设公共租赁住房（含廉租住房）1359 万套，基本建成 1086 万套。各类棚户区改造进展顺利，“十二五”时期，全国累计开工改造棚户区住房 2191 万套、基本建成 1398 万套。2015 年以后，为更好完成“三个 1 亿人”[①] 任务目标，结合房地产市场当前供需状况和发展趋势，国家加大了棚改货币化安置比例，进一步完善了以各类棚户区改造为重点的城镇住房保障体系。

8.1.3 城镇住房市场制度改革的问题与挑战

2017 年 1—10 月份，全国房地产开发投资 90544 亿元，同比增长 7.8%，增速比 1—9 月回落 0.3 个百分点，比上年同期提高 1.2 个百分点。房地产开发投资占全部投资的比重为 17.5%，比上年同期提高 0.2 个百分点。2017 年以来，各地坚持分类指导、因城施策，热点城市房地产市场保持基本平稳，部分出现阶段性房价上涨的三四线城市市场趋稳。

在房地产市场调控效果持续显现的同时，也要看到当前面临的问题和矛盾：一是部分热点城市和潜在热点城市的地价、房价上涨压力仍未根本缓解，需重点关注各地出现的以“茶水费”“装修费用分开计算”等方式变相提高房价的现象，以及资金和投资投机性需求向热点城市周边部分三四线城市“外溢”的现象；二是各类资金违规进入房地产市场的冲动仍然存在。对以“消费贷”“经营贷”等名义进入房地产市场的各类资金，要密切监测，严格管控资金流向；三是部分三四线城市住宅库存量仍然较大，商业营业用房、办公楼等非住宅库存化解难度大。

就中长期来看，我国经济发展长期向好的基本面没有变，经济结构调整优化的态势没有变，“新常态”下区域经济进一步分化的基本特征没有变。因此，抑制部分城市房价过快上涨、加快存量住房偏多城市“去库存”，仍离不开进一步深化住房制度改革，完善相关政策体系。目前我国住房制度和政策体系存在的突出问题主要集中在以下几方面。

（1）中央和地方的住房调控责任和权力划分不合理。我国各地的社会经济发展阶段、人口规模及其变动情况、住房市场供需状况差异很大，住房市场区域分

① 2014 年 3 月，第十二届全国人民代表大会第二次会议发布的政府工作报告指出，今后一个时期要着重解决好现有“三个 1 亿人”问题，促进约 1 亿农业转移人口落户城镇，改造约 1 亿人居住的城镇棚户区和城中村，引导约 1 亿人在中西部地区就近城镇化。

化特征明显。过去，中央和地方在房地产调控体系中的关系一直没有理顺。中央政府在制定调控政策中容易“一刀切”，在利率、首付比率等金融政策，住房供给结构[①]和房地产信贷规模控制等方面，没有按照“一城一策”原则进行制定，“失调”和“过调”现象增多，加剧了部分城市的住房市场波动。针对2015年下半年以来住房市场分化进一步加剧的新形势，国家要同时完成“去库存”和“控房价”的调控任务，因此自2016年上半年国家开始逐步强化地方政府调控市场的责任和权力，在利率、首付比例等方面，赋予了地方政府一定范围内的自主权。总体上，一方面我国住房制度顶层设计的框架还不完善，中央政府负责设计的房地产税、住房政策性金融机构等基础住房制度还没有出台；另一方面中央政府承担了过多的具体调控任务，城市政府“因城施策”的主动性和灵活性不足，无法实施符合当地实际情况的调控政策。在地方政府对土地出让收入和房地产相关税收的依赖度很高的情况下，地方政府有很强的动力去选择相应措施，弱化甚至对冲掉中央政府制定的各项调控政策。

（2）调控政策“碎片化”，前瞻性和可预期性不够。房地产宏观调控涉及的部门很多，有国土[②]、建设、规划[②]、金融、工商、税务等，导致协调政策形成调控合力的难度大。因各调控职能分散在各部委中，调控手段之间互不协调，导致长效的调控机制未能建立起来。比如对于一些房价高位过快上涨的城市，国土部门要求地方政府承担起控制地价过快上涨的职责，部分城市就采取“少出让、不出让”或者“定房价、竞地价”的办法，虽然短期内满足了部门调控要求，但长期内会进一步加剧供需失衡状况。同时，受房地产市场实时监测机制不完善、调控出台时机不及时等因素影响，调控政策的前瞻性亦不足。有时相关政策出台后，住房市场形势其实已经发生了很大变化，政策反而加剧了市场波动。

（3）住房保障体系的针对性、系统性和包容性不够。2007年以来，我国城镇住房保障制度逐步建立，针对城镇低收入和中等偏下收入住房困难家庭实施住房保障，住房问题正逐步得到解决。但其中也存在保障性住房区域分布不合理、相关配套体系缺失和中低收入群体覆盖率低等问题。大城市保障性住房短缺现象依然严重，需要加大保障性住房的实物建设规模。但对于小户型房源充足的城镇，保障性住房空置严重，加上区位偏远等因素，无法发挥好保障房的经济和社会效应。我国保障性住房综合管理体系尚不健全，大量保障房陆续建成入住后，保障房的维护、租金收取、物业管理、社区治理等一系列后续管理问题日益凸显。一些廉租房小区租金收取难、物业管理经费严重不足，还有不少地方的保障房没有成立住宅专项维修基金，未来

---

① $90m^2$以下的中小套户型住房占比不低于70%。

② 指2018年国家机构改革前的国土资源部、住房和城乡建设部。

公用设施设备的维修、更新改造等缺乏稳定的资金来源。

（4）房地产税负结构不合理，难以有效调节住房需求。现行房地产税收体系重建设交易环节、轻保有环节。房地产主要税种有10个，开发建设和交易环节各涉及7个税种，保有环节仅涉及房产税、城镇土地使用税两个税种。房产税占房地产业税收总额的比重仅2%左右，加上城镇土地使用税，保有环节税收占比合计不超过5%。相关主力税种集中在开发建设和交易环节，增值税、企业所得税、土地增值税和契税占比分别是32%、18%、19%和17%。受国有土地出让制度影响[①]，我国房地产税比重总体过低，没有跟主要经济体一样成为地方政府主要税种。我国的房产税和城镇土地使用税分别在1986年和1988年颁布实施，考虑到当时普遍实行福利分房制度、居民收入普遍较低的现实，对个人所有非营业用的房产免征房产税。但随着住房制度改革和房地产市场快速发展，房地产成为家庭的主要财富。继续沿用过去规定，会造成税款流失，而且在房价高位过快上涨阶段，失去了一类抑制房地产投机投资性需求、调节社会收入和财富分配的重要手段。2011年上海、重庆率先推进个人住房房产税改革试点，但试点征税对象侧重于增量住房部分，几乎没有涉及存量住房，并且试点以房产交易价为计税依据，而不是国际通行的房地产评估价值，房产税对住房需求的调节作用没有真正实现。在房地产税实质性缺失的情况下，我国过多依赖建设和交易环节的税收调整，对房地产市场的调控作用有限。2005年以来，我国将调整住房交易环节征收的增值税等作为房地产调控的重要工具，但在供求关系紧张的市场形势下，卖方承担的税负基本转嫁给买方，增加了合理自住的购房负担。另外，提高交易环节税费的结果是降低交易量、抑制居民换购住房的需求，这不利于居民树立梯度消费的理念，也不利于增加二手房的市场供应，难以充分发挥存量房对房地产市场的调节作用。

（5）住房政策性金融机构缺失，基本住房需求支撑仍不足。在城镇化提速阶段，通过住房政策性金融机构降低居民解决住房问题的难度，是发达经济体的普遍做法。当前我国居民购房贷款主要依赖公积金贷款和商业银行贷款两大渠道，没有建立起针对支持普通居民基本住房需求的住宅政策性金融机构。商业银行贷款利率高、购房者负担重；住房公积金贷款虽然利率低，但贷款额度有限，且受统筹层次低、覆盖面不广等限制，没有全面发挥支持住房需求的作用。近年来住房公积金改革进展明显，比如提取条件逐步放宽、个人住房贷款力度不断加大、异地贷款业务全面推进，有利于支持缴存职工的合理住房消费需求。截至2015年底，全国住房公积金缴存职工1.18亿人，缴存总额8.95万亿元。全国累计提取住房公积金总额4.88万亿元，累计发放个人住房贷款2499万笔、5.33万亿元。住房公积金个贷率由2010年年底

① 我国采取一次性收取40—70年不等的土地使用权出让收入，通常土地出让收入占地方本级财政收入比例在40%左右。

的61.5%提高至2015年底的80.8%。但仍面临缴存面窄、使用渠道单一、增值收益归属错位、资金利用效率不高等突出问题，对城镇家庭尤其是中低收入、流动性较强的家庭购房贷款支持力度不够。

（6）住房用地供应机制缺少适应性，加剧住房市场供需失衡。现行住房用地制度存在权利和规划二元化、市场进入不平等、调控机制不完善和有效供给能力不足等问题。住房用地供应量和供应结构对住房需求的适应性和灵活性不够。地方政府在土地出让收入最大化的驱动下，难以根据当地市场需求情况制定科学的住房用地供应量和供应结构。住房需求旺盛、房价上涨过快的热点城市住房用地和新建商品房供应量不足，中小户型住房数量占比偏低。住房市场供过于求的三四线城市，住房用地供应量明显超过市场需求，造成在建规模偏大、存量住房难以有效消化。同时，大中城市处理闲置土地（包括国有经济单位的自有土地）进展缓慢，在高利润率驱动下，开发企业和国有经济单位“囤地”动机强烈。2012年制定的《闲置土地处置办法》按照“一定期限内开工建设”来认定“是否属于闲置土地”，开发企业很容易通过“挤牙膏式”的分步开发来规避条例的处置。

（7）住房租赁市场发育不充分，租房比例过低。住房租赁市场是房地产市场的重要组成部分，是解决住房问题的重要渠道。跟发达经济体相比，我国城镇居民家庭租房比例总体不高（城市新房自有率接近90%），美国约有1/3的家庭租房住，德国居民家庭租房比例超过50%。从国际经验看，社会资本投入占比提升、以专业性机构供应为主体是住房租赁市场发展的方向。我国住房租赁市场发展潜力很大，外来务工人员、新就业大学生等群体收入不高，购房支付能力不足，主要靠租房解决住房问题。据测算，2015年我国租赁市场租金规模达到1.15万亿元，到2020年中国自有存量住宅将达到2.5亿套，预计有0.9亿套被用于出租。我国住房租赁市场发展总体上仍处于自发状态，市场供应主体发育不充分、市场秩序不规范、法规制度不健全等问题突出。由于住房租售比过低，房地产开发企业、中介机构等市场主体将自己持有的住房投入到租赁市场的经济激励不足，到目前为止我国住房租赁市场供给还是以个人租赁为主①，提供专业化租赁服务的企业数量少，难以形成规模化优势和市场品牌。

（8）开发企业和中介机构等市场主体监管不到位，“预售制”弊端显现。一是对开发企业闲置土地、捂盘惜售和非合规资金进入等行为缺乏有效监管。随着房地产市场持续发展和壮大，我国房地产开发企业数量迅速增多，但跟发达经济体相比，开发企业规模偏小、产业集中度低、资金规模不足，容易导致行为短期化和投机化。比如拿地后不按规定开工和竣工、在售楼盘不按照“一房一价”、明

① 个人出租房源数量占到所有租赁房源的70%左右。

码标价的规定，随意涨价提价销售现象增多。二是对中介机构信息披露、业务规划和自有资金管理等缺乏强力监管。中介租赁市场监管不足，信息透明披露不够、违规宣传、哄抬房价及交易资金违规入市等现象日益增多。2015 年以来，各类中介机构通过提供“首付贷”“过桥贷”“赎楼贷”等金融业务，推广众筹买房等行为，助长投资投机性需求。三是对部分媒体释放不实信息、炒作误导等行为的曝光和处罚力度不够。微信、微博等网络媒体的兴起，让传播路径更加多元，传播速度更快。在房地产市场调控进入关键期时，一些传统媒体和网络媒体会出现“放松调控”的论调，扰乱消费者预期，对购房行为产生误导。四是住房“预售制”弊端显现。预售制的初衷是为解决房地产企业发展初期的自有资金不足、融资渠道不畅、筹措资金困难等问题。2003 年以来，随着房地产市场规模的扩大和房价总体水平的不断上涨，房地产企业的利润和自有资金都大幅增加，房地产信贷和信托规模迅速扩大，最初实施预售制的背景和条件已经发生了很大变化，预售制的弊端正逐步体现出来。一方面，购房者和开发商存在严重的信息不对称，导致房屋面积缩水、建设设计变更、房屋质量缺陷等问题的出现，而且难以有效预防和监督开发商延期交房、抵押房再预售、预售房再抵押等行为；另一方面，商品房预售制不利于房地产行业的自我转型和升级，预售制为开发商短期内形成大量供给能力提供了制度条件，在房地产开发资金来源已经多元化的情况下，继续实施“预售制”在一定程度上助长了房地产开发的短期性和盲目性。

（9）房地产领域法律法规缺位，法制建设滞后。我国现行房地产法律法规，大多建立于 1990 年代房地产市场刚刚起步的时期，与迅速扩大的房地产市场规模和行业特征不适应，亟需通过立法修法将实践中行之有效的管理制度固定下来。房地产相关法律法规之间衔接不足，成为制约房地产市场健康发展的制度瓶颈。一是缺乏严格意义上系统完整的住房法律框架①，像《住宅法》和《住房保障法》等重要法律尚未出台。二是现有主要住房法律的层级相对较低，当前主要的住房法律以国务院行政法规、部门规章及地方法规为主，而非人大的正式立法，一些住房工作主要依靠行政手段来完成，而且有些住房政策之间相互矛盾，容易使政策初衷在不同利益的博弈之中被消解。三是部分住房法规的内容亟需增补调整。在新型城镇化有序推进的大背景下，《住房公积金管理条例》等现有法规文件已经不能完全覆盖住房工作的新形势和新任务。1998 年出台的《住宅共用部位共用设施设备维修基金管理办法》规定的提取“大修基金”的程序繁杂、使用效率低，需要修订以简化提取程序，提高使用效率。

① 我国先后制定了数十部跟商品住房和保障性住房相关的法规和规章，但由于这些法规和规章颁布的政策目标和背景各不相同，住房法律体系的系统性和完整性依然不足。

8.1.4 促进住房市场健康发展的政策思路与制度措施

进一步深化住房制度改革①，要处理好政府提供公共服务和市场化的关系、住房发展的经济功能和社会功能的关系、需要和可能的关系、住房保障和防止福利陷阱的关系，努力构建房地产市场健康发展的长效机制：①坚持住房市场化配置，满足多层次住房需求。鼓励居民通过市场解决住房需求，处理好住房资源配置不合理与不平衡问题，更好地发挥政府作用以努力满足低收入城镇居民的住房保障需求；②优化制度，因地制宜，因城施策。允许地方根据当地经济社会发展水平、人口规模、住房市场状况等因素，采取符合城市特点的有效措施，在财税、金融、土地供应等方面赋予地方政府更大自主权；③立足国情，供需双向调节，引导住房合理消费，倡导量力而行、先租后买、逐步改善、节约环保的住房消费理念；④推进“租购并举”住房体系，合理利用住房资源。大力发展并规范二手房市场和住房租赁市场，着力盘活存量住房资源；⑤“去库存”和“控房价”并重，实施精准调控；⑥正确引导市场行为，稳定社会心理预期。建立长期稳定、可预期性强的调控长效机制，释放正确调控政策信号，引导市场行为和社会预期回归理性，增强房地产市场长期稳定发展信心。

按照“市场化、法治化”的住房制度改革和调控方向，应适时调整完善相关政策，保证包括金融、土地、税收等在内的一系列政策工具之间目标一致，形成政策合力。住房市场波动有其客观规律，各项政策设计要认识规律、尊重规律，针对前述问题，以下制度改革举措值得深入探讨。

（1）优化中央和地方政府的相关职责和权力划分。中央政府要做好包括住房税收制度、土地制度、政策性金融机构等在内的住房制度顶层设计，健全对地方政府调控主体责任的督查和奖罚机制。赋予地方政府自主调控权力，可在跟国家主管部委充分沟通情况下，采取符合城市特点的措施来促进房地产市场稳定健康发展。地方政府在一定范围内自主决定利率、首付比率、契税、增值税等水平，以提高调控的差异性和精准性，保障居民基本住房需求。

（2）强化实时监测研判，建立基于规则的调控机制。实时监测各城市住房待售面积、新开工量、土地购置面积、房地产企业购地和开发的资金来源等前瞻性指标，科学研判房地产市场供求关系，把握房地产开发投资增速、住房价格等指标的下一步走势。完善首付比、利率、契税等调控政策变动对房地产市场的影响评估体系，

① 深化住房制度改革的总体目标是：按照党的十八大关于“建立市场配置和政府保障相结合的住房制度”的总体要求和十九大关于“坚持房子是用来住的、不是用来炒的，加快建立多主体供给、多渠道保障、租购并举的住房制度”的指导思想，构建以政府为主提供基本保障、以市场为主满足多层次需求的住房供应体系；构建系统、规范、有效的住房政策体系，逐步形成总量基本平衡、结构基本合理的住房供需格局，不断实现全体人民住有所居的目标；全面改善住房条件，提升居住品质；建立与住房市场发展新阶段相适应的住房调控政策体系，提高住房领域系统性风险防范能力，实现经济、社会和住房市场协调发展。

按照市场形势变化，实施精准和基于规则的调控[①]。

（3）建立有弹性、可持续性强的住房保障政策体系。一是更加重视从解决社会问题的角度解决住房保障问题，从经济发展、产业布局、就业培训、社会管理等多方面入手，将解决中低收入家庭住房困难问题与促进其家庭发展和社会融合统筹考虑。二是尽快实现住房保障方式的转型，逐步形成以货币补贴为主，实物配租配售为辅的住房保障体系。研究允许相关种类保障房入市交易的政策，保障房入市交易后政府收回的资金可继续投入住房保障工作[②]。三是加强对保障房小区的综合管理与综合配套完善，提升保障房社区周边的教育、医疗、公共交通等条件，消除社会阶层隔阂。鼓励和引导居民参与社区日常管理，建立技能培训中心，帮助保障房社区居民提高就业技能。

（4）探索以房地产税为核心的住房税收体系。构建结构合理、负担均衡的房地产税收体系[③]，改革房地产税收制度，提高保有环节税负，适当降低建设、交易环节税负。鼓励住房合理消费，抑制投资投机性需求，提高存量住房的流动性。推进房地产税开征可有多种方案，例如与土地出让制度改革同步实施，即不对土地出让年限未到期的征收房地产税，而土地出让年限到期的，续期时则按年缴纳房地产税；对新出让的住宅用地则改变一次性缴纳土地出让收入的方式，改为按年缴纳房地产税。遵循“广覆盖、大减免、累进制、严征管”的总体思路，可以将所有个人住房均纳入房地产税征管范畴，对每户家庭给予较大面积的减免，以保护大多数中等收入及以下家庭不受明显影响，而对拥有多套住房家庭采取累进制征收，以调节社会财富分配的公平性[④]。

（5）建立住宅政策性金融机构，完善住房金融体系。按照政府支持、市场运作、安全高效的原则，探索建立住宅政策性金融与商业性金融相互补充，住房抵押贷款

---

① 例如，结合各城市实际情况，规定新建商品住宅（不含保障性住房）价格或二手住宅价格连续若干个月同比或环比上涨一定幅度以上，应相应提高二套住房及以上的个人按揭贷款首付比例和贷款利率，上调房地产契税税率，具体提高幅度由各地制定。同时，加快住房用地供应计划执行进度，加大下一阶段住宅用地供应量。反之，新建商品住宅（不含保障性住房）价格或二手住宅价格连续若干个月同比或环比下降一定幅度以上，还有去化周期提高到一定水平后，应降低个人按揭贷款首付比例和贷款利率，下调房地产契税、个人所得税等税率，相应缩减或停止下一阶段住宅用地供应。

② 例如对数量庞大的存量保障性住房，政府可继续保留一部分实物公租房，用于重点解决没有劳动能力和年龄偏大的住房困难人群；对已经购买了保障房或有意愿购买正在居住的保障房的保障对象，逐步将大部分实物类保障房转成具有共有产权性质的可售型保障房，将保障对象的购房款和政府部门实际补贴款按比例进行量化，在此基础上确定各自产权比例。

③ 选择具有代表性、典型性的地区，扩大房产税试点范围，选择适当时期全面开征房地产税，研究适当时期开征遗产税问题。在较大范围试点基础上，探索出可复制可推广试点经验，上升到税收立法层面。

④ 与这些举措相配套，一是要理顺房地产税同建设、交易环节税费的关系。随着房地产税逐步推开，要同步下调建设和环节的税费，维持房地产行业合理税负水平，完善有利于居民持续换购住房的税收政策，将增值税的收取年限从5年减为2年或取消二手房交易环节的增值税，适当降低契税税率；二是出台针对短期频繁交易的资本利得税。在税率制定上，按照交易频率和金额来设计累进税率，中央制定标准税率或规定一个税率区间，各城市政府负责制定具体税率。

一、二级市场协调发展的住房金融体系：一是推进住房公积金制度深层次改革和建立住宅政策性金融机构的顶层设计，为使改革顺利推进，可分阶段、分步骤进行[①]；二是稳健发展房地产投资信托基金（REITs），构建符合中国房地产市场投资特点的REITs政策体系[②]，其重点是完善与REITs投资相关的法律法规、税收政策和行业管理；三是创新融资机制和工具，合理发挥国开行、农发行、住房保障基金等开发性金融对保障性住房建设和棚户区改造的支持作用[③]。

（6）健全住房用地供应体系，完善土地调控机制。建立两种所有制土地权利平等、市场统一、规划统筹的住房用地制度，促进土地利用方式转变和住房市场健康平稳发展。一是构建平等进入、公平交易的城乡土地市场[④]。在满足规划和用途管制下，农村经营性建设用地与国有土地平等进入城镇住房市场，形成权利平等、规则统一的公开交易平台，建立统一土地市场下的地价体系。二是完善住房用地调控机制，各地区编制住房用地供应计划时，应加强对住房供需情况的研判，以保持合理的住房用地供应规模，并优先安排公共租赁住房和棚户区改造安置住房用地[⑤]。三是构建城乡一体化的国土空间规划体系，依法落实用途管制。加强城乡用地权属管理，建立统一地籍管理体系。改革城乡住房用地指标年度计划管理，例如调整为允许三年内滚动调剂，切实增强国土规划的权威性和可操作性。四是修改《闲置用地处置办法》[⑥]，提高有效供给能力。严格清理和整治闲置土地，加大对闲置建设用地行为的打击力度，督促房地产开发企业严格按照合同约定开、竣工。

（7）构建"购租并举"住房供应体系，多渠道满足住房需求。培育和发展住房租赁市场，降低城镇化门槛。推动住房租赁规模化经营，通过加大住房租赁市场中机构持有房源的比例，稳定租金和租约，为居民提供稳定的居住场所。规范住房租赁市场，推广指导租金制度，加强租赁合同登记备案管理，稳定租赁关系，保护租

① 第一步，近期内重点解决住房公积金在缴存、提取、使用等方面的突出问题。第二步，在目标方案形成后，及时推进住房公积金制度向住宅政策性金融模式的改革和转型。同步建立国家住房资产担保体系，稳步推行住房资产证券化业务，促进住房抵押贷款二级市场发展。

② 随着住房市场发展阶段发生重大变化，以债务融资推动型的房地产发展模式极易引发供给过剩的风险。通过发展REITs，有利于完善中国房地产金融架构，对以银行为主导的间接融资体系进行有益补充，分散与降低系统性风险，提高住房金融系统安全性，避免间接融资体系下银行信贷政策调整对房地产市场的硬冲击，缓解房地产领域的"顺周期"调节问题。

③ 国开行和农发行要更加重视存量棚改和保障房资产的运营和保值增值，探索可持续推进棚改和保障性住房建设和运营的投融资机制。运用财政性资金发起设立住房保障发展基金，按照"保本微利"原则，进行市场化运营，提高住房保障能力。

④ 在纳入政府统一规划和规范管理的前提下，允许企事业单位利用自用土地建设公共租赁住房。鼓励人口净流入地区利用农村集体建设用地建设租赁型住房。积极培育住房合作社等合作建房组织，推动住房开发建设主体多元化。

⑤ 行政区域内出现供求紧张、房价上涨过快的情况时，要及时增加土地供应，出现住房供过于求的情况时，要合理控制住房用地供应。在房价高、上涨快的热点城市，提高中小户型、中低价位普通商品住房用地供应比例。

⑥ 修改《闲置用地处置办法》中关于"一年以上未动工建设的，要缴纳闲置费，标准不低于出让金的百分之二十；土地闲置满2年，依法无偿收回"的规定，可调整为"二年内（包括二年）未封顶的，缴纳闲置费，标准不低于出让收入的百分之二十；三年以上未封顶的，依法无偿收回"。

赁双方合法权益。完善人口净流入地区利用农村集体建设用地兴建的租赁住房管理体系①。打通租赁房源与商品房源，助推“去库存”，在住房尤其是商业和办公用房库存量大的城市，允许将商品住房按规定改建为市场租赁住房和公共租赁住房。将进城落户农民、农民工、新就业大学生等住房困难群体纳入公租房保障范围，推行公租房货币化补贴，实行实物保障与租赁补贴并举。

（8）加强房地产市场监管整顿，逐步取消“预售制”。一是尽早开展全国城镇住房普查，摸清住房现状。加快个人住房信息系统建设，实现全国联网，做好与不动产登记工作的衔接②。二是推动开发企业兼并重组，促进专业化、规模化经营，工商部门及时注销近年来没有开展实质性业务的房地产开发企业。三是实行分步走策略③，推动住房“预售制”向“现售制”转变。四是规范管理存量住房④，适应养老、旅游等新产业发展需求，在符合规划条件下将存量商品住房转化为相关产业和“双创”等用房。五是加大对开发企业和中介机构的监管惩罚力度⑤。适应存量房交易成为住房市场交易主体新形势，修订和完善《市房地产管理法》⑥，明确房地产经纪的管理主体的职责范围、房地产经纪机构与经纪人员的责权利以及相关的责任追究机制。

（9）出台《住房保障法》等法律法规，健全住房法律体系。尽快制定我国住房的基本法律，研究出台《住宅法》保证居民基本住房权利，实现住有所居目标。通过《住房保障法》明确住房保障范围、保障对象和保障标准，填补我国住房保障法律的空白，将符合我国国情、行之有效的住房政策上升为法律或行政法规。同时强化住房法律监督和执行机制，完善问责机制，切实维护住房法律的权威性。

8.2 农村住房制度：宅基地

农村“宅基地”是农户用作住宅基地而占有和利用的（集体）土地，是一种诞生于我国城乡二元体制下的农村住房的土地配给制度。宅基地通常呈现为农村一家一户所拥有的小片集体用地，是农村家庭用于住房建造、庭院生活、简要设施（农

---

① 吸引专业租赁管理机构进入农村住房租赁市场，同等享受培育和发展城市住房租赁市场的各类鼓励政策。

② 改革房地产统计方法，完善统计指标体系和信息发布制度，分区域、分类别，客观、全面反映房地产市场运行状况。

③ 第一步在现有条件下，强化预售制条件，严格规定开发商的预售房和现房比例。通过逐步减少预售房的比例、增加现房销售比例，使开发商和购房者都有逐步适应的过程。第二步是明确取消预售制的时间，向市场传递清晰信号。

④ 其中“小产权房”问题复杂且牵涉面广，要依法依规，尽快提出解决方案，妥善分类处理，坚决遏制建设和销售“小产权房”行为。

⑤ 金融、税收等相关部门要密切监测房地产开发企业的各类资金来源，规范信托、理财、P2P等各类资金进入房地产市场。按照相关法律法规，对开发企业在土地出让和开发、开工建设、交易等环节的行为实施一体化监管。按照《价格法》等条例，加大对违法违规企业的处罚力度。

⑥ 加快研究制定《城市房地产经纪（或中介）服务管理条例》等相关配套行政法规，引导地方出台配套的地方法规或实施细则，促进法律法规有效实施。

具房、牲畜房等）等的农村住宅用地。我国农村的集体经济组织成员均有资格无偿获得宅基地，从而保障其基本的生存和居住条件，因而农村宅基地具有一定的社会福利性质，是集体经济组织成员因其成员资格而享有的权利[①]。在计划经济时代，无偿使用、平等均分、福利属性的宅基地使用制度，为农民安居乐业、农村社会稳定以及农业保障工业化发展等发挥了历史性作用，然而随着中国社会转型和经济转轨的深入，农村宅基地使用权的制度设计所固有的一些缺陷也逐步显现出来，宅基地使用现状与城乡统筹发展开始表现出越来越多的不适应，宅基地及其对应的农村住房管理面临着变革挑战。

8.2.1 农村宅基地制度发展历程[②]

中华人民共和国成立以来，我国的农村宅基地制度建设经历了从私有到集体所有、从自由流转到限制流转、使用主体从开放到制约、使用面积从无限制向有限制的发展历程。从宅基地的权属特性来看，我国的农村宅基地制度发展可以简要划分为："宅基地农民私有（1949—1961 年）""宅基地集体公有、农民与其他主体使用（1962—1997 年）""宅基地集体公有、农民使用（1998 年至今）" 三大关键时期。

（1）宅基地农民私有时期（1949—1961 年）[③]

1949 年到 1962 年初是宅基地的农民私有时期，此阶段国家承认农民对宅基地和其上房屋的所有权，农民可以对其进行买卖、租赁及继承等，因而拥有完全的土地所有权（表 8-1）。中华人民共和国成立初期，旨在彻底废除封建土地私有制和解放农村生产力的中华人民共和国土地改革运动，随着 1950 年《土地改革法》的正式颁布拉开序幕。土地改革是一次自上而下的政治变迁，它从根本上结束了中国农村延续千年的封建土地制度，实现了历代农民"耕者有其田，居者有其屋"的梦想。土地改革运动保障了农民的基本生产生活需求，获得了农民对新生国家政权的认同。

1）土地改革兴起阶段：土地农民有所。1950 年中央人民政府公布的《土地改革法》规定："废除地主阶级封建剥削的土地所有制，实行农民的土地所有制（第 1 条）"；"土地改革完成后，由人民政府发给土地所有证，并承认一切土地所有者有自由经营、买卖及出租其土地的权利（第 30 条）"。1950 年到 1951 年间，全国农户几乎都领取了以户为单位发放的土地房产所有证，无偿取得宅基地。在废除封建剥削

① 王利明.《物权法研究》(修订版)：下卷 [M]. 北京：中国人民大学出版社，2007：188–189.

② 内容主要整理和来源自：朱新华，陈利根，付坚强 . 农村宅基地制度变迁的规律及启示 [J]. 中国土地科学，2012，26（7）：39–43；喻文莉，陈利根 . 农村宅基地使用权制度嬗变的历史考察 [J]. 中国土地科学，2009，23（8）：46–50；周其仁 . 中国农村改革：国家与土地所有权关系的变化—— 一个经济制度变迁史的回顾 [J]. 中国社会科学季刊（香港），1994（8）：61–84.

③ 喻文莉，陈利根 . 农村宅基地使用权制度嬗变的历史考察 [J]. 中国土地科学，2009，23（8）：46–50.

1950 年代的农村宅基地制度相关规定　　表 8–1

1950 年 6 月 30 日中央人民政府公布《土地改革法》规定：废除地主阶级封建剥削的土地所有制，实行农民的土地所有制（第 1 条）；土地改革完成后，由人民政府发给土地所有证，并承认一切土地所有者有自由经营、买卖及出租其土地的权利（第 30 条）
1954 年中华人民共和国第一部《宪法》明确提出："国家依照法律保护农民的土地所有权和其他生产资料所有权"以及"国家保护公民的合法收入、储蓄、房屋和各种生活资料等的所有权"。宅基地作为农民私有土地的一部分受到平等合法保护
1956 年 3 月《农业生产合作社示范章程》规定："社员原有的坟地、房屋地基不入社。社员新修房屋需用的地基和需用的坟地由合作社统筹解决，在必要的时候，合作社可以申请乡人民委员会协助解决。"《示范章程》是第一部涉及宅基地规定的法律。这一时期尽管土地总体上经历了农民私有向合作社集体所有的转变，但是农民的房屋地基仍然保持了私有属性

资料来源：崔曼曼. 农村宅基地制度的沿革与制度缺陷 [EB/OL].（2015–11–20）[2018–03–27]. https：//wenku.baidu.com/view/b7b3d3840722192e4436f64d.html.

的土地所有制过程中，农民对宅基地和其上房屋的所有权人地位得以确立。宅基地所有权与房屋所有权在当时采取"两权主体合一"的方式，由此形成的农民私人所有的土地制度产权边界清晰，各方的责权利明确，在历史上发挥了较大的制度绩效。

2）农村合作化阶段：农地集体所有，宅基地农民所有。1952 年全国土地改革基本完成以后，轰轰烈烈的农业合作化运动全面推行（也称农业集体化），即通过各种互助合作的形式，把以生产资料私有制为基础的个体农业经济改造为以生产资料公有制为基础的农业合作经济的过程。农业合作化的起源可追溯到革命根据地、解放区时期，那时许多农村组织了互助组进行农业生产。在农业合作化过程中，互助组联合了农民的生产活动，初级社归并了农民的主要生产资料①，高级社则取消了入社农民对土地等主要生产资料的私有权，土地集体所有制正式取代了土地私有制，但高级合作社并没有改变农民对宅基地以及房屋享有所有权的利益格局。

（2）宅基地集体公有、农民与其他主体使用时期（1962—1997 年）②

1950 年代中期到 1970 年代末期的集体化改革将土地私有制转变为公有制，集体成为农村土地所有者（表 8–2）。1962 年始，国家规定农村宅基地归集体所有，一律不准出租和买卖，并承认农民对宅基地的长期占有和使用。土地所有权主体的变更，实质上提出了农村集体为农民提供社会保障的职能要求，于是无偿、无流转、无期限使用以及具有明显身份性的宅基地使用制度，在中国特殊历史阶段成为国家运用集体力量为广大农民提供农村范围社会保障的工具，是家庭保障走向社会保障的过渡。这时期，国家曾一度承认城镇居民取得农村宅基地使用权的合法性（1988

① 周其仁. 中国农村改革：国家与土地所有权关系的变化——一个经济制度变迁史的回顾 [J]. 中国社会科学季刊（香港），1994（8）：61–84.

② 内容主要整理和来源自：喻文莉，陈利根. 农村宅基地使用权制度嬗变的历史考察 [J]. 中国土地科学，2009，23（8）：46–50.

1960—1970 年代的农村宅基地相关制度规定　　表 8-2

1962 年出台的《农村人民公社工作条例》规定：将原属各农业合作社的土地和社员的自留地、坟地、宅基地等一切土地，连同其他生产资料全部无偿收归公社所有。“社员的宅基地一律不准出租和买卖”；“社员有买卖或者租赁房屋的权利”；“社员的房屋永远归社员所有”。规定土地包括自留地、自留山、宅基地等，一般不准出租或买卖
1963 年中共中央出台《关于各地对社员宅基地问题作一些补充规定的通知》：强调“社员的宅基地归生产队集体所有、一律不准出租和买卖”；“房屋出卖以后，宅基地的使用权即随之转移给新房主，但宅基地的所有权仍归生产队所有”；“社员需新建房又没有宅基地时，由本户申请，经社员大会讨论同意，由生产队统一规划，帮助解决，社员新建住宅占地无论是否耕地，一律不收地价。”

年《土地管理法》)，导致宅基地无序流转、城乡结合部建设混乱、农民与其他主体共同使用宅基地的复杂状况[①]。

1）人民公社阶段：宅基地使用权诞生。高级农业生产合作社成立后不久，普遍升级为政社合一的人民公社。国家在公社一级建立财政和农业银行机构，农业成为重工业所需原料和资金积累的来源。作为对当时户籍制度改革的呼应[②]，1962 年中共八届十中全会通过了《农村人民公社工作条例修正草案》，将原属各农业合作社的土地和社员的自留地、坟地、宅基地等一切土地，连同其他生产资料全部无偿收归公社所有，同时规定自留地、自留山、宅基地等一般不准出租或买卖。这标志着农村土地私有制退出历史舞台，完整的农村土地集体所有权制度最终得以建立，具有身份属性和福利属性的集体经济组织成员的成员权同时得以确立。1963 年中央下达《关于对社员宅基地问题作一些补充规定的通知》，第一次使用“宅基地使用权”的概念，构筑起宅基地使用权的申请、审批与利用等相关要求和程序。这时候，国家对农民最重要的生活资料“宅基地”推行无偿、无期限和严格限制流转的制度，消灭了宅基地的商品属性，从制度上明确了：①宅基地的所有权归生产队集体所有，社员禁止出租和买卖；②宅基地所有权与使用权相分离，农户拥有宅基地长期使用权，并受法律保护；③实行房地分离，农户对房屋有排他性所有权，可以买卖、租赁、抵押、典当；④宅基地使用权随着房屋的买卖和租赁而转移；⑤宅基地应依法申请、无偿取得。

2）改革开放阶段：宅基地使用权制度的新发展。改革开放后，宅基地农民集体所有制在《宪法》(1982 年）中得到确认，这时期宅基地的立法重点是强化土地规划，保护土地资源。进入 1980 年代，农民生活水平逐步提高引发强烈的居住环境改善需求，导致了由扩建、新建住房而产生的宅基地面积无序扩张，给耕地保护带来了较大压力，因此急需通过立法来保护土地资源，加强对农村宅基地和建房管理的规定。1980 到 1990 年代出台了系列法律法规和相关政策（表 8-3），如《关于

① 朱新华，陈利根，付坚强．农村宅基地制度变迁的规律及启示 [J]. 中国土地科学，2012，26（7）：39-43.

② 鉴于宅基地的流转直接关乎农民的迁徙问题，宅基地使用权制度与户籍制度的关联度尤为密切。

1980—1990 年代的农村宅基地相关制度规定　　表 8-3

1981 年国务院发布《关于制止农村建房侵占耕地的紧急通知》，规定农村建房用地必须统一规划、合理布局、节约用地
1982 年国务院发布《村镇建房用地管理条例》。首次对宅基地面积作出了限制性规定，要求村镇建房应当在村镇规划的统一指导下，有计划地进行；审批村镇建房用地，以村镇规划和用地标准为基本依据；社员迁居并拆除房屋后腾出的宅基地，由生产队收回，统一安排使用。从制度层面杜绝出卖、出租房屋后再申请宅基地的现象
1982 年《宪法》第 10 条第 2 款原则规定："农村和城市郊区的土地，除由法律规定属于国家所有的以外，属于集体所有；宅基地和自留地、自留山，也属集体所有。"宅基地农民集体所有制在法律上得到确认
1986 年《民法通则》第 74 条、1986 年 6 月 25 日《土地管理法》第 8 条第 1 款、第 2 款：明确农民集体土地所有制
1986 年《土地管理法》第 38 条第 2 款规定："农村居民建住宅使用土地，不得超过省、自治区、直辖市规定的标准。出卖、出租住房后再申请宅基地的，不予批准。"
1988 年修订《土地管理法》：承认城镇非农业户居民、回原籍乡村落户的职工、退伍军人和离退休干部以及回家乡定居的华侨、港澳台同胞有使用农村宅基地建房的权利
1995 年国家土地管理局出台《确定土地所有权和使用权的若干规定》："空闲或房屋坍塌、拆除两年以上未恢复使用的宅基地，不确定土地使用权。已经确定使用权的，由集体报经县级人民政府批准，注销其土地登记，土地由集体收回。"土地闲置便成为宅基地使用权消灭的原因
1995 年施行的《担保法》第 37 条规定：宅基地使用权不得抵押
1997 年《中共中央　国务院关于进一步加强土地管理切实保护耕地的通知》规定："农村居民每户只能有一处不超过标准的宅基地，多出的宅基地，要依法收归集体所有"

制止农村建房侵占耕地的紧急通知》《村镇建房用地管理条例》《土地管理法》《国家土地管理局关于加强农村宅基地管理工作请示的通知》等，确立了以"规划控制、无偿分配、面积限定、分级限额审批"为核心的宅基地分配、审批与使用管理制度，对后续国家和地方的相关立法产生了深远影响。特别是《村镇建房用地管理条例》，首次对宅基地面积作出了限制性规定，从制度层面杜绝了出卖、出租房屋后再申请宅基地的现象，是农村宅基地土地资源管理的重要依据。从宅基地使用权主体上来看，国家曾一度确认了城镇居民取得农村宅基地使用权的合法性，1988 年修订的《土地管理法》承认城镇非农业户居民、回原籍乡村落户的职工、退伍军人和离退休干部以及回家乡定居的华侨、港澳台同胞有使用农村宅基地建房的权利，导致宅基地流转在广大城乡结合部普遍发生，集体土地资源频频流失。直至十年之后，相关规定才得以取消。

（3）宅基地集体所有、农民使用时期（1998 年至今）

针对允许城镇居民拥有宅基地使用权而引发的诸多城市建设与管理问题，1998 年修订的《土地管理法》取消了城镇非农业居民在农村取得宅基地的相关规定，城镇居民在农村建房买房的大门被关闭（表 8-4）。这次修改还确立了宅基地使用权以

1998 年以来的宅基地相关制度规定　　表 8-4

1998 年修订的《土地管理法》：删除 1988 年《土地管理法》允许城镇非农业户口居民使用宅基地的相关条款。首次以立法形式确定我国农村宅基地"一户一宅"、面积法定的基本制度。规定农村村民建住宅，由县级人民政府批准，涉及农用地的，还需报省级人民政府办理农用地转用手续
1999 年《国务院办公厅关于加强土地转让管理严禁炒卖土地的通知》规定：农民的住宅不得向城市居民出售，也不得批准城市居民占用农民集体土地建住宅，有关部门不得为违法建造和购买的住宅发放土地使用证和房产证
2004 年《国务院关于深化改革严格土地管理的决定》：重申将宅基地流转限制在村集体经济组织内部
2007 年通过的《物权法》第 153 条规定："宅基地使用权的取得、行使和转让，适用土地管理法等法律和国家有关规定"。"宅基地使用权人依法对集体所有的土地享有占有和使用的权利，有权依法利用该土地建造住宅及其附属设施"，确认宅基地使用权的用益物权性质
2008 年 1 月实施的《农村宅基地管理办法》：对宅基地使用权及附带房产等在集体经济组织内部的转让途径、方式和要求等进行了明确规定
2008 年十七届三中全会《关于推进农村改革发展若干重大问题的决定》提出："完善农村宅基地制度，严格宅基地管理，依法保障农户宅基地用益物权。"
2013 年十八届三中全会《中共中央关于全面深化改革若干重大问题的决定》提出："保障农户宅基地用益物权，改革完善农村宅基地制度，选择若干试点，慎重稳妥推进农民住房财产权抵押、担保、转让，探索农民增加财产性收入渠道。"
2019 年 9 月中央农村工作领导小组办公室、农业农村部发布的《关于进一步加强农村宅基地管理的通知》要求：严格落实"一户一宅"规定，农村村民一户只能拥有一处宅基地，面积不得超过本省、自治区、直辖市规定的标准，严禁城镇居民购买宅基地

户为单位的申请原则，明确规定农村村民一户只能拥有一处宅基地。2007 年通过的《物权法》对宅基地使用权制度并未做出任何突破，2008 年 1 月实施的《农村宅基地管理办法》对宅基地使用权及附带房产等在集体经济组织内部的转让途径、方式和要求等进行了明确规定①。

这个时期，宅基地的资产功能开始显化。1998 年以来，从国家法律规定上来看，宅基地仍归集体所有；农村宅基地具有身份属性，使用权人必须是本集体经济组织成员；一户只能拥有一处合法的不超过法定标准的宅基地；宅基地上的房屋可在本集体经济组织内部转让，地随房一并转让，农民转让房屋后，不得再次申请宅基地；禁止城镇居民在农村购买宅基地。但事实上，在农村地区，特别是经济发达地区的农村和城乡结合部，城镇居民购买宅基地使用权建造房屋，或直接购买已建好的农民住房的现象早已普遍存在，并且随着城镇化的加速发展，宅基地使用权隐形流转的这类"小产权房"现象还在一些地方愈演愈烈②。

① 喻文莉，陈利根．农村宅基地使用权制度嬗变的历史考察 [J]. 中国土地科学，2009，23（8）：46-50.

② 朱新华，陈利根，付坚强．农村宅基地制度变迁的规律及启示 [J]. 中国土地科学，2012，26（7）：39-43.

2019年9月，中央农村工作领导小组办公室、农业农村部发布《关于进一步加强农村宅基地管理的通知》重申：严格落实“一户一宅”规定，各户宅基地面积不得超过各地规定标准，严禁城镇居民购买宅基地。可见，由于土地要素相对价格的上涨、城乡土地市场价格的巨大差异，农村土地存在着巨大的增值空间，宅基地使用权的流转具有越来越大的经济激励和驱动力。对此，2010年以来，国家和地方开启了宅基地制度改革的新探索，并尝试推进了一系列试点，变革重点在于：进一步规范宅基地的建设管理，防止资源滥用；有效盘活与利用农村的闲置宅基地；完善宅基地在集体经济组织成员内部的流转途径；保障农民通过宅基地获得合理经济收入等权利。

8.2.2 宅基地制度的现状问题与改革诉求

我国当前宅基地制度运作中的主要问题表现在：取得权得不到保障（如合理的宅基地流转）、利用粗放与过度利用并存、财产属性没有得到充分体现和保障（如农户通过宅基地获取收益）、违法现象较为普遍（如小产权房）等方面。举例来看，由于宅基地实行“按户分配”并配有使用面积限制，部分农户因利益驱动会尝试以“分户”的方式谋取更多用地，从而带来一户多宅。这不仅造成土地资源浪费，也使得部分农村家庭的新增人口因资源挤占而无法正常申请获得宅基地。一些进城定居的农民家庭本可退还宅基地，但出于利益考量和流转收益途径的制约，很少有农户这样做，造成“空心村”等宅基地严重闲置现象。宅基地使用权制度与新的经济基础及社会现实不断发生冲突，引发了农民土地权益保障与土地资源保护、宅基地使用权的福利属性与财产属性、宅基地的闲置与无序扩张等一系列矛盾，原有的宅基地制度亟需改革[①]。

从个体来看，农民从宅基地制度中除得到基本的居住条件保障外，无法合理合规地获得来自出租、出售、转用等其他途径的相关收益，这对于人户分离的流动农民、已经城镇化的农民、居住空间过少或过剩的农民等来说，是住房和土地的空置浪费、收益受损或不合理资源持有。从集体来看，宅基地的固化使用限制了对农村住宅用地进行有目的的合理调整、流动与有效配置的可能，造成农村居住空间的长远优化困局和用地的无序扩张。因此，一方面，政府希望通过宅基地制度创新来显化农村土地资本、增强农村发展活力、活跃农村土地市场；另一方面，在当前农村社会保障体系尚不完善的情况下，宅基地制度改革是否会对农村社会稳定和农民居住保障产生冲击，也成为宅基地制度变革的顾虑所在[②]。

---

① 喻文莉，陈利根.农村宅基地使用权制度嬗变的历史考察[J].中国土地科学，2009，23（8）：46-50.

② 朱新华，陈利根，付坚强.农村宅基地制度变迁的规律及启示[J].中国土地科学，2012，26（7）：39-43.

虽然宅基地改革的试点方案提出了农村宅基地出租、转让、入股、典卖等流转方式，但范围严格限定在农村集体经济组织成员内部，城镇居民到农村购房是"政策禁区"，过去因私下交易产生的大量的农村小产权房，急需科学合理的处置。2015年我国开展农村土地征收、集体经营性建设用地入市和宅基地制度三项改革试点，33个试点县（市/区）在宅基地退出方面进行了积极探索，形成了"平罗经验""余江样板"与"义乌智慧"三种代表性模式[①]。但宅基地退出试点改革在取得重大进展的同时，也遭遇了补偿资金缺口较大、长效机制尚未建立、农民退地积极性不高等困境，因此继续健全农民社会保障等配套体系、完善"三权分置（所有权、承包权、经营权）"框架下的宅基地退出办法依然是试点改革的重要任务[①]。

8.3 住房制度与规划管理

2018年国家机构改革前，住房和城乡建设部负责住房和规划建设的管理。住房作为城乡空间中的一种开发建设类型，即是规划（建设）管理的内容，也是规划（建设）服务的对象。无论城市还是乡村，住宅的建设与使用都应该坚持"规划先行"，已建成的城乡居住地区也需要通过合理的规划设计与管理来实现有效的维护与更新。

在城市中，居住空间的规划布局往往要与就业空间安排、公共服务设施配套、城市公交组织等结合考虑，以创造更加"职住平衡"的社区，建构更加完善的"15分钟社区生活圈"，倡导更加公交导向的住区开发，及确定更加"宜居"的建设强度和密度等。在城镇保障性住房建设方面，推进多类型、多层次的保障房供给，实现保障性住房与商品房开发的空间混合、利用集体用地建设租赁性保障住房等做法，开始成为近期探索的一些新热点。

在广大的农村地区，乡村整体规划及乡村居民点体系规划长期以来缺位较多，导致很多地区的农村宅基地管理和农宅建设处于缺少约束和指引的失序状态。村落分布零散、村内空间组织混乱、宅基地私下交易和买卖泛滥等现象，都成为阻碍农村居住空间有序发展的突出问题。为了实现土地的集约利用，过去的乡村居民点规划中农民上楼、"迁村并点"等做法普遍盛行，一定程度上造成了农村地区的大拆大建、农村邻里关系的割裂和农民生活模式的破坏，因此农村地区的规划与管理需要进一步强调宏观与微观的结合，大处着眼、小处着手，以农民的真实需求和客观问题为出发点，实现更加科学合理的规划制定。

① 余永和．农村宅基地退出试点改革：模式、困境与对策[J].求是，2019（4）：84–97+112.

8.4 小结

从我国城镇住房制度的变迁历程来看，住房的商品化改革，即通过市场实现住房配置的模式仍为主要发展方向。进入新世纪，我国的房地产市场由于住房需求的不断增加、城市经济对房地产的过度依赖等原因，造成住房市场过热和房价持续上涨，因此政府对此采取的多种房价调控政策与应对机制，成为规范和保障房地产市场健康平稳发展的重要手段。这些政策的调控效果比较显著，但也面临着变动多、一刀切、滞后性等诸多挑战。与此同时，针对无法通过市场实现必要住房保障的低收入等困难人群，政府通过持续的保障性住房系统建设来实现全社会的“居住兜底”，并不断修正过去保障性住房建设类型单一、所供非所需等不足，突出“租售并重”的变革趋势。总体上，我国的城镇住房制度由一系列“政策束”共同构成，城镇住房体系的发展变化是“市场”与“政府”两股力量同时作用的结果。固有制度对住房体系改革的束缚与制约需要优化和突破，如公积金制度、房地产税制度的不完善等。

纵观中华人民共和国成立后农村宅基地制度的变革历程，可以发现土地资源的稀缺性和农村集体经济组织成员的相关利益界定是影响宅基地制度变迁的关键。宅基地制度在我国经历了由农民私有到集体所有、使用权与所有权逐步剥离等变化历程，目前的制度优化聚焦于宅基地管理上的混乱、利益界定的不清和使用上的固化等问题领域。新的城乡关系和社会发展水平对宅基地提出了更为灵活的使用、收益与流转诉求，如何在保障农村社会稳定、城乡公平和农民住房安全的前提下完善宅基地制度将是一个持续的探索过程。

思考题

（1）我国城镇住房制度变革的历程、特征和趋势如何？

（2）当前我国城镇住房制度改革的问题与出路有哪些？

（3）我国农村宅基地制度有何特点，经历了怎样的演进过程？

课堂讨论

【材料】社会排斥与中国城市住房制度改革

社会排斥现象是指社会弱势群体在劳动力市场以及社会保障系统受到主流社会的排挤，而日益成为孤独、无援的群体。住房系统体现的社会分层结构和空间分层结构（居住分异）已有相关讨论，但住房政策改革中的排斥性问题却较少受到关注。中国住房改革曾经历的六方面制度设计，都或多或少与社会排斥问题相关。

（1）住房公积金制度。住房公积金采取职工和单位分别交纳职工月工资的一定比率来实现。这种补贴方法更有利于受惠群体中的高收入者，客观上造成住房补贴的分化。能参加住房公积金的大多是效益好的国有企业以及事业单位，四部分人往往被排除在外：没参加公积金制度的集体企业和个体企业的职工；相对困难企业的职工（很多下岗）；没有单位的城市居民；在城市工作的农民工。

（2）买公房给优惠制度。为了解决单位的福利分房问题，住房货币化被认为是一种行之有效的办法。房改初期推行“三三制”售房，即个人只要拿 1/3 的资金就可以拥有一套全额的住房。其结果是有房者得补贴，原住房面积宽的得更多的补贴，没有住房的不得补贴。可见这种住房制度包含着一定的社会排斥性和不公正，忽视了当时无房户的状况，也没有考虑到后来者的利益。

（3）提租制度。提租改革是针对当时人们因为公有住房房租太低而不愿买房的现象而实行的租金改革，包括新房新租、超标准加租、混合房租、改房租的暗贴为明贴、经营青年公寓等形式。住房提租的用意就是“多住房，多掏钱”，深层次用意是使原公房住户主动选择购房。但提租幅度与房屋本身的市场价值攀升不成比例，后者上涨速度远大于前者，因此虽然多住房多交了钱，但实质上多住房的人享有的利益更大，少住房的人和无房户的住房相对而言利益受损。

（4）安居工程项目。安居工程直接以成本价向城镇中低收入的无房户、危房户和住房困难户出售，在同等条件下优先出售给离退休职工、教师中的住房困难户。但其价格依然客观上排除了城市居民中的中等偏下收入者，他们由于职业没有相当的稳定性，经济收入预期较低，难以向银行贷款来解决资金问题。

（5）住房分配的货币化制度。住房分配货币化被认为能够避免传统实物性福利分房的弊端，体现公平与效率。但这一政策的实施，无法兼顾企业职工、下岗工人、无工作单位的居民、广大农民工的住房利益，一定程度上强化了政府在住房资源配置上的优越地位。

（6）廉租房制度。廉租房计划是要解决城镇住房特困户的居住问题，其房源由房地产管理部门按规定的渠道组织提供，政府以规定租金租给符合条件的特困户。但是这个计划覆盖面窄，很多“非正式”居民被排斥在外。

住房并不创造社会排斥，但反映和表达社会排斥。住房的改革制度若不能妥善处理好排斥性问题，会使在市场机制中已经处于不利地位的弱势群体的住房相对利益进一步受损。因此为有效应对社会排斥，住房制度改革需要在进一步创造更多住房机会的同时，增加社会弱势群体的住房选择权利和交换权利。

【讨论】住房制度改革如何避免社会排斥？

（资料来源：整理和改写自李斌．社会排斥理论与中国城市住房改革制度 [J]. 社会科学研究，2002（3）：106-110.）

延伸阅读

[1] 邓郁松，刘卫民，邵挺．中国住房市场趋势与政策研究 2020—2050 [M]. 北京：科学出版社，2019.

[2] 虞晓芬，等．我国城镇住房保障体系及运行机制研究 [M]. 北京：经济科学出版社，2018.

[3] 刘锐．土地、财产与治理：农村宅基地制度变迁研究 [M]. 武汉：华中科技大学出版社，2017.

第 9 章

城市社区治理制度

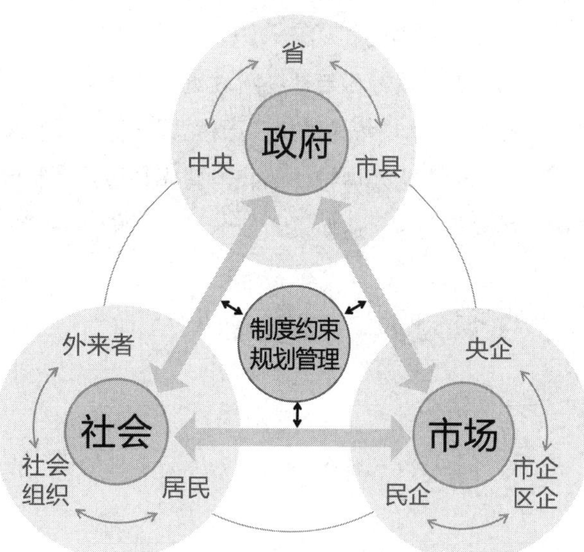

【章节要点】社区与社区治理的概念；城市社区治理的制度演进（近代及之前、中华人民共和国成立后）；我国城市基层治理制度的变革特点（单位制—街居制—社区制、行政主导与多元化地方探索）；社区治理的相关角色与运作模式；我国社区治理的主要问题与制度改革。

社区是基层治理的基本空间单元，也是各种社会成就、社会问题与社会诉求等的载体，社区发展、建设与治理的水平不仅是国家治理能力的一种表征，也往往直接反映出城市综合管理的成效。随着"社区规划"与"社区规划师"行动在我国各地的日益兴起和广受关注，社区治理已经成为城乡规划管理不可忽视的重要内容。本章在解读社区与社区治理概念的基础上，追溯了城乡社区治理制度在我国的演进历程，包括中华人民共和国建立前后的不同阶段，之后在归纳以"单位制—街居制—社区制"为发展特征的我国现代基层治理制度变迁的基础上，对我国城市社区治理的参与角色、运作模式、主要问题和改革方向等提出总结和思考。

9.1 社区与社区治理①

费孝通在《社会学概论》一书中将"社区"界定为：若干社会群体（家庭、民族）或社会组织（机关、团体）聚集在一地域里，形成的一个在生活上互相关联的大集体②。

① 内容主要整理和来源自：唐燕．新冠肺炎疫情防控中的社区治理挑战应对：基于城乡规划与公共卫生视角[J]. 南京社会科学，2020（3）：8-14+27.

② 费孝通．社会学概论[M]. 天津：天津人民出版社，1984.

社区是在一定地域范围内因关联关系缔结而成的社会生活共同体（表 9-1）[①]。在基层，社区有“城市社区”与“农村社区”之分，许建兵等在研究中把社区具体划分为由行政管理划定的“法定社区（行政社区）”，因生产生活关系缔结而成的“自然社区”，以及因专类活动产生的“专能社区”（如大学、军营、矿区等）[②]。在此之外，普通大众也常常会将自己居住的小区或大院认为是一个相对独立的“社区”。

社区治理的基本内容和主要类型　　表 9-1

维度		构成与特征
社区类型		城市社区—农村社区； 行政划定的社区—自然关系缔结而成的社区—专类活动形成的社区
社区治理	内涵	在一定区域范围内政府与社区组织、社区公民等共同管理社区公共事务的活动
	主体	社区党政组织：社区党组织与街道办事处； 社区自治组织：社区居民委员会与业主委员会； 社区服务组织：社区非营利组织和物业管理公司等； 社区治理社会基础：社区居民等
	内容	基层民主政治建设、党组织建设、综合管理服务、社会治安、环境卫生、文化教育、经济社会发展； 社区安全与综合整治、社区文化和精神文明建设、社区服务与社区照顾、社区公共卫生与疾病预防、社区环境及物业管理、社会保障与社区福利等
	类型	行政型社区（政府主导）—合作型社区（政府推动与社区自治结合）—自治型社区（社区主导与政府支持）； 行政引导型—企业主导型—自治型—专家参与； 政府主导—社区自治—社会协同—居民参与

资料来源：唐燕．新冠肺炎疫情防控中的社区治理挑战应对：基于城乡规划与公共卫生视角 [J]. 南京社会科学，2020（3）：8-15.

“治理”理念强调以政府为中心，综合调动社会组织、市场、公众等的多元参与和共同决策来处理公共事务。党的十九届四中全会明确提出了推进“国家治理体系和治理能力现代化”的战略决策。其中社区作为基层治理的基本单元，是落实国家治理成效和提升城市治理能力的关键突破口，也是维护城市可持续发展和优化城乡空间建设的重要抓手。2017 年党的十九大报告明确指出“要加强社区治理体系建设，推动社会治理重心向基层下移”，2019 年《政府工作报告》亦强调应“构建城乡社区治理新格局”。

---

① 2000 年《民政部关于在全国推进城市社区建设的意见》指出，我国城市社区的范围一般指经过社区体制改革后做了规模调整的居委会辖区，也就是常说的“行政社区”。

② 许建兵，李艳荣，宋喜存．社会学教程 [M]. 长春：吉林大学出版社，2016.

社区治理是治理理论在社区领域的实际运用，是指在一定区域范围内政府与社区组织、社区公民等共同管理社区公共事务的活动[①]。社区治理的参与主体通常包括社区党政组织（社区党组织与街道办事处）、社区自治组织（社区居民委员会与业主委员会）、社区服务组织（社区非营利组织和物业管理公司等）、社区治理社会基础（社区居民等）等[②]。盛东认为社区治理的主要内容包括基层民主政治建设、党组织建设、综合管理服务、社会治安、环境卫生、文化教育、经济社会发展等方面[③]。孙涛指出社区治理关乎社区成员的切身利益，涉及他们社会生活的多方多面，包括社区安全与综合整治、社区文化和精神文明建设、社区服务与社区照顾、社区公共卫生与疾病预防、社区环境及物业管理、社会保障与社区福利等[④]。

魏娜依据社区治理中主导主体的差异性，将我国的社区治理模式归结为行政型社区（政府主导）、合作型社区（政府推动与社区自治结合）、自治型社区（社区主导与政府支持）三类[①]；邱梦华等则在《城市社区治理》一书中将社区治理划分为政府主导、社区自治、社会协同、居民参与等情况[②]。李红娟等归结出四类社区治理模式，即行政引导型（政府主导）、企业主导型（物业公司主导）、自治型（业主委员会、居民等主导）和专家参与型（专家支援），并认为在从形态到内在关系的全面变化过程中，社区治理应实现“统治—管理—治理”的模式转变以及“自治—共治”的方式升级[⑤]。

9.2 城市社区治理的制度演进

中国古代社区治理源于里坊制和保甲制，这种自上而下的户籍制度保证了中国社会基层治理稳定。近代革命时期，由中央控制资金来源和预算分配的制度应运而生，面对财政危机及作战需要，所有的组织单位成为自给单位，中国近代社会的基层治理组织建立，为中华人民共和国成立之后的基层治理制度形成奠定了重要的理论和实践基础。中华人民共和国成立后，我国社区治理制度的变革历程大致可被划分为三个时期：1950 年代，街居制与单位制齐头并进；1960—1970 年代，社区单位化与单位社区化；1978 年至今，社区建设与治理的萌芽与发育。从过去的同乡会到单位大院再到今日的居委会，中国的城市基层社区同时存在着自下而上的依赖性和自上而下的权力性特征。

① 魏娜．我国城市社区治理模式：发展演变与制度创新 [J]. 中国人民大学学报，2003（1）：135-140.

② 邱梦华，秦莉，李晗，等．城市社区治理 [M]. 北京：清华大学出版社，2013.

③ 盛东．城乡结合部拆迁安置小区的社区治理问题及对策研究 [D]. 苏州：苏州大学，2016.

④ 孙涛．当代中国社会合作治理体系建构问题研究 [D]. 济南：山东大学，2015.

⑤ 李红娟，胡杰成．中国社区分类治理问题研究 [J]. 宏观经济研究，2019（11）：143-157.

9.2.1 我国古代与近代的城市社区治理制度演进[①]

（1）古代城市社区治理制度。中国古代的城市社区治理制度，可追溯到西周时期的闾里制度，也即《周礼》中记载的“五户为比，无比为闾”。此后统治中国基层几千年之久的“里坊制”和“保甲制”便在此基础上发展而来。里坊制是我国古代城乡建设的基本空间单位与居住管理制度的复合体，统治者把全城分割为若干封闭的“里”作为居住区，商业与手工业则限制在一些定时开闭的“市”中：“里”和“市”都环以高墙，设里门与市门，由吏卒和市令管理，大部分时期全城实行宵禁[②]。里坊体制的发展与“保甲制”的住户登记系统关系紧密，保甲制度是宋朝时期开始的带有军事管理诉求的户籍管理制度，本质特征是以“户”（家庭）作为社会组织的基本单位。宋朝实行都保制，明朝称为保甲制[③]，一直到清代，保甲制都是王朝的核心制度，甚至民国时期也被国民党政府重新采用。这种千年以来长期稳定的基层治理方式极大地影响了近代中国社会的基层治理发展。保甲制不仅是国家强权政治的实现机制，也包含了教育、福利、自卫、互助等多种复合社会功能的提供，它使统治阶级的干预能够深入到每个家庭，同时也为平民百姓提供了可促进生存与和谐发展的组织结构。

（2）近代革命文化的动员。群众路线作为中国共产党治理的行动信念，连带以动员为核心精神的治理实践，帮助人民赢得了抗日战争和解放战争的胜利，建立了中华人民共和国，但同时也强化了自古而来的上层包办思想，促进了后来的单位制度的形成。1932 年，由于物质资源的匮乏，根据中央军委的决定，江西军区确立了由中央控制资金来源和预算分配的制度。这一财政制度包括向党、政、军的所有人员提供基本生活需求的“供给制”，代替工资制以应对财政危机。1939 年，面对更为严峻的财政危机，中央采取了新的应对办法，包括生产管理权的下放和每个个体单位自己负责维持生存两项政策。至此，所有的组织单位自己从事生产而成为自给单位，基层治理组织也就此建立[④]。这一时期革命文化和动员政策的特点可以用“公家”一词概括，即家庭的概念不再只属于个人，而被移植到了公共领域。就像传统的家庭为家庭成员提供慰藉、保护和安全一样，公家承担了一系列的集体福利和安全保障功能。可以说，1932—1947 年中国共产党在以延安为中心的陕甘宁边区的一系列实践中，在以动员群众去满足革命战争的经济和军事需求的环境中，酝酿了单

① 内容主要整理和来源自：薄大伟（David Bray）. 单位的前世今生：中国城市的社会空间与治理 [M]. 柴彦威，张纯，何宏光，译 . 南京：东南大学出版社，2014.

② 董鉴泓 . 中国城市建设史 [M]. 3 版 . 北京：中国建筑工业出版社，2004.

③ 保甲编组以户为单位，设户长；十户为甲，设甲长；十甲为保，设保长。江立华 . 我国户籍制度的历史考察 [J]. 西北人口，2002（1）：10-13.

④ 薄大伟（David Bray）. 单位的前世今生：中国城市的社会空间与治理 [M]. 柴彦威，张纯，何宏光，译 . 南京：东南大学出版社，2014.

位制度的雏形，为中华人民共和国成立之后基层治理制度的形成奠定了重要的理论和实践基础。

9.2.2 中华人民共和国成立后的城市社区治理制度变革

中华人民共和国成立至今，以改革开放为主要分界点，我国社区治理制度的变革历程可大致分为建国至改革开放前的“街居制”与“单位制”发展、改革开放以来的“社区制”发展两大阶段，但与社区治理和营造历史较为悠久、效果较为显著的其他国家和地区相比，我国还存在着体制行政化色彩浓厚、居民自发参与缺乏、专业人员力量不足等诸多问题[①]，社区治理进程整体依然处在起步探索阶段。

（1）1949—1977 年：街居制与单位制[②]

1）以“街—居”为主的基层管理体制的建立。解放初期，在对城市进行军事接管的同时，中国共产党宣布废除保甲制度，对基于保甲编成的区级建制进行了合并改组，重新配备了干部，最终确定区为一级政府。与此同时，各地也开始将城市中的政权组织延伸至街道。1950 年 3 月，天津市最早建立了居民委员会组织。1952 年的“民主建政”运动中，有些城市在街政府下设闾，有些城市由公安派出所按户籍段组织了各种不同的居民组织，有些城市成立了大型居民委员会，有些城市成立了小型居民委员会，有些城市仅有居民小组，有些城市在居民小组之上还设有中心小组。经过不同探索，各地最终形成了三种类型的街道组织：①设街政府，为城市基层政权，如武汉市、大连市、郑州市、太原市、兰州市、西宁市；②设街公所或街道办事处，为市或市辖区的派出机构，如上海市、天津市，以及江西、湖南、广东、山西等省的一些城市；③“警政合一”，在公安派出所内设行政干事或民政工作组，承担有关工作，如北京市、重庆市、成都市。1954 年 12 月 31 日，全国人大常委会通过了《城市街道办事处组织条例》，街道办事处就此正式获得了法定地位，登上了我国城市基层管理的舞台；同时通过的《城市居民委员会组织条例》，规定居民委员会的任务是：办理有关居民的公共福利事项，反映居民的意见和要求，动员居民响应政府号召并遵守法律，领导群众性的治安保卫工作、调节居民间的纠纷等。至 1956 年，被视为重要“群众自治组织”的居民委员会在全国绝大多数城市普遍建立了起来，我国城市社区确立了以“街—居”为主的基层治理体制[③]。

---

① 蒲浩荣．我国城市社区治理模式研究 [D]. 西安：陕西师范大学，2014.

② 内容主要整理和来源自：华伟．单位制向社区制的回归——中国城市基层管理体制 50 年变迁 [J]. 战略与管理，2000（1）：87-100；许文兵．基于社会资本理论的城市社区治理研究 [D]. 呼和浩特：内蒙古大学，2011.

③ 易晋．我国城市社区治理变革与社会资本研究（1978—2008）[D]. 上海：复旦大学，2009.

2）单位制度从党政军机关系统向社会扩张。随着中华人民共和国的成立，党政军机关在革命年代长期实行并已习惯的单位制度走向了社会。经过三年社会主义改造和“大跃进”运动，我国确立了社会主义计划经济体制及基本的单位制度。1953年占城市人口60%的以工人阶级为主的街道居民急剧减少，绝大多数人被纳入到单位体制中，成为依附单位生存的“单位人”；在单位体制以外的城市就业人口所剩无几。因此在“街居”和“单位”二者并存的情况下，作为城市法定社区组织的街道办事处和居民委员会的作用与单位组织体系相比，显得愈发微不足道，社区组织（居民委员会）逐渐演变成“拾单位之遗，补单位之缺”的组织。与此同时，由于城市基层组织的行政权力逐渐深入到社区中，社区成为基层政权组织及其派出机构的“附属物”，社区组织的行政化倾向也越来越严重，自治性、群众性和民主机制都受到一定程度的抑制①。

3）社区单位化。社区单位化集中体现为1960年代的人民公社运动，党、政、社高度合一，党控制街道内权力。1960年3月9日，中共中央下发《关于城市人民公社问题的批示》，积极推广城市人民公社的组织试验和经验，而组织人民公社，最大的特征就是使城市彻底单位化。一方面，各地城市政府将小学、幼儿园、副食店、地段医院等由区下放到城市人民公社管理，另一方面，城市人民公社通过实行党的一元化领导，大量兴办社办企事业，组织家庭妇女就业，使街道居民也跻身于单位体系中。

4）单位社区化。1950年代中后期开始，由于发展工业的需要，我国在许多城市兴建工业企业，并让企业单位就地自行解决职工的居住问题，代行城市政府的规划和建设职能。于是，单位与城市社区在空间上发生了重叠。另一方面，由于政府集中了所有的社会资源，阻断了社区自行发展的可能性，政府又将自己所掌握的资金最大限度投入到直接生产部门中，而不愿向城市基础建设和生活福利事业投资，这就导致了“单位办社会”，单位的多元化功能逐渐取代了社区的功能作用。1966—1976年的“文化大革命”进一步强化了单位在城市社区中的地位和作用，城市社区组织更趋削弱②。

（2）1978年至今：基于社区制的社区治理发展③

1）1978—1985年：街居制的复兴。改革开放之后，我国开始重新明确“街—居”制度在城市基层治理中的重要作用。经济体制改革是改革开放之后中国城市社会变革的重点，“党政分开、政企分离”是这一时期调整的基本原则。1980年，全国人

---

① 魏娜．我国城市社区治理模式：发展演变与制度创新[J]. 中国人民大学学报，2003（1）：135-140.

② 易晋．我国城市社区治理变革与社会资本研究（1978—2008）[D]. 上海：复旦大学，2009.

③ 内容主要整理和来源自：魏娜．我国城市社区治理模式：发展演变与制度创新[J]. 中国人民大学学报，2003（1）：135-140；眭思思．新时代中国城市社区治理的新趋势[J]. 管理观察，2019（18）：50-52.

大重新公布了1954年的《城市街道办事处组织条例》和《居民委员会组织条例》，明确了街道办事处和居民委员会在城市基层管理中的重要作用，从此，街道办事处和居委会迎来了自身发展的重要契机，到1980年代中期，街道办事处的工作和任务早已超出了1954年《城市街道办事处组织条例》的规定范围。根据部分城市的调查结果，天津市各街道办事处的工作任务已经拓展到了30多个方面，100余项之多。但由于当时的经济体制改革尚未涉及产权制度的变革，也未涉及社会福利、社会管理等体制的改革，企业和事业单位仍然承担着大量的社会福利、社会服务、社会管理和社会控制等方面的社会职能，因此社区的发育尚未能真正启动。

2）1986—1995年：强化社区服务与社区建设。这一时期，社会主义市场经济体制逐步确立，“单位人”的管理模式逐渐向“社区人”过渡，社区管理组织逐步摆脱了“剩余性”和“边缘性”的体制特征。1986年，民政部第一次提出“社区”这一概念，提出开展“社区服务”的要求[①]；1991年，民政部基层政权建设司向全国发出了《关于听取对“社区建设”思路的意见的通知》，通知发出以后，在社会科学界和民政等各机关行政业务部门引起了反响。一些省市开始把社区建设提上了自己的议事日程，并各自在一些街道进行了实验。1992年，民政部基层政权司和中国基层政权建设研究会在杭州市下城区召开了“全国城市社区建设理论研讨会”。1993年国家民政部等14个部委联合发出《关于加快发展社区服务业的意见》，为社区建设提供政策支持与指导，社区建设出现了理论工作者与实践工作者相结合的局面。

3）1996—2009年：城市社区治理变革整体推进。1996年在上海召开的城区工作会议，标志着我国城市社区治理变革开始进入全局性整体推进阶段。1999年，为了更全面、深入地推进社区建设的工作思路和运行模式，民政部在全国开展了“全国社区建设试验区”工作。各试验区的首要任务就是推进社区管理组织的重构，在各试验区的示范和带动下，我国城市社区管理和社区建设开始逐步走向高潮，并形成了上海模式、沈阳模式、江汉模式等地方特色模式。2000年12月，中共中央办公厅、国务院办公厅转发了《民政部关于在全国推进城市建设的意见》（23号文件），这是指导我国城市社区建设的纲领性文件[②]。该文件指出：“社区是指聚居在一定地域范围内的人们所组成的社会生活共同体。”“目前城市社区的范围，一般是指经过社区体制改革后作了规模调整的居民委员会辖区。”“社区建设是指在党和政府领导下，依靠社区力量，利用社区资源，强化社区功能，解决社区问题，促进社区政治、经济、文化、环境协调发展，不断提高社区成员生活水平和生活质量的过程。”[②]到

① 魏娜.我国城市社区治理模式：发展演变与制度创新[J].中国人民大学学报，2003（1）：135-140.

② 中共中央办公厅，国务院办公厅.民政部关于在全国推进城市社区建设的意见[Z].人民日报，2000-12-13.

2003年，全国已有30个省召开社区工作会议；到2005年底，全国城镇社区服务设施达19.5万处，综合性的社区服务中心有8479个[①]。民政部与建设部联合发文，将物业管理纳入社区管理体系，城市社区治理变革开始迈入全面深入阶段。2009年，《城市街道办事处组织条例》被废止。

4）2010—2017年：提高基层社会管理服务效能。这一时期侧重强调政府在整个社区治理体系中的"大管家"作用，减少过多地去干预企业、社会等其他主体在治理中的行动。2010年十七届五中全会提出提高城乡社区建设，提高基层社会管理和服务合力；2012年民政部提出加强城区建设，提高基层社会管理服务效能；2013年十八届三中全会决定促进群众在城乡社区治理中依法自我管理[②]，会议通过的《中共中央关于全面深化改革若干重大问题的决定》明确提出要"以网格化管理、社会化服务为方向，健全基层综合服务管理平台"，各地纷纷探索城市社区网格化管理模式，其中北京东城、山西长治、山东诸城三地的探索摆脱了传统的管理方式和管理手段，通过信息技术的应用，在管理中体现了精细化、协同化和扁平化管理理念，创新城市治理理念和社区治理模式[③]。2017年6月12日，中共中央与国务院出台《关于加强和完善城乡社区治理的意见》，强调要构建政府部门和社区居民良性互动的新型关系。

5）2018年以来：城市社区治理能力现代化建设。2018年，在国家推进治理体系和治理能力现代化的背景下，以新时代中国特色社会主义思想为指引，各地重视社区公共文化建设，培育公共精神，全面深化城市社区治理变革。民政系统发布的《中国城市社区治理蓝皮书（2018）》总结了部分省市的城市社区治理模式、经验与效果，为进一步推进城市社区治理提供了新思维[④]。在规划领域，为增强社区自治、充分发挥人民的力量与智慧，社区规划师等相关新制度应运而生。当前，北京、上海、广州、成都等地已经开展的责任规划师、社区规划师、社区建筑师、地区总设计师等相关制度探索已经取得初步成效，在促进社区环境改造提升、倡导居民参与、增强地区凝聚力等诸多方面发挥了重要的纽带作用、服务作用和技术覆盖作用。这时期，社区营造成为社区建设的新方向，是建立社区居民主人翁精神、强化社区集体行动、有效处理社区共同议题、创造社区生活福祉的重要手段。社区营造通过专业人员的工作引导，集合多种社会力量与资源，从社区生活、社区诉求与社区问题出发，动员社区居民参与并行动，推进社区逐步完善自组织、自治理和自发展。

---

① 中华人民共和国民政部．二〇〇五年民政事业发展统计报告 [EB/OL].（2006-04-03）[2020-03-27].http：//sgs.mca.gov.cn/article/sj/tjgb/200801/200801150093809.shtml.

② 李广德．社区治理现代化转型及其路径 [J]. 山东社会科学，2016（10）：77-84.

③ 陈荣卓，肖丹丹．从网格化管理到网络化治理——城市社区网格化管理的实践、发展与走向 [J]. 社会主义研究，2015（4）：83-89.

④ 眭思思．新时代中国城市社区治理的新趋势 [J]. 管理观察，2019（18）：50-52.

9.3 我国城市基层治理制度的变革特点

9.3.1 从单位制、街居制到社区制[①]

总体上来看，我国城市社区治理制度变革经历了从单位制到街居制，再到社区制的体制变革之路，不同时期的不同体制具有其自身特性以及优点和不足。

（1）单位制：形成“总体性社会”与“依赖性人格”。从某种意义上来说，单位制是为了应对中华人民共和国成立后的严峻形势，解决总体性危机而选择的一套社会组织体系。对于当时高度集权的政治体制运作和高度集中的计划经济体制实施，以及整个社会秩序的整合来说，单位制从组织上提供了非常有效率的保证，发挥了重要的功能，具有重要的历史意义[②]。然而与此同时，单位也对社会造成了一些消极影响，主要表现为：①就整体而言，形成“总体性社会”，即单位现象使得全部社会生活呈政治化、行政化趋势，社会的各个子系统缺乏独立运作的条件。②就个人而言，产生“依赖性人格”，也就是单位制通过资源垄断和空间封闭，实现了单位成员对单位的高度依附，造就了单位成员的依赖性人格。单位不仅控制收入、住房、医疗等经济资源，单位还是个人社会地位和身份合法性的界定者，将人牢牢地绑定在工作岗位之上。

（2）街居制：职能超载与职权不足。早在1954年《城市街道办事处组织条例》和《城市居民委员会组织条例》发布，街居制就已经成为我国城市基层管理体制的重要组成。然而，在单位制的挤压和“文化大革命”的影响之下，这一制度直到1978年之后才真正发展起来，集中表现为街道办事处的工作对象与任务拓展、机构设置及人员编制的扩充，以及居民委员会的工作范围拓宽、自治水平提高和一系列便民利民服务的开展。但在街居制获得发展空间的同时，我国整体社会转型所带来的一系列问题也开始困扰街道社区的工作开展，集中表现为职能超载和职权有限之间的矛盾。街居制的职能超载表现在：①单位制瓦解导致单位职能外移，要求街居来承接；②人口老龄化、无单位归属人员以及外来人口的增多，给街居增添了更多的管理、服务工作；③城市管理体制提出管理中心下移，原来实行“条条”管理的很多部分将任务下放到街区，如市场管理、园林旅游、交通道路、民政福利、市容市貌等管理项目，给街居组织带来了极大的工作量。然而与此同时，街居组织却在职权上受到很大的限制：①街道办事处无法定地位和权利来承接上级政府任务，在财政和人员编制上受制于上级政府，而且没有独立的行政执法权和行政管理权，能力有限；②本应作为居民自治组织存在的居委会由于承担了过多上级指派的任务而

---

① 内容主要整理和来源自：何海兵．我国城市基层社会管理体制的变迁：从单位制、街居制到社区制 [J]. 管理世界，2003（6）：52–62.

② 易晋．我国城市社区治理变革与社会资本研究（1978—2008）[D]. 上海：复旦大学，2009.

变成政府的“脚”，其群众性自治组织的地位被虚化，难以赢得居民认同的同时也使得政府权威在基层流失。如此“上边千条线，下边一根针”的状况给街居制度提出了极大的挑战，也因此导致了街居制向社区制的转型。

（3）社区制：对单位制、街居制的超越和整合。社区制实现了对单位制和街居制的超越，是当前社区治理的依托和方向。从管理理念上来说，单位制和街居制具有很强的控制思想，而社区制则以服务为核心，旨在努力营造一个环境优美、治安良好、生活便利、人际关系和睦的人文居住环境，以期最终促成人与自然、社会的和谐发展。从管理形式上来说，单位制和街居制强调行政命令的作用，社区制则更为重视居民参与的作用，强调居民是社区发展的始终动力源。从管理主体上来说，单位制和街居制的管理主体都是政府，而在社区制中，社区管理主体趋向多元化，除了政府主体之外，还有社区自治以及专业化的社区服务与社会工作机构等[①]。

9.3.2 行政主导与多元化地方探索[②]

总体上，我国的城市社区治理变革中政府主导色彩浓郁，在全国范围或者地方层面均主要由政府主动发起和推动，体现为强制性制度变迁。居民也因此自然而然地将社区组织看成是政府权力的代表，一些居民还对社区治理制度的变革产生冷漠情绪，造成社区共同利益的分离。

在中央和地方的双重重视和推动下，我国的城市社区治理变革从1990年代中后期开始，表现出多元化的地区发展特点。1990年代，民政部在北京、上海、天津、沈阳、武汉、青岛等城市设立26个“全国社区建设实验区”，形成了以上海模式、沈阳模式和武汉百步亭模式为代表的多种地方探索：

（1）上海模式。上海模式以行政为主导，重视街道层级的社区治理作用，通过加强街道建设和街居联动来推动社区治理的步伐，强调用政府力量对社区范围内的资源进行自上而下的整合。上海模式放权于街道，使管理资源在街道得到合理而有效的配置，从而在全市形成“两级政府（市、区两级政府），三级管理（市、区、街道办事处三级），四级网络（居民委员）”的治理格局[③]，构筑了领导系统（由街道办事处、党工委、城区管理委员会构成）、执行系统（由市政管理委员会、社区发展委员会、社会治安综合治理委员会、财政经济委员会四个工作委员会构成）、支持系统

① 易晋. 我国城市社区治理变革与社会资本研究（1978—2008）[D]. 上海：复旦大学，2009.

② 内容主要整理和来源自：王珏青. 国内外社区治理模式比较研究 [D]. 上海：上海交通大学，2009；何海兵. 我国城市基层社会管理体制的变迁：从单位制、街居制到社区制 [J]. 管理世界，2003（6）：52-62.

③ 这种“两级政府，三级管理”的模式，也可能使得政府过多地参与社区事务，有“全能政府”“社区行政化”之嫌。

（由辖区内企事业单位、社会团体、居民群众及其自治性组织构成）相结合的街道社区管理体制。

（2）沈阳模式。沈阳模式强调居民自治，重新调整了社区规模[①]，理顺了条块关系，构建了新的社区管理组织体系和运行机制。沈阳模式将社区定位在小于街道办事处、大于原来居委会的层面上——由于原有的居委会规模过小，资源匮乏，如将社区定位在居委会则不利于社区功能的发挥。借鉴国家政权机构的设置及其相互之间权利与义务关系的制衡，沈阳模式在社区治理组织架构上由四部分构成，即社区党组织是社区的领导核心（领导层），社区成员代表大会是社区自治的权力机构（决策层），社区（管理）委员会[②]是代表大会的办事机构（执行层），社区协商议事委员会[③]在代表大会闭会期间行使对社区事务的协商、议事职能（议事层）。模式按照“社区自治、议行分离”的原则，政府的作用被限定在制定政策、法律、法规和宏观调控方面，不再参与社区的具体工作[④]。但区（管理）委员会行政负担重，且由于长久以来社区居民参与制度不完善带来的惯性，社区自治参与意识还没有完全形成，居民参与以响应为主。[⑤]

（3）武汉百步亭模式。武汉百步亭社区治理融“建设、管理、服务”为一体，引入了市场化管理和企业化运作，以实现政府资源和社区资源的整合、行政功能和社区自治功能的互补、政府力量和社区力量的互动。百步亭社区不设传统的街道办事处和基层公务员，而是在社区党委的领导之下，由社区管理委员会、物业管理公司和居委会共同管理。社区管委会是社区最高管理机构，由社区居民自治组织、业主委员会代表、百步亭集团、物业管理公司和进驻社区的政府部门代表等组成。经过多年发展，百步亭社区的公共服务质量和居民志愿服务意识不断提高，获得全国文明社区示范点、全国和谐社区建设示范社区、中国人居环境范例奖等多项国家级奖项。但与政府参与度较强的其他模式相比，由于以企业为主导的社区服务质量过度依赖企业的社会责任感，且企业的资源相对政府而言仍然有限，百步亭社区的社区服务依然存在不到位的情况。

上述三种典型的地方化模式各自建立在不同的城市发展环境之下，都是充分发挥当地优势、利用已有资源做出的实践创新（表 9–2），但三者也有着类似的社会大

---

① 沈阳市将社区主要分为四种类型：一是按照居民居住和单位的自然地域划分出来的“板块型社区”；二是以封闭型的居民小区为单位的“小区型社区”；三是以职工家属聚居区为主体的“单位型社区”；四是根据区的不同功能特点以高科技开发区、金融商贸开发区、文化街、商业区等划分的“功能型社区”。

② 由社区成员代表大会选举产生，并对代表大会负责及报告工作。它和调整规模后的居委会实行一套班子、两套牌子，由招选人员、户籍民警和物业管理公司负责人组成，其职能是教育、服务和管理。

③ 由社区成员代表大会选举或聘任产生，由社区内人大代表、政协委员、居民代表、单位代表和知名人士组成。

④ 沈阳模式依然存在社区（管理）委员会行政负担重、居民参与度不足等问题。

⑤ 王珏青．国内外社区治理模式比较研究 [D]. 上海：上海交通大学，2009.

上海、沈阳、武汉百步亭三种地方化模式的特点比较　　表 9-2

内容	上海模式	沈阳模式	武汉百步亭模式
治理模式	行政主导型	居民自治型	市场化治理
社区定位	社区就是街道	小于街道、大于居委会	小于街道、大于居委会
组织结构	二级政府、三级管理	领导层、决策层、执行层、议事层	社区党委、社区管理委员会
治理特色	以街道为载体，以行政力量推动	通过组织体系建设促进社区自治	企业主导，建设、服务、管理为一体
治理不足	协调能力仍然较弱，社区自治组织比较虚弱，居民参与度不足	社区（管理）委员会行政负担重，居民参与不足	社区发展前景与企业责任感息息相关，非政府组织发展不足
适宜环境	特大型城市社会结构深刻转型阶段	初步成熟的公民社会，居民民主自治意识不断增强，主动参与意识高涨	新建小区，居民较为单一，历史遗留问题和矛盾较少，基本保障和社会救济压力较小

资料来源：王珏青．国内外社区治理模式比较研究 [D]. 上海：上海交通大学，2009.

背景、类似的“小政府、大社区”的出发点、类似的推动力量、类似的对“居民自治”的追求，在社区类型不断多元化的当下面临着相似的挑战。

9.4 社区治理的相关参与角色与运作模式①

9.4.1 我国社区治理的相关参与角色

我国城市管理体制通常是“两级政府、三级管理”，即市政府与区政府是两级政府，街道办事处作为基层政府的派出机构，行使一定的管理权。《城市街道办事处组织条例》（1954 年）规定的街道办事处的任务包括：办理市、市辖区的人民委员会有关居民工作的交办事项；指导居民委员会的工作；反映居民的意见和要求。具体到社区内部，陈家喜提出其具有“一核多元”的治理结构：“一核”指社区党组织，在城市社区发挥着领导核心与政治保障作用；“多元”主体是指在居民之外还包括：社区居委会、业主委员会、物业管理公司、非政府组织（社区老年组织、社区义工组织等）、驻区单位等。

（1）社区党组织：是中国共产党在基层社区的战斗堡垒。社区党组织充分发挥

① 内容主要整理和来源自：陈家喜．反思中国城市社区治理结构——基于合作治理的理论视角 [J]. 武汉大学学报（哲学社会科学版），2015，68（1）：71-76；史云贵．当前我国城市社区治理的现状、问题与若干思考 [J]. 上海行政学院学报，2013，14（2）：88-97；魏娜．我国城市社区治理模式：发展演变与制度创新 [J]. 中国人民大学学报，2003（1）：135-140；康宇．中国城市社区治理发展历程及现实困境 [J]. 贵州社会科学，2007（2）：65-67+92.

党组织和党员群众的模范带头作用，以党组织先进性建设带动社区建设和社区治理，是社区治理的基本载体[①]。

（2）社区居委会：是居民自我管理、自我教育、自我服务的基层群众性自治组织，是居民代表大会的执行机构。居民委员会向居民代表大会负责并汇报工作，其任务是：宣传宪法、法律、法规和国家政策，维护居民的合法权益，教育居民履行依法应尽的义务；办理本居住区居民的公共事务和公益事业；调节民间纠纷，协助维护社区治安；协助人民政府或者它的派出机关做好与居民利益有关的公共卫生、计划生育、优抚救济、青少年教育等工作；向人民政府或者它的派出机关反映居民的意见、要求和提出建议等[②]。

（3）业主委员会：是基于产权基础产生的、代表业主维护房产权益的自治组织，也常常是业主与物业公司、社区居委会的沟通桥梁。在商品房小区中，业主成为社区居民的主要成分，业主委员会在小区公共事务决策中发挥越来越大的能量[③]。

（4）物业管理公司：物业管理公司从事保安、保洁、绿化、房屋及设施设备维修养护、车辆管理等物业服务，这些职能也常常纳入社区卫生、治安、环境的整体范畴，与社区居委会存在协调关系。许多物业公司还承接部分公共服务职能，如代理收取水、电、气、电视、网络服务的费用。业主委员会和物业公司都是社区事务的重要参与者和社区利益方[③]。

（5）非政府组织[④]：非政府组织在社区利益的协调、矛盾的化解、服务的提供、就业途径的拓宽、社会资本的培育等方面可发挥其独特作用。非政府组织主要指涉及社区治理中的各种民间组织、非营利性的中介组织、慈善机构等。既可以深入社区基层，直接满足社区居民的需求，也可以与政府沟通，使政府适时调整政策，实现对居民利益的有效协调[⑤]。

（6）驻区单位：驻社区单位是社区的一个组成部分。这类单位的行政关系、业务注册关系直接隶属于省或者市级有关部门管理，单位住址则在某一区的辖区内，通常叫省、市驻区单位。

9.4.2 国际上社区治理的典型运作模式[⑥]

发达国家的城市社区自治组织机构相对健全，权限职责清晰。西方社区治理模

---

① 史云贵．当前我国城市社区治理的现状、问题与若干思考 [J]. 上海行政学院学报，2013，14（2）：88-97.

② 魏娜．我国城市社区治理模式：发展演变与制度创新 [J]. 中国人民大学学报，2003（1）：135-140.

③ 陈家喜．反思中国城市社区治理结构——基于合作治理的理论视角 [J]. 武汉大学学报（哲学社会科学版），2015，68（1）：71-76.

④ 社区治理的很多研究将与此关联的参与主体概括为“社会组织”进行辨析。

⑤ 康宇．中国城市社区治理发展历程及现实困境 [J]. 贵州社会科学，2007（2）：65-67+92.

⑥ 内容主要整理和来源自：王珏青．国内外社区治理模式比较研究 [D]. 上海：上海交通大学，2009.

式由于政府与社区之间权能配置的方式不同，可以分为社区自治、政府主导和混合治理三种。

（1）社区自治模式。在这种模式中，社区是基层社会管理单位，往往具有自治性的社区委员会、社区董事会、社区服务顾问等组织机构，通过法律法规明确权限[①]。欧美各国在实施社区治理的过程中，社区治理的各项服务性工作一般由非政府非营利性组织具体操作实施[②]。美国是典型的社区自治国家之一，只要不影响区域或国家的整体发展，每个社区都有权决定自己的运作特色，因此整体呈现出社会全面参与、社区自治管理、资金多方筹集、政府依法管理的自下而上的特点。以社区发展规划为例，虽然社区发展规划是由政府部门负责编制、拨款和实施的，但是整个社区发展规划制定的目标是回应社区居民的需要，满足社区长远发展的需要。规划先在社区居民的广泛参与下进行制定，得到认可后再交由政府有关部门负责后续完善、拨款和实施，且在实施过程中一旦需要对社区发展规划进行调整，对土地利用和开发计划进行审批等，都要召开听证会征询社区成员的意见。

（2）政府主导模式。这种模式由政府部门设立专门的社区治理管理部门，政府对社区治理有较强的影响和控制力[①]。新加坡的社区治理采用了政府主导模式，具有政府直接管理、居民响应参与、非政府组织日益发展的特点。新加坡的政府主导模式有两个重要前提：一是新加坡目前80%到90%的公民居住在政府出资建造的单位住宅里，政府在公民住宅建设和社区建设中占据了天然的主导地位；二是新加坡的社区基本等同于选区，社区组织的领导成员都是由所在选区的国会议员委任或推荐，社区组织的政治化程度非常高[③]。虽然新加坡社区治理方式从整体上来讲是自上而下的，但近年来，社区居民对各类义务性质的社区活动积极性非常高，居民以志愿者的身份响应参与，非政府组织日益发展。政府也开始逐步放手，致力于“新加坡人的社区主义”建设，并鼓励政府官员在非政府组织中担任职务来带头服务社区。

（3）混合治理模式。这种模式的特点是由政府部门人员与地方及其他社团代表共同组成社区治理机构，或是由政府相关部门对社区工作和社区治理加以规划、指导，并拨给较多经费，政府对社区的干预相对比较宽松和间接，社区组织和治理以自治为主[①]。澳大利亚是典型的混合治理模式的国家之一，具有政府分工明确、社区治理官方色彩和自主治理色彩相结合、资金来源多元化等社区治理特点。澳大利亚国家管理体制实行联邦、州、地方三级政府管理，其中第三级政府设在州以下，统称为市。市政府是澳大利亚最低层次的社会事务管理机关，其辖区与社区地理范围一致，

① 刘娴静．城市社区治理模式的比较及中国的选择[J]．社会主义研究，2006（2）：59-61.

② 吴亦明．现代社区工作：一个专业社会工作的领域[M]．上海：上海人民出版社，2003.

③ 叶南客．都市社会的微观再造：中外城市社区比较新论[M]．南京：东南大学出版社，2003.

直接面对社区居民，无中间机构。在澳大利亚，社区治理的方式是自上而下和自下而上并行，通过召开利益相关者与会讨论等多元方式，使居民意愿与政府组织取得良好统筹[①]。由于社区活动资金来源于联邦和州政府两级政府拨款及房地产税收，而所有社区居民都要缴纳房地产税，因此社区居民理所当然得到政府提供的各项社区服务并参与社区建设。

9.5 我国城市社区治理的主要问题与制度改革

我国的社区治理建设已经取得有目共睹的成绩，但仍存在一系列问题有待解决，可以总结如下[②]：

（1）政府主导色彩重，治理主体职责不清带来“社区失灵”。当前社区治理中的参与主体趋向多元化，社区自治组织在治理中的作用已经显现，非政府组织和社区单位也已经不同程度地参与到社区治理中，但是政府在社区治理中的主导地位没有根本改变，社区治理主体相对单一，行政色彩依旧明显。作为城市社区治理主体的居民委员会、业主委员会、物业管理委员会等，各自从不同利益诉求出发进行社区管理与服务的博弈，影响了社区治理的整体效能，时常造成“社区失灵”，也即社区公共管理的失效或失败[③]。其原因一方面在于社区治理框架不完善，政府在社会治理中仍占主导地位，社区治理中各主体职能不清；另一方面社区治理合法性不足，各参与主体角色及合作机制不明晰，影响居民参与社区治理的积极性与创造性。

（2）街道办与上级政府和社区的互动机制有待完善。街道办事处作为政府基层政权组织和派生性政府机构，其行政服务与管理的范围未明确界定，对接上级政府工作的负担沉重；应对基层社区反映的问题与需求的能力有限，缺少引导社区组织自治行动的规范与制度；区属机关和企事业单位与街道办事处的关系缺少有效的政策和法律依据界定，造成社区事务上相互推诿、权责不明。街道办事处传统工作模式难以与地方“大部制”改革后的城市“小政府”有机衔接，也少有与日益走向基层居民自治的“服务型社区”进行有序的良性互动。

（3）非政府组织等社会组织发展缓慢。我国对非政府组织缺少监管与政策支持，法律与政策的滞后制约着非政府组织的发展，其生存的资金、资源有限，服务能力尚需提高，非政府组织与政府、社区的沟通、协调、分工定位仍有待明确。实际操作中，大多数非政府组织缺乏独立性与影响力，没有足够的能力承接政府分流出来

① 操世元. 澳大利亚城市社区运作机制与主要功能 [J]. 宁波大学学报（人文版），2008（4）：38-43.

② 内容主要整理和来源自：史云贵. 当前我国城市社区治理的现状、问题与若干思考 [J]. 上海行政学院学报，2013，14（2）：88-97；康宇. 中国城市社区治理发展历程及现实困境 [J]. 贵州社会科学，2007（2）：65-67+92.

③ 斯蒂格利茨. 政府为什么干预经济：政府在市场经济中的角色 [M]. 北京：中国物资出版社，1998.

的社会职能。这导致非政府组织在目前的社区建设中参与率较低。另一方面，由于人们对非政府组织认识不到位，部分社区居民将其看为党政机关的内部机构或代理机构，亦有少数政府部门将其视为安置闲散人员的机构。

（4）社区自治不足，居民参与意识薄弱。从现有社区的居民参与现状来看，与国外成熟的实践相比，我国居民在社区事务中的参与度低、参与人数偏少。其中，离退休人员和中小学生参与社区活动的意愿度较高且时间约束较少，中青年人的参与热情普遍不高。社区治理中的公众参与参与形式较为单一，居民常常是因为单位或者居委会的组织而被动参加，不是主动参加；活动内容基本上以社区宣传和社区服务为主，对社区事务决策、执行、监督等环节参与不足。

社区治理已经成为新时期城乡建设关注的重点，为解决社区治理存在的问题，全面提升社区治理体系与能力现代化，各地需要通过建立社区公共服务网络系统、社区治理规范系统、有效反馈体系，确立社区治理的责任意识和效率观念等方式来推进社区新发展。

（1）加强社区制度建设，完善社区自治体系。应加强社区的制度、组织和文化建设，通过居民培力和人才支持等持续强化社区自治能力，推动基层治理结构转型：①街道的职能权责要进一步明确，随着政府部门权力继续下沉到街道与社区，可以通过保障街道一级财政、开展社区共建、调整党群社团的组织与功能等行动来优化街道职能；②在社区工作中，应充分发挥社区党支部和党员作用，优化社区居委会的人员结构和人员素养，完善以“社区党组织、居民代表大会、居委会”为基础的社区自治组织体系，落实社区居民代表大会维护社区居民利益的重要作用；③正确处理居民委员会、业主委员会和物业管理委员会的关系，加强业主委员会与物业公司监管，构筑合作基础；④培育社区组织，强化社区自治组织和非政府组织等的建设，积极引导社会组织参与社区治理行动，探索推进以社会组织为载体的“三社联动”，建立多方共治、居民共建的社区治理模式；⑤建立健全公众参与制度与路径，保障公众参与权利，从推进社区居委会直接选举、培育社区组织和志愿者队伍等多方面入手，全方位提高社区居民的参与意愿与参与能力。鼓励社区党员、社区能人发挥所长，积极带领社区成员参与社区治理。

（2）推进社区依法治理，完善社区建设和管理的标准规范。中央《关于加强和完善城乡社区治理的意见》提出要进一步加强社区治理法治建设步伐，完善政策标准体系。为推动社区建设迈向主体多元化、方式法治化、目标规范化和结果规范化的新阶段，工作重点涵盖三方面：①开展社区立法研究，在国家层面，民政部正在积极推动《城市居民委员会组织法》的修订工作，有条件的地方可以研究出台社区治理的地方性法规和地方政府规章；②完善社区治理政策体系，结合部门分工明确不同部门牵头的重点任务，鼓励各地结合本地区实际情况施行不同政策破解社区治理难题，形成综合性政策和单向性政策的有效衔接；③加快建立社区治理标准体系和统计制度，研究制定社区组织、社区服务、社区信息化建设、社区规划建设等方面的基础通用标准、管理服务标准和设施设备配置标准，并建立社区治理统计制度以规范社区治理统计口径，科学研判社区治理任务。在《城市居住区规划设计标准》之外，指引社区规划建设的标准规范需要更加精细化地覆盖不同方面，可探索出台社区公共服务标准、可持续社区建设标准、社区养老建设标准、国际化社区建设标准、社区 15 分钟生活圈建设标准、老旧小区改造标准等。

（3）提升社区服务水平，扩展社区公益职能。随着城市公共服务体系的不断完善，社区将成为承载便利性公共服务的重要载体，在公益、文化体育、教育、治安、医疗卫生、社会保障等方面发挥重要作用。近些年，社区卫生服务功能、社区养老功能愈发受到重视，大健康被提上社区建设日程，一些医疗机构、养老机构等开始入驻社区。因此社区建设要强化社区服务职能：①在物质环境上，各地应继续深化落实《关于加强和改进城市社区居民委员会建设工作的意见》，积极推动社区自治组织工作用房、居民公益性服务场地等社区综合服务设施建设；②在人员配置上，应不断吸引多方社会力量的参与，建立健全志愿者招募制度，充分调动社区居民、社会爱心人士加入社区公益事业和相关服务行动；③在政策保障上，各地政府应发挥主导作用，加强社区财政投入，出台社区建设指导意见，对特殊人群和残障、老龄、妇幼等弱势群体提供更好的服务保障和监督管理。

（4）重视社区规划，开展社区营造。社区建设治理离不开社区规划与社区营造。我国的社区建设要坚持以人民为中心，充分发挥人民的力量和智慧，实现社区发展的共享共建共治。服务基层的责任规划师、社区规划师等相关制度探索需要进一步总结经验和全面推广，将社区营造提升为建立社区居民主人翁精神、强化社区集体行动、有效处理社区共同议题、创造社区生活福祉的重要手段。通过社区营造，居民与社区环境之间，居民与社区居委会、社会组织等多元角色可以建立起更加紧密的信任和互动，从而助推社区建设的共商共治，实现环境成果的共享共护。

（5）应用推广先进科学技术，打造智慧社区。在当前的社区现代化和信息化建设过程中，数字社区、智能家居、社区养老、智能生态等项目探索和实施应用日益增多，利用先进科学技术和网络信息技术推进社区建设和治理已是大势所趋。有条件的地区要加快推进智慧社区建设，智慧社区作为智慧城市建设的重要组成部分，是城市智慧的落地点以及城市管理、政务服务和市场服务的载体。随着新一代智慧技术的模式创新、技术推广和数据集成，智慧社区建设未来将迎来新的快速发展。

9.6 小结

城市社区治理是国家治理体系建设的重要组成内容，是社会学、城乡规划学、城市管理学的重要研究对象，近年来社区发展、社区规划更逐渐成为我国城市规划界的变革重点[①]。随着经济社会的不断进步，我国的城市社区治理自中华人民共和国成立以来历经了从街居制、单位制走向社区制的过程。各地在城市社区治理制度变革中，涌现出了诸如上海模式、沈阳模式、武汉百步亭模式等特色化的地方模式，社区治理从政府主导逐步走向多元。当前，我国的社区治理依然面临着一系列问题和挑战，如治理主体责权不清、多元互动机制有待完善、非政府组织发展缓慢、社区自治不足、居民参与意识薄弱等。为适应新的时代背景和社会经济发展要求，我国需要继续推进社区发展转型，组织社区自治，协调社会行动，提高社会效率与社会活力，具体包括加强社区制度建设、增强社区自治能力、完善社区标准规范体系、提升社区服务水平、推进社区规划和社区营造、建设智慧社区等。作为社会生活中的一员，每位市民都应该在生活中积极树立社区服务意识和社区参与意识，积极投身社区事务与社区活动，为社区建设发展贡献自身力量。

思考题

（1）从街居制、单位制走向社区制的我国社区治理制度演进特点如何？

（2）谈谈我国当前社区治理的不足之处与改进方向？

课堂讨论

【材料】从规划师到责任规划师：深化城市精细化治理

2019年5月17日，在北京市人民政府新闻办公室召开的《北京市城乡规划条例》配套文件新闻发布会上，北京市规划和自然资源委员会发布了《北京市责任规划师制度实施办法（试行）》。其中明确了责任规划师的定位和工作目标、主要职责、权利和义务、保障机制等内容，通过进一步完善专家咨询和公众参与长效机制，提升城市规划设计水平和精细化治理能力。《建筑技艺》就此议题采访了北京市城市规划设计研究院冯斐菲教授。

问：随着新一版北京城市总体规划的出台，城市发展与治理层面发生了哪些

① 黄瓴，许剑峰．城市社区规划师制度的价值基础和角色建构研究[J]．规划师，2013，29（9）：11-16.

变化，从而催生出“北京责任规划师制度”的提出？从政府的角度来看，主要目标是什么？

答：责任规划师的出现，可以说是规划下基层这一大方向的体现。改革开放四十年，土地财政、房地产与政府的行政化资源分配带来了城镇化的快速推进，规划师、建筑师在一片空白的区域上大笔一挥，高楼平地起。然而，四十年快速发展后，我国的城市发展开始进入一个新的阶段，即城市更新时代。正如十九大报告所言，我国社会的主要矛盾已经转化为人民日益增长的美好生活需要和不平衡不充分的发展之间的矛盾，我们的城市建设与管理也从大规模建设转向疏解减量、优化提升。

在北京新总体规划的基础之上，各个区都编制了相应的规划来落实总规，但怎样保证总规的理念能够在基层顺利贯彻呢？这个基层就是我们的街道，事实上以往的规划编制并不会太多征求街道的意见、社区的诉求。规划通常依据指标编制，更多是自上而下，各部门按自己的专项规划落实，如民政、市政等。街道话语权不多，更多是配合部门落实，由于缺乏上下协调，常常导致最终的结果居民可能并不满意，而作为直接面对居民的街道也很委屈。

这个时候，政府开始希望加强街道的力量，首先实施了“街乡吹哨、部门报到”政策，即街道有问题，请各个部门来解决。之后政府又先后出台了《北京市街道办事处条例》《关于加强新时代街道工作的意见》，推出新政30条向街道赋“六权”，同时也对街道做出类似“小事不出门，接诉即办”等的约束。这样一来，从政策层面，作为基层政府的街道便有了更大的主动权。

但是街区更新治理工作是统筹性的，需要将各个部门的工作及自身的诉求、资源进行整合，而街道在某种程度上缺乏这方面的人才。这时，《北京市城乡规划条例》在原来基础上修订通过（2019年4月28日起施行），其中特别指出全市推行责任规划师制度，指导规划实施，推进公众参与，具体办法由市规划和自然资源主管部门制定；完善规划公众参与机制，畅通多元主体参与规划渠道，城乡规划的制定、实施、修改和监督检查应当向社会公开，充分听取公众意见。紧接着北京市规划和自然资源委员会发布了《北京市责任规划师制度实施办法（试行）》，明确了责任规划师作为区政府选聘的第三方人员，为责任范围内的规划、建设、管理提供专业指导和技术服务。这就是以专业力量助力基层，其对于全市开展街区更新、提升基层治理能力、依法行政、促进城乡规划落地实施，起到了重要作用。

问：我们在规划建设与社会治理层面的公众参与还很薄弱，在具体街区治理工作中是怎样推进公众参与的？

答：2007年出台的《中华人民共和国城乡规划法》就有提出：省域城镇体系规划、城市总体规划、镇总体规划的组织编制机关，应当组织有关部门和专家定期对规划实施情况进行评估，并采取论证会、听证会或者其他方式征求公众意见。之后，北京市规划管理委员会（当时的名字）就提出设置责任规划师，也就从那时开始了深化公众参与的试点。

第一个深化公众参与的案例，是我们最早在东城区的交道口街道菊儿社区就一个社区活动用房的合理使用征求居民意见。起因是我们当时在社区公示控规，但是居民对这些并不是特别关心，而是更关心自己家这一亩三分地的事儿，所以提了好多细节意见。于是，我们就选择居民最关心的——公共空间不好用问题，展开了和居民一起商量、画设计图、找赞助等一系列工作。一年下来，社区活动用房从一个被大家诟病的潮湿黑暗的空间，变成一个大家喜爱的温暖明亮的公共休闲娱乐空间，小小的项目还获得了建设部的人居范例奖和迪拜国际人居范例奖。

这给了我们很大的鼓励，之后2014年，我们规划院又接手了朝阳门街道东四南历史文化街区的保护规划编制工作。过程中发现居民修房子要么拆了老物件，要么往墙上贴瓷砖，因为他们并不理解、也不太关心所谓的“老城保护”。为了让规划更好地落地实施，我们与街道领导一起商量，希望成立一个架构在政府与居民之间的第三方平台，听取民声、民愿。于是，以史家社区为基地，我们成立了“史家胡同风貌保护协会”，这是个民间非盈利组织，由街道书记（任理事长）与居民（属地单位作为理事单位）、志愿者（如高校师生等）、规划师（任秘书长）组成。

首先，我们站在居民的角度进行了思考，老城内大杂院拥挤不堪，人均居住面积非常少，生活配套极其有限，在这样的情况下，居民关注生活条件改善多于风貌保护也是自然而然的事。但是，我们最开始并没有从空间入手，而是从人文入手。因为，如果居民都不热爱自己的家，不了解所在区域的历史，他们也就不会从根本上转变认识。我们以史家胡同博物馆为基地开展居民工作，做口述史、讲座、沙龙，就是给居民讲老北京的故事、讲这个地区的故事。另一个工作就是一起制定社区公约，如共同约束规范停车，效果非常好。

接下来才开始做我们更擅长的工作，即空间环境品质的提升。我们选了几个大杂院，邀请了志愿设计师与居民一起，针对院内杂物乱堆、地面低洼、环境差等问题做了整体的梳理，重新设计改造，包括整改上下水、铺平地面、规整晾衣绳、设置花池等，并且挨家挨户征求意见，确保每一个居民都能够参与，一个也不能落下。为此，我们的规划师周六日也要打电话或者登门拜访，很不易，但反过来说，想要满足居民最微小的需求就应该是这样。在施工时，居民主动把积攒了多年的杂物、垃圾清理了，让我们很感动，街道干部们也很感慨，因为之前也动员过，没有得到回应。

在整个公众参与的过程中，我们发现不仅要有街道干部、属地单位的支持，居民领袖的作用也是非常突出，是与居民顺畅沟通的一大法宝。现在，我们把博物馆定位为社区会客厅、居民议事厅与文化展示厅，同时也将其看成一个汇聚社会力量的平台。目前史家胡同博物馆已有会员近5000名，志愿者200多位，譬如很多博物馆讲解员都是志愿者。带动社会力量来共同关注社区，这正是我们的初衷，也正是发挥了责任规划师的龙头、统筹作用。

问：史家社区的治理和责任规划师工作有其代表性，更有其独特性。由于北京每个区各有特点，那么该如何整体推进责任规划师工作和社区更新？

答：继我们的探索之后，东城区也看到了这一模式的效果，开始在全区推广，结合街巷治理工作,在每个街道配备一个规划师团队,协助街道更新的工作。之后，西城也开始了这一工作，他们是从街区整理计划开始，即每个街道有一个责任规划师团队做街区整理计划。

制度在全市推广后，各区积极响应，形式各异。如海淀区采取“1+1+N”的模式，即一个专职的责任规划师、一个高校合伙人团队以及其他可以协助工作的设计单位。除了海淀区，其他各区都采取规划团队的做法，比如西城区月坛街道，首席规划师来自北京市城市规划设计研究院，首席建筑师来自北京工业大学，还配备有交通、市政等专业人员，另外还有一个顾问团队；再比如德胜门街道的规划团队，除了有来自北京市城市规划设计研究院的规划师，还有几名来自九三学社；而朝阳区涉外功能区多，有些街道采取了国内团队加国际团队的模式，如三里屯街道。可以看出，各个区根据自己的特点都在进行初期的摸索，还不太成熟。

我们今天的成绩是与街道不断磨合、总结经验教训才得来的。在刚刚过去的北京国际设计周上，可以看到各区都不断亮相了自己的新成果，实际背后需要付出长期的努力。所以，希望各区在推进责任规划师工作的过程中，可以根据具体情况采取适当的策略，而不是操之过急。

【讨论】北京责任规划师制度建立的背景和意义是什么？如何当好责任规划师？

（资料来源：吴春花.从规划师到责任规划师——访北京市城市规划设计研究院冯斐菲教授采访[J].建筑技艺，2019（11）：11-13.）

延伸阅读

[1] 薄大伟（David Bray）.单位的前世今生：中国城市的社会空间与治理[M].柴彦威，张纯，何宏光，译.南京：东南大学出版社，2014.

[2] 邱梦华.城市社区治理[M].2版.北京：清华大学出版社，2019.

[3] 陆军，等.营建新型共同体：中国城市社区治理研究[M].北京：北京大学出版社，2019.

第10章

城市更新制度

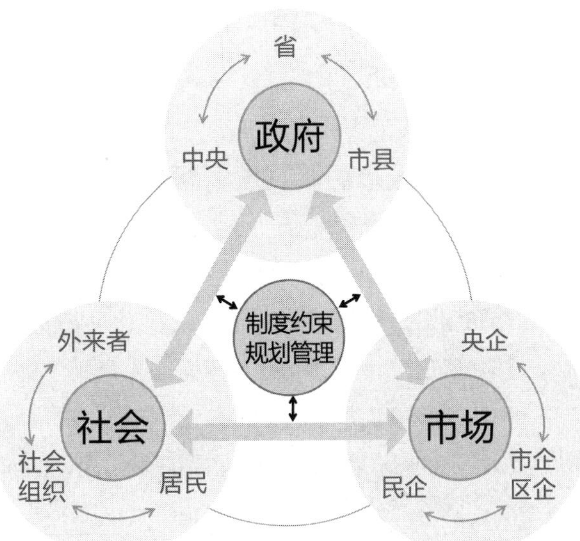

【章节要点】城市更新制度建设在新时期的重要性；广州、深圳、上海三地《城市更新（实施）办法》与《城市更新条例》的要点；三地城市更新的体系与特点；三地城市更新制度运行的经验得失。

城市更新是城市永恒的主题。为顺应城镇化进程的快速发展，我国过去的规划体系与管理制度在很大程度上是为服务城市增长和新区建设而设定的，对已建成区的更新改造行动适用性不足，这导致迈入存量规划时代后的各地城市更新工作开展困境重重，城市更新制度的改革探索势在必行。本章解读了广州、深圳、上海三地自 2009 年以来率先开展的城市更新制度创新工作，通过对比总结三地的经验与挑战，揭示当前中国城市更新制度探索的政策过程、体系架构、创新成就、潜在问题及改进方向等。

10.1 城市更新制度创新的紧迫诉求与三地探索①

我国在经历了改革开放 40 年的增长奇迹之后，经济发展进入结构性减速时期，并联动引起社会、政治、空间、文化发展等的全面转型。1949 年末中国的常住人口城镇化率仅 10.64%，2011 年末常住人口城镇化率首超 50%，2018 年末常住人口城镇化率达 59.58%。从城乡建设用地“倒逼”现状来看，以珠三角、长三角等为代表的发达城市地区，其建设用地已经占到区域总用地的 40%—50%，逐步陷入无“新增建设用地”

① 本章内容主要整理和来源自：唐燕，杨东，祝贺．城市更新制度建设：广州、深圳与上海的比较 [M]. 北京：清华大学出版社，2019；唐燕，杨东．城市更新制度建设：广州、深圳、上海三地比较 [J]. 城乡规划，2018（4）：22-32。根据国家机构改革后的三地城市更新制度变化，本章增补了最新政策与制度变革的相关分析。

可用的严峻状态，迫切需要城乡建设实现从粗放到集约、从增量到存量、从制造业到服务业、从生态破坏到环境友好、从追求速度到普适生活等的全方位变革。因此，旨在解决城市存量发展问题的城市更新在新时期上升成为中国城市发展建设的新焦点。

在城市发展由“增量扩张”迈向“存量优化”的变革期，受传统规划和土地管理等体制的制约，城市更新过程中土地使用权的取得、对原有居民或企业等的拆迁与补偿、建筑或土地功能的改变、既有建筑的局部拆改、资金来源与利益分配、政府管理中的部门协作等相关行动或决策，常常举步维艰或者成效不佳。这些行动要么需要经历复杂的规划调整和审批程序，要么需要付出高昂时间和资金成本，要么导致主要利益相关者之间的权益分配不均，要么带来邻里关系断裂等问题。因此，原有制度若不加改革会持续加剧这类问题的发生，造成城市更新活动难以落地实施或偏离其价值目标。

为了促进城市功能提升、产业结构升级、人居环境改善及空间品质优化，广州、深圳、上海等大城市积极开展城市更新的制度与实践改革，在城市更新政策建设、规划编制、项目实施与行动计划等方面取得显著进展，广州于2015年还成立了我国内地历史上第一个“城市更新局”[①]。

10.2 广州、深圳、上海城市更新（实施）办法

2009年与2015年，深圳、广州、上海分别颁布了地方《城市更新（实施）办法》，是三地城市更新制度建设迈上新台阶的里程碑（表10–1）。广州和深圳全面规范化的城市更新工作开展，得益于2008年国土资源部在广东试点的土地集约、节约化利用优惠政策及随之引发的“三旧”改造行动[②]，大跨步地实施了一系列有针对性的政策改革，如化解土地流转的路径和指标问题；经营性用地可以协议出让；土地出让纯收益可返还给村集体用于发展集体经济等。上海的城市更新工作更多地基于多年实践的日积月累，逐步借助规范化的政策办法与“试点试行”推进城市更新的制度体系建构与实践发展。

10.2.1 广州市城市更新办法

改革开放使得广东省逐步形成全面开放的新格局，城镇化进程迅速铺开。为了能够在增量紧缩的情况下，探索新型城镇化阶段的存量土地供给模式，2009年国土

---

① 广州城市更新局后来因新一轮国家机构改革而撤并。本章所讨论的广州、深圳、上海三地的城市更新管理机构，主要涵盖2018年国家新一轮机构改革之前的情况。自国家成立自然资源部之后，各地紧跟开展机构调整，原来各地的国土与规划局、城市更新局等在归属、名称和职能上都发生了变革。

② 2008年，根据时任总理温家宝同志提出的希望广东成为全国节约集约利用土地示范省的重要指示精神，国土资源部和广东省决定联手共建节约集约用地试点示范省。

广州、深圳、上海《城市更新（实施）办法》首次颁布概况　　表 10-1

城市	核心政策	更新目的	发布日期	实施日期
广州	《广州市城市更新办法》	促进城市土地有计划开发利用，完善城市功能，改善人居环境，传承历史文化，优化产业结构，统筹城乡发展，提高土地利用效率，保障社会公共利益	2015 年 12 月 1 日	2016 年 1 月 1 日
深圳	《深圳市城市更新办法》	完善城市功能，优化产业结构，改善人居环境，促进经济社会可持续发展，推进土地、能源、资源的节约集约利用	2009 年 10 月 22 日	2009 年 12 月 1 日
上海	《上海市城市更新实施办法》	提升城市功能，激发都市活力，改善人居环境，增强城市魅力，节约集约利用存量土地	2015 年 5 月 15 日	2015 年 6 月 1 日

资料来源：广州市人民政府办公厅秘书处．广州市城市更新办法 [Z]．2015；深圳市政府．深圳市城市更新办法 [Z]．2016；上海市政府．上海市城市更新实施办法 [Z]．2015.

资源部与广东省协作，颁布了《促进节约集约用地的若干意见》[①]，推进旧城、旧村、旧厂改造（简称“三旧”改造）。同年，广州结合实际情况，颁布《关于加快推进“三旧”改造工作的意见》（穗府〔2009〕56 号），标志着“三旧”改造工作在广州的正式推行。随着广州经济转型的深化发展，“三旧”改造实施过程中不断出现新情况和新问题，2012 年广州颁布《关于加快推进“三旧”改造工作的补充意见》（穗府〔2012〕20 号），针对前三年“三旧”改造中出现的症结，对改造政策进行阶段性优化，使得广州“三旧”改造在产业结构调整、土地利用效率提升、人居环境优化方面取得了较大成绩。2015 年 12 月，广州颁布《广州市城市更新办法》及其相关配套文件（旧村庄、旧城镇、旧厂房的更新实施办法），正式将“三旧”改造升级为综合性的城市更新。

《广州市城市更新办法》共 7 章 57 条，主要可分为三部分（图 10-1）：①第一部分为第一章，规定了广州城市更新的目的、内涵、原则和机构；②第二部分为第二章到第四章，涉及一般规定、更新规划与方案编制、用地处理等相关内容。一般规定主要针对更新范围确定、更新方式、更新主体、数据调查、专家论证、公众咨询委员会、历史用地处置提出总体要求。更新规划与方案编制涉及中长期更新规划编制、更新片区划定、片区策划方案制定与审核、更新年度计划等。用地处理对于用地的历史遗留问题提出了相应处置措施；③第三部分为第五章到第七章，主要内容为城市更新的资金筹措与使用、监督管理及其他规定。

10.2.2　深圳市城市更新办法

在空间资源硬约束倒逼土地利用方式转型的背景下，深圳于 2009 年 10 月正

① 广东省国土资源厅．关于推进“三旧”改造促进节约集约用地的若干意见（粤府〔2009〕78 号）[Z].2009.

式颁布《深圳市城市更新办法》(深府〔2009〕211 号);2012 年 1 月,与办法相配套的《深圳市城市更新办法实施细则》(深府〔2012〕1 号)得以实施。至此,深圳市初步形成了有关城市更新的相对完整的政策体系。2016 年,深圳作出关于修改《深圳市城市更新办法》的决定,对 2009 年颁布的《深圳市城市更新办法》进行阶段性完善,出台了新版《深圳市城市更新办法》(深府〔2016〕290 号)。2016 年 11 月,深圳印发新一阶段的覆盖全市的城市更新专项规划(《深圳市城市更新"十三五"规划(2016—2020)》),深化指引城市更新工作开展。

2016 版《深圳市城市更新办法》共 7 章 48 条,主要包括四部分(图 10–2):①第一部分为第一章,规定了深圳城市更新的目的、内涵、原则、主体、资金、机

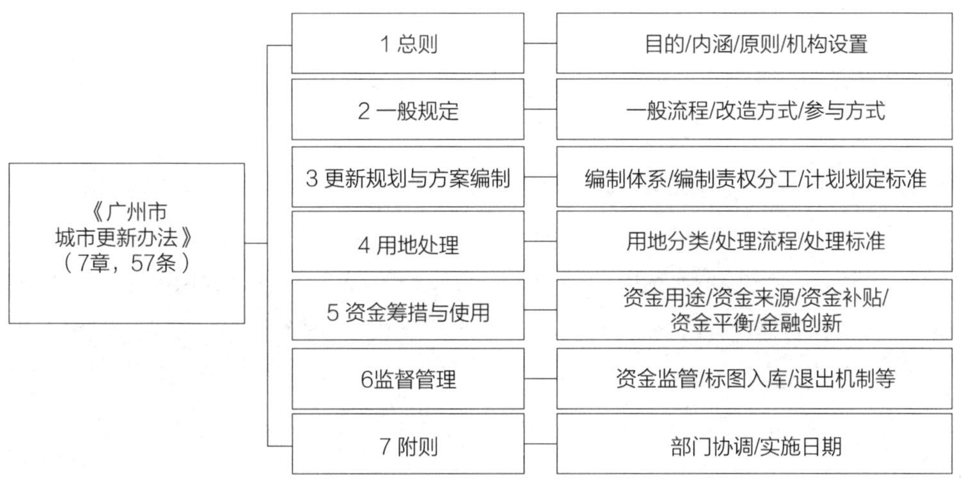

图 10-1 《广州市城市更新办法》的结构框架

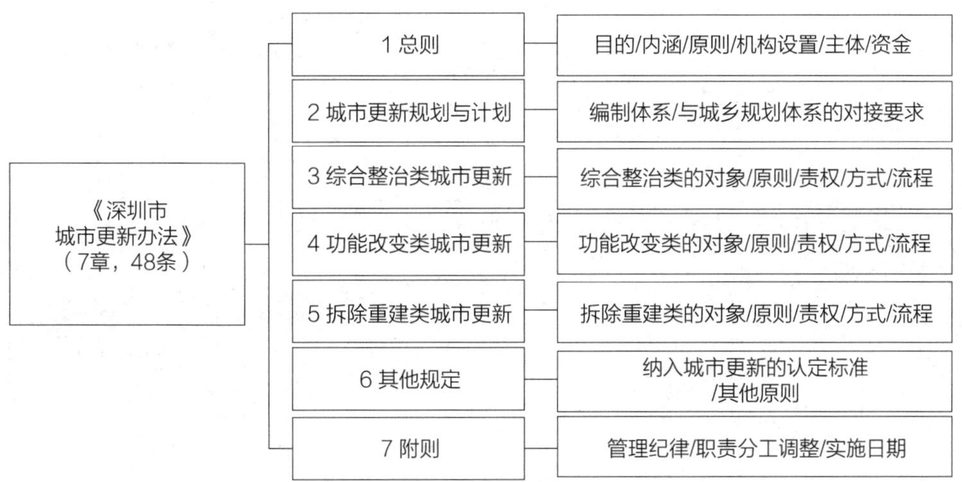

图 10-2 《深圳市城市更新办法》的结构框架

构等内容；②第二部分为第二章，规定了深圳城市更新规划与计划的相关内容。城市更新规划主要涉及市级层面的城市更新专项规划，以及对接法定图则的实施管控层面的城市更新单元规划两个层次，城市更新单元的申报、规划编制与纳入时间计划等内容在办法中给出了具体规定；③第三部分为第三章到第五章，按照城市更新改造的方式分综合整治类、功能改变类、拆除重建类对城市更新管理提出具体规定；④第四部分为第六章和第七章，主要内容为与其他法规的衔接、监督管理及其他补充规定。

10.2.3 上海市城市更新实施办法

上海在《城市更新实施办法》颁布之前，早就针对急待解决的工业转型、旧区改造等问题，颁布了诸如《关于本市盘活存量工业用地的实施办法（试行）》（2014）等政策文件，只是规则处在时松时紧的变化中，未形成体系化的政策建构。2015 年 5 月，上海颁布《上海市城市更新实施办法》（沪府〔2015〕20 号），并出台了一系列配套文件，正式系统化地规范城市更新工作。《城市更新实施办法》施行后，截至 2018 年底，上海开展了大约 50 个城市更新试点项目，以试点带动城市更新发展。例如 2015 年，上海开始推行 17 项城市更新计划；2016 年在此基础上推出“12+X”城市更新四大行动计划，选取 12 个典型的区域作为城市更新试点对象。上海各区还通过启动诸如“缤纷社区”等计划，推动社区微更新，试行“社区规划师制度”等不同安排，探索了“自下而上”结合“自上而下”的多种城市更新实践模式。

《上海市城市更新实施办法》共 20 条，主要可分为三部分（图 10-3）：①第一部

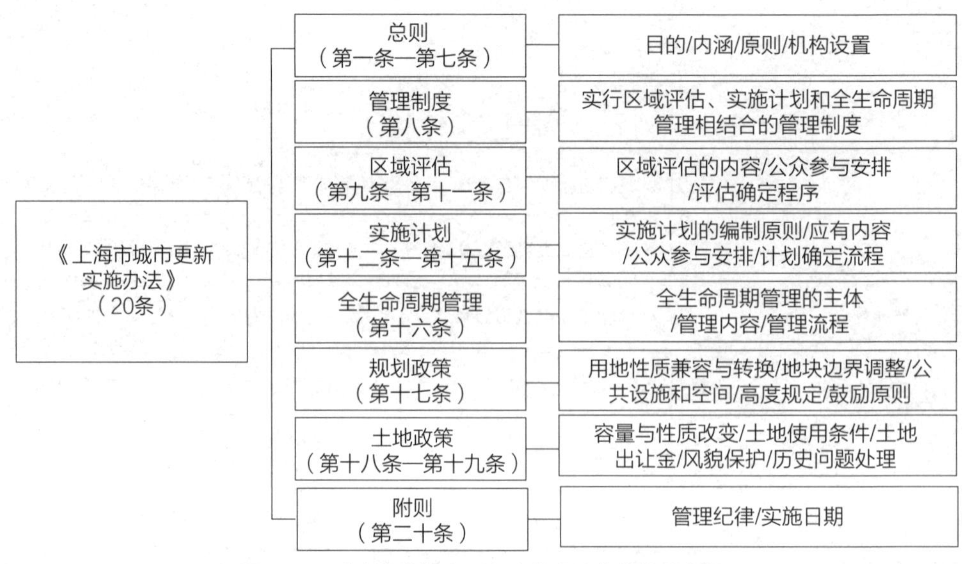

图 10-3 《上海市城市更新实施办法》的结构框架

分为第一条到第七条，对上海城市更新提出了总体要求，规定了城市更新的目的、内涵、原则、机构等；②第二部分为第八条到第十六条，规定了城市更新的管理流程与方式，包括区域评估、实施计划、全生命周期管理等；③第三部分为第十七条到第二十条，对城市更新涉及的规划、土地等相关内容等进行详细规定。

10.3 国家机构改革前的三地城市更新制度体系及特点（2009—2018年）

（1）广州。广州城市更新制度体系中的核心管理机构为广州市城市更新局（已拆并）[①]，政策经历了从"开放市场"向"政府主导"的演变，城市更新活动按照"旧城、旧村、旧厂"分类管理，并以此形成了"1+3+N（城市更新总体规划 + 三旧专项规划 + 具体改造方案或片区策划方案）"的政策和规划编制体系。城市通过"城市更新总体规划"对全城更新工作进行整体控制，借助更新片区规划确定改造方案，并基于"多主体申报，审批控制"的管理途径，以"全面改造"和"微改造"的方式开展城市更新实践（图 10–4）。更新过程中，更新地块数据入库、专家论证、协商审议机制等成为更新活动有序开展的重要保障。

（2）深圳。深圳城市更新制度体系中的核心管理机构为深圳市规划和国土资源委员会（2018年国家机构改革前），下设分支"城市更新局"负责相关城市更新业务[②]。深圳政策强调"政府引导，市场运作"，突出法制化、市场化特点，将城市更新分为综合整治、功能改变、拆除重建三类进行分类指引[③]，通过整体的"城市更新专项规划"与地段的"城市更新单元规划"进行规划控制，在项目运行上实行"多主体申报、政府审批"，以充分调动多方力量推动城市更新工作[④]（图 10–5）。

（3）上海。上海城市更新制度体系中的核心管理机构为上海规划和国土资源管

---

① 2019年，广州组建"广州市规划和自然资源局"，内设"城市更新土地整备处"，该处职责为：负责统筹组织全市城市更新土地整备工作，负责划定土地整备重点范围，结合城市更新推进范围内的土地整理和储备；负责全市城市更新项目完善历史用地手续的审核，负责城市更新项目集体建设用地转为国有建设用地的审核，负责城市更新项目"三地"（边角地、夹心地、插花地）涉及农用地转用和土地征收的审核；指导和监督各区城市更新土地整备、用地报批和用地管理工作。具体参见：http：//ghzyj.gz.gov.cn/gkmlpt/content/5/5678/post_5678980.html#932.

② 2019年1月，《深圳市机构改革方案》经省委、省政府批准，并报中央备案同意发布。原深圳市城市更新局、土地整备局二者合并为深圳市城市更新和土地整备局，城市更新与土地整备局归属市规划和自然资源局领导和管理。具体参见：http：//www.sz.gov.cn/gxzbj/.

③ 综合整治类，保持建筑主体结构和使用功能基本不变，改善基础设施和公共服务设施、美化沿街立面以及既有建筑节能改造等内容；功能改变类，保留建筑物的原主体结构，改变部分或者全部建筑物使用功能，不改变土地使用权的权利主体和使用期限；拆除重建类，完全拆除重建，并改变地区功能，改变土地使用权的权利主体和使用期限。

④ 2019年6月深圳出台《关于深入推进城市更新工作促进城市高质量发展的若干措施》，推动城市更新工作实现从"全面铺开"向"有促有控"、从"改差补缺"向"品质打造"、从"追求速度"向"保质提效"、从"拆建为主"向"多措并举"转变。

理局（2018年国家机构改革前），下设“城市更新工作领导办公室”[①]，核心政策突出政府引导下的“减量增效，试点试行”。上海亦使用城市更新单元作为城市更新的基本管理单位以及规划管控的工具，采用“区域评估—实施计划（土地全生命周期管理）—项目实施”的工作路径推进城市更新。上海城市更新突出“公益优先、多方参与”的价值理念，区域评估要求落实公共要素清单，区域评估与实施计划编制等环节要求进行公众参与，倡导通过容积率奖励与转移等措施，鼓励更新项目增加公共开放空间与公共设施（图10–6）。

国家机构改革前，广州、深圳、上海三地的城市更新制度建设经过近十年的先锋探索，已经呈现出明显的体系化、综合化发展特征（表10–2）：①三地均设置了专门管理城市更新事务的部门机构，特别是2015年广州成立了我国内地第一个城市

广州市城市更新			核心政策演变：从“开放市场”到“政府主导”
			核心机构：广州市城市更新局（已撤并）
			规划控制：“1+3+N”规划编制体系
旧城	旧村	旧厂	总体控制：广州市城市更新总体规划
			分类指引：旧城、旧村、旧厂分类指引，全面改造和微改造并举
			监督协商制度：数据调查、专家论证、协商审议
			实施办法：审批控制，多主体申报

图10–4　广州城市更新制度体系（2018年国家机构改革前）

深圳市城市更新			核心政策：以《城市更新办法》为核心，政府引导，市场运作
			核心机构：规划和国土资源委员会（下设城市更新局）
			规划控制：整体引导（城市更新规划）+城市更新单元
综合整治	功能改变	拆除重建	核心控制要素：城市更新单元
			分类指引：综合整治+功能改变+拆除重建
			实施办法：审批控制，多主体申报

图10–5　深圳城市更新制度体系（2018年国家机构改革前）

① 2019年10月，上海市将上海市旧区改造工作领导小组、上海市大型居住社区土地储备工作领导小组、上海市“城中村”改造领导小组、上海市城市更新领导小组合并，成立上海市城市更新和旧区改造工作领导小组，由上海市市长担任组长。领导小组下设办公室、城市更新工作小组、旧区改造工作小组。领导小组办公室设在市住房城乡建设管理委，城市更新工作小组设在市规划资源局，旧区改造工作小组设在市住房城乡建设管理委。具体参见：http://www.shanghai.gov.cn/nw2/nw2314/nw2319/nw12344/u26aw62976.html.

上海市城市更新	核心政策：政府引导下的减量增效
	核心机构：规划和国土资源管理局（下设城市更新工作领导办公室）
	规划控制：城市更新单元
按照市政府规定程序认定的城市更新地区	实施路径：区域评估+实施计划+城市更新单元
	价值导向：规划引领、有序推进、注重品质、公共优先、多方参与
	运作模式：社会参与，有效激励

图 10-6　上海城市更新制度体系（2018 年国家机构改革前）

广州、深圳、上海城市更新制度创新比较（2018 年国家机构改革前）　表 10-2

内容	广州	深圳	上海
机构设置	城市更新局	规划和国土资源委员会（下设城市更新局）	规划和国土资源管理局（下设城市更新工作领导办公室）
管理规定	城市更新办法	城市更新办法	城市更新实施办法
对象分类	旧城、旧村、旧厂	综合整治、功能改变、拆除重建	建成区中按照市政府规定程序认定的城市更新地区
规划体系	“1+3+N”编制体系	城市更新专项规划＋城市更新单元规划	城市更新单元规划
政策特点	政府主导，市场运作	政府引导，市场运作	政府引导，双向并举，试点试行
运作实施	审批控制，多主体申报	审批控制，多主体申报	审批控制，试点示范项目
特色创新	数据调查（标图建库）、专家论证、协商审议等	保障性住房、公服配套、创新产业用房、公益用地等	用地性质互换、公共要素清单、社区规划师、微更新等

更新局[①]；②三地均出台了系列城市更新的专项法规和政策文件，并以《城市更新（实施）办法》作为核心纲领；③在政策导向上，曾经放权市场的广州转向强调要“政府主导，市场运作”，城市更新动力有所下降，深圳重视政府引导下的“市场运作”，上海虽推崇“政府—市场双向并举”，但在当前实践中政府推进仍是主导动力；④三地均强调城市更新的分类管控，广州基于“三旧改造（旧城、旧村、旧厂）”演进到强调“全面改造”和“微更新”并行，深圳以更新改造的力度为依据分“综合整治、功能改变、拆除重建”推进实践，上海进行以政府认定的更新地区为基础的更新引导；⑤在运作实施上，广州强调政府对土地的收储，深圳有更为开放的多主体更新

① 注：香港早已设置。

项目申报机制，上海主要依托政府试点开展行动计划；⑥与城市更新管理办法和相关要求相适应，三地在规划层级和体系上也进行了针对性的变革，如广州曾长期推行的“1+3+N”编制体系，深圳以城市更新单元为核心的“1+N（城市更新总体规划 + 片区统筹规划 / 更新单元规划等）”编制体系，上海的区域评估结合城市更新单元规划等；⑦在具体的空间管控措施上，对于功能和强度等进行分区管控是常见手法，上海的公共要素清单[①]、容积率奖励，深圳的保障性住房、创新产业用房配建等是具有突破性的空间管控举措和实施路径。

10.4 广州、深圳、上海城市更新条例

随着 2018 年国家机构改革的逐步落地，2020 年广州发布《关于深化城市更新工作推动高质量发展的实施意见》《广州市深化城市更新工作推动高质量发展的工作方案》及相关配套指引（合称城市更新“1+1+N”政策文件），对新一轮城市更新工作作出重要安排[②]，广州市人大常委会将《广州市城市更新条例》列入 2021 年立法工作计划[③]。2019 年中共中央国务院发布《关于支持深圳建设中国特色社会主义先行示范区的意见》，赋予深圳新的使命任务，要在城市空间统筹利用等重点领域深化改革、先行先试[④]。深圳于 2019 年出台《深圳市关于深入推进城市更新工作促进城市高质量发展的若干措施》，发布规划期至 2035 年的全市城市更新规划，建立健全任务下达、过程跟踪、年终考核的年度更新计划管理制度，并在全国开始率先推进城市更新的地方立法工作。上海在城市建设发展进入内生提质、存量盘活的新阶段之后，已逐步积累了一批富有特色的城市更新实践案例和做法经验。2021 年 1 月通过的《上海市国民经济和社会发展第十四个五年规划和二〇三五年远景目标纲要》，提出要“加强政策有效供给推动城市有机更新，完善城市更新法规政策体系”[⑤]。

2021 年，广州、深圳、上海三地陆续出台《城市更新条例》（或征求意见稿）（表 10-3），城市更新的工作内涵和实践方式得到进一步明确，为破解当前城市更新工作中的痛点、难点和堵点提供了重要法律保障。

---

① 上海城市更新通过“区域评估”明确一定空间范围内必须配套的公共服务设施等“公共要素清单”，并将其纳入土地出让合同之中以保障清单的落地实施，即实现“全生命周期管理”。

② 广州市人民政府 . 广州城市更新配套新政出炉 [EB/OL].（2020-09-28）[2021-09-08]. http：//www.gz.gov.cn/xw/jrgz/content/post_6736201.html.

③ 广州市住房和城乡建设局 . 广州市住房和城乡建设局关于对《广州市城市更新条例（征求意见稿）》公开征求意见的公告 [EB/OL].（2021-07-07）[2021-08-24].http：//www.gzcsgxxh.org.cn/page131.html?article_id=834.

④ 深圳市城市更新和土地整备局 .《深圳经济特区城市更新条例》解读 [EB/OL].（2021-03-22）[2021-08-24].http：//www.sz.gov.cn/szcsgxtdz/gkmlpt/content/8/8614/post_8614137.html#19170.

⑤ 上海市人民政府 . 上海市国民经济和社会发展第十四个五年规划和二〇三五年远景目标纲要 [EB/OL].（2021-01-30）[2021-08-24].https：//www.shanghai.gov.cn/nw12344/20210129/ced9958c16294feab926754394d9db91.html.

广州、深圳、上海《城市更新条例》出台情况　　表 10-3

城市	条例	城市更新定义	施行日期
广州	广州市城市更新条例（征求意见稿）	城市空间形态和功能可持续改善的建设和管理活动	2021 年 7 月 7 日（征求意见）
深圳	深圳经济特区城市更新条例	根据更新条例规定进行拆除重建或者综合整治的活动	2021 年 3 月 1 日
上海	上海市城市更新条例	在建成区内开展持续改善城市空间形态和功能的活动	2021 年 9 月 1 日

10.4.1 广州城市更新条例（征求意见稿）

2021 年 7 月，广州市住房和城乡建设局就《广州市城市更新条例（征求意见稿）》公开征求意见。条例共 8 章 53 条，包括总则、规划管理、策划实施、用地管理、监督管理、权益保障、法律责任及附则（图 10–7），主要政策进展表现在[①]：①推进历史文化保护与利用，对涉及历史文化遗产的城市更新从法律法规、容积率奖励、活化利用、资金等方面作出明确规定；②提升公共服务供给能力，通过连片更新、时序设定、资源整合、容积率奖励等措施配置高标准公共服务设施；③结合国民经济和社会发展规划、国土空间规划精准配置产业空间，通过城市更新促进产城融合，微改造项目允许通过用地兼容、功能转变提供产业发展空间；④强化对多方主体权益的保障，有序开展搬迁安置，引导更新项目配建公共租赁住房、共有产权住房等

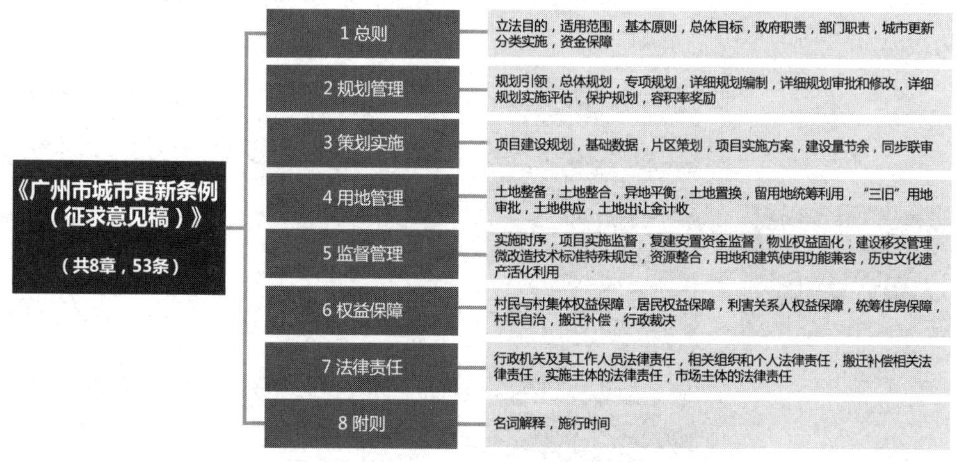

图 10–7 《广州市城市更新条例（征求意见稿）》结构框架

资料来源：根据《广州市城市更新条例（征求意见稿）》内容绘制。

① 广州市住房和城乡建设局．广州市住房和城乡建设局关于对《广州市城市更新条例（征求意见稿）》公开征求意见的公告 [EB/OL].（2021–07–07）[2021–08–24].http：//www.gzcsgxxh.org.cn/page131.html?article_id=834.

保障性住房；⑤加大对城市更新微改造的支持力度，对微改造项目涉及的空间不足、审批困难、资金筹集不易等瓶颈问题，提出一系列解决措施；⑥促进土地节约集约利用，设置用地管理专章，从土地整备、土地整合、异地平衡、土地置换、留用地统筹利用、“三旧”用地审批、土地供应等方面总结提升城市更新用地管理的经验和做法。

10.4.2 深圳城市更新条例

2020 年 12 月，我国首部城市更新地方立法文件《深圳经济特区城市更新条例》经深圳市人大常委会会议表决通过。条例共计 7 章 72 条，包含总则、城市更新规划与计划、拆除重建类城市更新、综合整治类城市更新、保障和监督、法律责任及附则（图 10-8），主要政策进展表现在[①]：①明确城市更新的原则、目标和总体要求，对城市更新应当重点把握的原则性、方向性问题进行确定；②严格城市更新规划与计划管理，市城市更新部门应当按照全市国土空间总体规划组织编制全市城市更新专项规划，明确城市更新单元划定、城市更新单元计划制定和规划编制等要求；③探索城市更新的市场化运作路径，可由物业权利人自主选择的开发建设单位负责申报更新单元计划、编制更新单元规划、开展搬迁谈判、组织项目实施等活动；④规范城市更新中的市场主体行为，明确市场主体准入门槛和选定方式，建立市场主体变更程序和市场退出机制；⑤保护城市更新物业权利人的合法权益，从信息公开、补偿方式、补偿标准、产权注销等方面开展一系列规则设计；⑥破解城市更新搬迁难问题，创设“个别征收 + 行政诉讼”的意见不一致解决途径，规定旧住宅区城市更

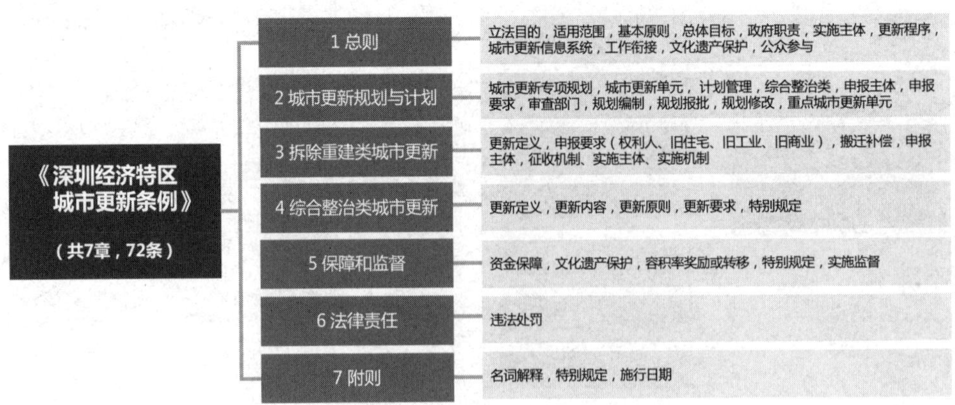

图 10-8 《深圳经济特区城市更新条例》结构框架

资料来源：根据《深圳经济特区城市更新条例》内容绘制。

① 深圳市城市更新和土地整备局.《深圳经济特区城市更新条例》解读 [EB/OL].（2021-03-22）[2021-08-24].http：//www.sz.gov.cn/szcsgxtdz/gkmlpt/content/8/8614/post_8614137.html#19170.

新项目个别业主经行政调解后仍未能签订搬迁补偿协议时，区人民政府为了维护和增进社会公共利益，可以对未签约部分房屋依法实施征收。

10.4.3 上海城市更新条例

2021年8月，上海市十五届人大常委会第三十四次会议表决通过了《上海市城市更新条例》。条例共计8章64条，从资金支持、税收优惠、用地指标、土地政策支持、公房承租权归集等方面多渠道保障城市更新项目的有序开展（图10-9），主要政策进展表现在[①]：①建立区域更新统筹机制，由更新统筹主体负责推动达成区域更新意愿、整合市场资源、编制区域更新方案，统筹推进更新项目实施；②提升公共服务供给能力，优先对市政基础设施、公共服务设施等进行提升和改造，推进综合管廊、综合干箱、公共充电桩、物流快递设施等新型集约化基础设施建设；③健全城市更新公众参与机制，依法保障公众在城市更新活动中的知情权、参与权、表达权和监督权；④推进历史文化保护，明确"风貌协调"和"风貌保障"相关要求，并给予容积率奖励、异地补偿、组合供应土地等特殊政策支持；⑤明确公有旧住房的拆除重建和成套改造项目在达到规定同意和签约比例（95%）后，公房承租人拒不搬迁的，按照"调解+决定+申请执行"的方式处理；⑥建立产业优胜劣汰和土地高效配置的更新机制，根据资源利用效率的评价结果，推进产业用地高效配置，完善产业绩效和土地退出机制建设；⑦明确更新区域内的项目用地性质，在保障公共利益、符合更新目标的前提下可按照规划予以优化；⑧从标准、规划、用地及财政、金融、

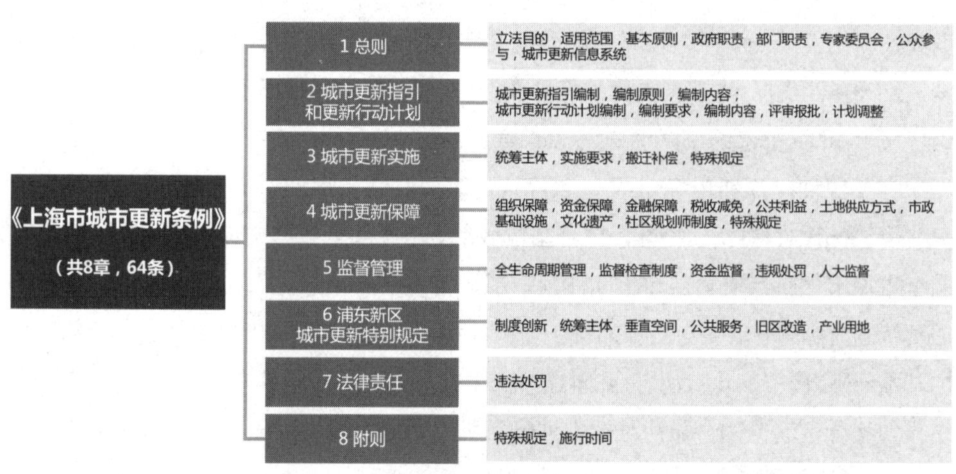

图10-9 《上海市城市更新条例》结构框架

资料来源：根据《上海市城市更新条例》内容绘制。

---

① 上海市住房城乡建设管理委.《上海市城市更新条例》9月1日起正式施行[EB/OL].（2021-08-27）[2021-09-24]. https://www.shanghai.gov.cn/nw31406/20210830/758e20855571455699a43dafe8b184aa.html.

税收等方面提出城市更新的具体支持措施；⑨支持浦东新区在城市更新机制、模式、管理等方面率先创新，条件成熟时可在全市推广。

10.5 国家机构改革后的三地城市更新制度体系及特点（2018 年至今）

2018 年 3 月中华人民共和国自然资源部批准设立后，广州、深圳、上海三地通过机构改革对原有的城市更新管理权责进行了调整，初步呈现出：规划和自然资源机构（负责更新规划）与住房和城乡建设机构（负责老旧小区、旧工业、城中村等具体项目实施）联合发展改革（公共资金）、经济和信息化（产业发展）、商务（商业商办）等部门统筹推进城市更新的新局面。

（1）广州。原广州城市更新局撤销，相关工作主要分别纳入广州市住房和城乡建设局、广州市规划和自然资源局。住房和城乡建设局负责城市更新政策创新研究及更新计划编制（主管部门），拟订城市更新项目实施有关的政策、标准、技术规范，以及统筹实施监督考评等；规划和自然资源局负责城市更新规划和用地管理；发展改革、工业和信息化、财政、生态环境等相关部门在各自职责范围内协同开展城市更新相关工作。机构改革后的广州城市更新制度体系不断调整，持续完善规划管理、策划实施、用地管理、监督管理、权益保障等机制建设。广州遵循“政府统筹、多方参与”的基本原则，按“全面改造、微改造、混合改造”三类分类引导和实施城市更新,并建立起“1+N”的规划编制体系（“1”为广州市城市更新专项规划，“N”为详细规划）（图 10–10）。在详细规划层面，试行刚性指标与弹性指标相结合的管控模式，涉及刚性指标修改的，由市规划和自然资源部门报市人民政府批准；涉及修改弹性指标的,由区人民政府批准。在产城融合方面,提出“圈层”管理方式，设置城市不同空间圈层的产业建设量最低比例。

（2）深圳。深圳依托市规划和自然资源局成立“深圳市城市更新和土地整备局”，负责组织、协调、指导、监督全市城市更新工作，拟订城市更新政策，组织编制全市城市更新专项规划和年度计划，制定相关规范和标准；其他相关部门在各自职责范围内协同开展城市更新相关工作。深圳城市更新遵循“政府统筹，市场运作”的基本原则,按“综合整治、拆除重建”两类进行分类引导和实施（原“功能改变类”纳入“综合整治类”），并针对拆除重建类城市更新中的“钉子户”问题创设了“个别征收 + 行政诉讼”制度（图 10–11）。城市更新实施的基本单位为城市更新单元；全市层面通过编制深圳市城市更新专项规划对城市更新工作进行整体引导，并作为城市更新单元划定、计划制定、规划编制的重要依据。深圳通过建立统一的城市更新信息系统，对城市更新工作实施开展全流程、全方位监管，并在保障与监督方面持续强化统筹保障资金、历史文化遗产保护与利用、土地污染防治等内容。

广州市城市更新	
全面改造 微改造 混合改造	**核心政策**：广州市城市更新条例（征求意见稿）
	机构设置：广州市住房和城乡建设局（主管部门），广州市规划和自然资源局
	政策特点：政府统筹、多方参与
	规划体系："1+N"规划编制体系
	规划管控："单元详细规划+地块详细规划" 刚弹结合的分级管控体系
	实施路径：全面改造、微改造、混合改造分类实施
	产城融合：圈层管理，提出产业最低建设量比例
	管理与实施保障：规划管理+策划实施+用地管理+监督管理+权益保障
	实施办法：审批控制，多主体申报

图 10-10 广州城市更新制度体系（国家机构改革后）

深圳市城市更新	
综合整治 拆除重建	**核心政策**：《深圳经济特区城市更新条例》
	机构设置：深圳市城市更新和土地整备局（隶属深圳市规划和自然资源局）
	政策特点：政府统筹，市场运作
	规划控制：整体引导（城市更新专项规划）+城市更新单元
	核心控制要素：城市更新单元
	分类指引：综合整治+拆除重建
	实施办法：审批控制，多主体申报
	拆迁制度：个别征收+行政诉讼
	信息平台：城市更新信息系统
	保障与监督：统筹保障资金，加强历史文化遗产保护与利用，土壤污染防治

图 10-11 深圳城市更新制度体系（国家机构改革后）

（3）上海。上海市人民政府负责建立城市更新协调推进机制（办公室设在市住房和城乡建设管理部门），统筹、协调全市城市更新工作，并研究、审议城市更新相关重大事项；住房和城乡建设管理部门按照职责推进旧区改造、旧住房更新、"城中村"改造等城市更新相关工作；规划和自然资源部门负责城市更新有关的规划、土地管理职责；发展改革、房屋管理、交通、生态环境等其他有关部门在各自职责范围内，协同开展城市更新相关工作。上海同时设立了城市更新中心，按照规定职责，参与相关规划编制、政策制定、旧区改造、旧住房更新、产业转型以及承担市、区人民政府确定的其他城市更新相关工作。上海城市更新遵循"政府推动、市场运作"的原则，坚持"留改拆"并举，并以保留保护为主。城市更新的方式分为区域更新和零星更新，通过“城市更新指引（市级）+ 更新行动计划（区级）+ 区域 / 项目更新方案”的整体体系推进城市更新工作[①]（图 10–12）。上海从财政政策、金融支持、税费政策三个层面对城市更新中的资金问题提供政策保障，实行“全生命周期管理 + 部门监督”的监督管理方式，并为推进城市更新机制、模式、管理等方面的率先创新，给予浦东新区特殊政策支持。全市通过建立统一的城市更新信息系统，实现对城市更新活动的统筹推进和监管，以及向社会公布城市更新相关信息。

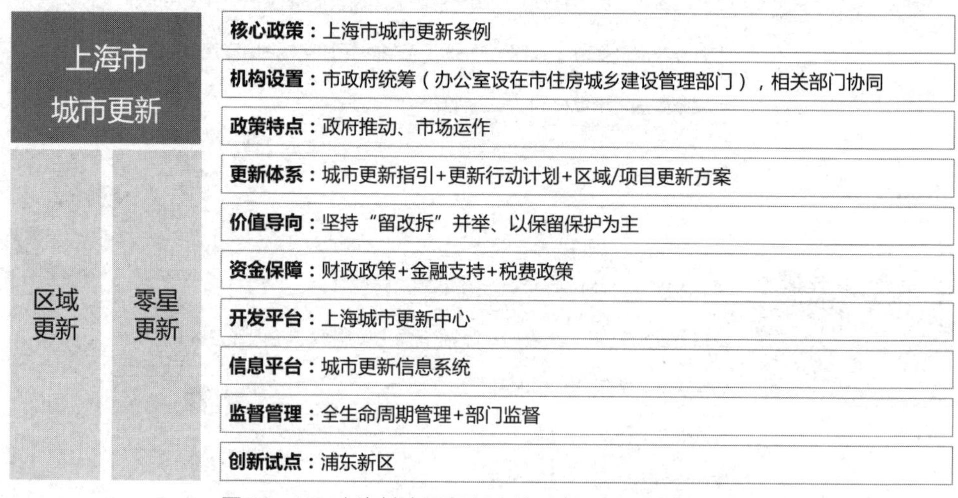

图 10–12　上海城市更新制度体系（国家机构改革后）

10.6　三地城市更新制度建设的动态焦点

整体来看，广州、深圳、上海都在建立和完善适合本地情况的城市更新制度体系，涵盖法律法规、管理文件、技术标准、操作细则、规划支持、监督管理等多个维度，并为应对城市发展过程中日新月异的新变化和新形势，不断动态调整城市更新的相关规则和内容。

10.6.1 “产权—用途—容量”成为制度供给的核心要素[②]

三地城市更新制度建设的要点表明，尽管城市更新是一个综合议题，涉及的因素多方多面，但三个要素的影响力和制约力却最为关键，即产权、用途（功能）与

① 其中，“城市更新指引”为城市更新的指导性文件，主要明确全市城市更新的总体目标、重点任务、实施策略、保障措施等内容；“更新行动计划”则是更新指引的具体落实，主要由区人民政府编制，并征求公众意见（物业权利人以及其他单位和个人），编制内容包括城市更新区域范围、目标定位、更新内容、统筹主体要求、时序安排、政策措施等。在项目层面上，主要通过更新统筹主体遴选机制，确定合适的市场主体作为更新统筹主体，推动达成区域更新意愿、整合市场资源、编制区域更新方案，统筹、推进更新项目实施。

② 具体参见：唐燕，杨东，祝贺．城市更新制度建设：广州、深圳与上海的比较 [M]. 北京：清华大学出版社，2019.

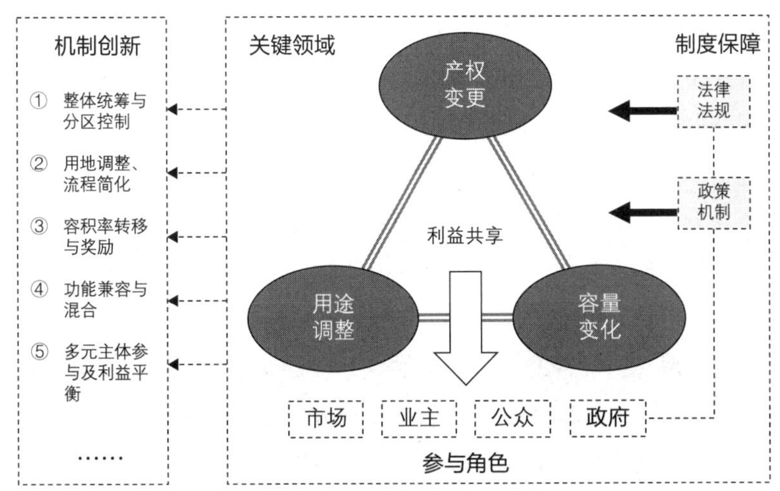

图 10-13　城市更新制度创新的三个关键领域

资料来源：唐燕，杨东，祝贺. 城市更新制度建设：广州、深圳与上海的比较 [M]. 北京：清华大学出版社，2019.

容量（图 10-13）。目前不同地方城市更新制度创新的诸多突破点和争议点均聚焦于此，其背后折射的是权利和利益等在不同利益相关者之间的再分配机制。

（1）产权。城市更新项目开展首先要面对的是如何处理已存在的城市开发建设，特别是现存建筑物、构筑物、景观、相关设施等建成环境和实体的权利归属问题。城市更新活动处置一片土地、一组建筑物或是一栋建筑单体时，经常会遇到因经年累月的物业流转、股权转移、主体变化和政策革新等所导致的复杂产权归属和产权期限情况——这制约乃至决定了更新进程中拆除、改造或整治等行动能否得以开展的可能。城市更新对象的产权复杂性既表现在"土地产权"和"建筑产权"的多层次上，也表现在"单一产权"和"混合产权"的不同上，还存在于"公共产权""私人产权"与"产权不明"等多种情况中。除产权人自主更新及类似情况外，其他介入城市更新的项目实施主体通常只有与产权相关人达成一致同意的产权共享、让渡或补偿等处置协议后，方能获得对现存物产进行盘活处理的权限。"产权"由此成为决定城市更新实践可否推进的重要因素之一：对于老旧住区和旧村来说，产权难点往往在于如何获取数量众多、需求不一的"个体"产权人的共同同意；对大部分商业与办公区来说，其产权主体相对清晰和单一，处理的难点在于产权转移的议价空间上；对于老旧工业区来说，产权问题主要聚焦在工业用地产权地块是否可以分割、产权年限是否可以调整 、土地是否可以协议出让等方面。有时候，由于产权的转让周期过长，产权持有的风险较大，一些更新项目采用了以长期租赁运营替代产权持有的运作方式。

（2）用途。城市更新对已有建设在"用途（功能）"上的变更处理，通常带来再开发或再利用中的增值收益变化，如工改居、居改商等。合理分配用途变化带来的增值收益或涉及向政府补缴地价，或需通过上市“招拍挂”来重新对土地进行定价，又或者需要不同利益相关方达成利益分享协议。按照传统规划建设的管理程序，改变土地用途先需对土地的控制性详细规划（简称控规）进行依据法定流程的修订，这对于一些不拆除重建而是弹性改做他用的已有建筑再利用来说——例如工业建筑的保护型更新利用，造成了很高的制度门槛和实现困境。控规管理的固化和调整的复杂性等，使得类似北京 798 这种享誉国内外的文化创意园区，从法律角度来看依然是不满足规划管理要求的“非正式”更新行为，加剧形成房东套房东、租户换来换去等不稳定状况。这种情况下，工业用地上的文创业态与原用途不吻合，而调整控规一方面会涉及产权和利益界定上的纠缠，以及用途改变基础上的土地重新上市；另一方面也可能因难以预测文创产业的发展前景等，造成控规调整的方向无法确定。对此，通过更新制度的创新变革，如放宽“用地兼容性”、推行“弹性用地”、设定部分用途可相互转化、给予工业转文创的 5 年“过渡期”优惠等，可在避免频繁调整控规的同时，借助更新实现城市新用途和新功能的植入与升级，以减少不必要的行政干预和调控，降低原有用地性质转变的复杂性和程序挑战，强化城市建设法制化管理的权威性。

（3）容量。就容量而言，“容积率”是地块开发容量的表征指标，也是城市更新过程中平衡成本与收益、决定开发增值空间等的重要指标，是城市更新最为敏感的要素之一。部分城市更新项目看似在做存量或减量规划，实质上却是“增量”开发——通过提升容积率来产生更多的收益，以平衡成本和增加开发吸引力，从而推进方案实施。因此，提高容量依然是现在大量城市更新得以实现的“支柱性”力量，更是开发商主导的城市更新项目开展利益博弈的焦点。离开容积率支持就无法落实的城市更新，从长远来看是不健康、不可持续或难以为继的。若不能通过提升品质与强化运营来保障更新收益，只是一味借助盖更高的楼房和提供更多的楼地板面积来吸引更新开发，很可能导致城市建设在强度和密度上的失控。对此，部分城市在更新制度建设上采取了一些积极的应对方法：明确开发强度管控分区；设定容积率调整的上限；提出容积率提升或容积率奖励的前提是为城市作出公共贡献，如增加公共空间、建设公共设施、提供公共住房等。

10.6.2 积极拓宽城市更新资金来源

单一的政府财政资金难以支撑城市更新工作的持续开展，在新形势下，各地积极出台相关政策鼓励利用国家政策性金融、引导商业金融机构创新产品、吸引社会资本参与等途径，来解决城市更新的资金困境问题。例如在政府支持下，广州通过国有银行、国有企业、社会资本等创新城市更新投融资机制，以摆脱单一的政府专项资金安排投入模式。2017 年，广州越秀集团、广州地铁集团等大型市属国资企业，共同发起形成了规模 2000 亿元的城市更新基金；多家民营地产类基金也瞄准存量更新市场，积极寻求合作。在推广 PPP 融资模式的过程中，除社会资本主要提供资金而不参与实施操作的做法外，广州还积极探索引入企业直接参与的 BOT 更新方式。广州等地利用 REITs 等金融工具，创新投融资机制，缓解企业投资压力[①]。为帮助更新主体拓展资金来源，以政府信用和项目土地价值为担保的信托模式也是选择之一。在创新投融资模式、引入外部资本为政府财政减压的同时，政府仍需合理平衡外部资本收益与公共利益保护之间的关系。

10.6.3 防止大拆大建，传承和保护城市历史文化资源

在实施城市更新行动的过程中，部分城市出现过度沿用房地产开发建设方式、大拆大建、急功近利的倾向，随意拆除老建筑、搬迁居民、砍伐老树，变相抬高房价、增加生活成本，产生诸多新的城市问题[②]。因此，2021 年住房和城乡建设部发布《关于在实施城市更新行动中防止大拆大建问题的通知》（建科〔2021〕63 号），对此做出相关规定来加以纠正。深圳市相继印发《深圳市“城中村”综合治理行动计划（2018—2020 年）》《深圳市城中村（旧村）综合整治总体规划（2019—2025）》，对全市城中村开展综合治理，以防止大拆大建，推进城中村有机更新，并将租赁住房的筹集建设与城中村综合整治有机结合，加强城中村规模化租赁改造[③]。2021 年 10 月，广州市住房和城乡建设局印发《广州市关于在实施城市更新行动中防止大拆大建问题的意见（征求意见稿）》，以不脱离广州实际，杜绝运动式、盲目实施城市更新为原则，明确不沿用过度房地产开发建设方式，不片面追求规模扩张带来的短期效益和经济利益，坚持分区施策、分类指导，有序推进城市有机更新[④]。

10.6.4 强化片区统筹，维护公共利益

市场主导的更新活动更多聚焦于自身建设，缺少与周边及更大区域的协调与统筹，因此呈现出“碎片化”状态，导致集中连片的规模化产业空间无法提供、公共服务设施配套完善难以实现等。可见，对城市功能整合的统合考虑与宏观协调的缺

---

① 广州日报．激活存量成城市更新核心考题 [EB/OL].（2021-03-13）[2021-09-05]. https：//gzdaily.dayoo.com/pc/html/2021-03/13/content_876_748030.htm.

② 住房和城乡建设部．住房和城乡建设部就《关于在实施城市更新行动中防止大拆大建问题的通知（征求意见稿）》公开征求意见的通知 [EB/OL].（2021-08-10）[2021-09-05]. http：//www.mohurd.gov.cn/zqyj/202108/t20210810_251148.html.

③ 中国建设报．深圳：城中村是如何“变身”新市民理想社区的 [EB/OL].（2021-09-20）[2021-09-25]. http：//www.mohurd.gov.cn/dfxx/202109/t20210922_251652.html.

④ 广州市住房和城乡建设局．《广州市关于在实施城市更新行动中防止大拆大建问题的意见》征求意见 [EB/OL].（2021-10-22）[2021-10-25]. http：//www.gz.gov.cn/xw/jrgz/content/post_7853365.html.

失，会使城市更新项目的效益发挥受到限制，造成更新改造良莠不齐，改造方向与周边需求不匹配等问题。虽然城市更新“专项规划”通常会从中长期和全市宏观层面对更新工作的推进进行原则性指导，但从实施情况来看，各地更新项目依然侧重个体作用的发挥，而非系统综合成效。更新项目与周边地区常常缺乏统筹，忽略了片区级别的环境协调、基础设施增补或共用等诉求。此外，用于具体执行的城市更新年度计划，也时常缺少对同一段时间内、同一区域内的更新项目的整合管理。因此，各地城市越来越注重城市更新中的“片区统筹”和“连片成区”改造，着力推进“单元”或“片区”城市更新；或以更新项目对区域的影响为出发点，开展规划和城市设计工作，统一零散项目地块的更新目标与共识，为区域发展形成合力；以及对各行政区或各城市功能组团中的城市更新项目进行综合影响评估（包括社会、经济、环境等维度）等，以实现不同层面的城市更新行动统筹，保障城市发展战略目标和公共需求的有效实现。各地城市更新强调公益优先，如深圳通过无偿移交用地、配建公共设施与政策性用房等途径来保障公共利益，按照政策规定配建的人才住房、保障性住房、创新型产业用房等由实施主体建成后以成本价移交给政府；又如机构改革前，上海在区域评估基础上明确要补足的公共要素清单（包括基础设施、生态保护、历史文化、公共空间等），并将要素要求落实到城市更新单元规划编制中，从而保障城市更新项目实施达成公共目标。

10.7 小结

因为外部环境和内在需求的不同，广州、深圳和上海的更新制度体系建构表现出不一样的建构思路和运作模式，使得三地的制度实施途径和未来变革方向亦有所不相同。广州、深圳、上海通过制度建设推动城市更新的实践开展与项目落地取得了相应的成效，特别是在增值收益明显的拆除重建或全面改造类项目，以及政府积极投入和引导的微更新项目上。城市更新在三地不仅有助于实现土地高效集约利用、优化人居环境、提升城市功能，还在社会关系塑造、历史文化保护等维度也发挥着不同程度的作用。三地的城市更新制度建设为我国其他城市和地区的城市更新活动开展与相关制度建设提供了重要的参照和启示。

思考题

（1）城市更新制度建设在存量规划时代为什么日趋重要？

（2）广州、深圳、上海的城市更新运作体系有何特点？

（3）三地城市更新制度建设对其他城市和地区有哪些启示？

课堂讨论

【材料】"租差"理论视角的城市更新制度

区别于增量规划，城市更新的本质是土地产权和交易成本变化的过程。对于一定范围的土地来说，城市更新行为的发生需要新的增值收益的刺激，即"租差"（Rent Gap）。"租差"分配的合理性则是评判城市更新制度成效的关键。广州作为市场经济发达和城市更新的先行地区，特别是2009年"三旧改造"启动后，政府通过政策供给推动城市更新的意图非常明显。但是，由于对预期效果估计不足，更新过程中也出现政策反复和实施无序等问题。基于此，有必要以"租差"为切入点，构建相对普适的解释框架，分析制度到底是如何影响城市更新。

"租差"是实际地租（现状土地利用下的资本化地租总量）和潜在地租（"最高且最佳"土地利用下的资本化地租总量）的差值。当一个地块刚开发时，通常"实际地租"等于"潜在地租"，"租差"为零。之后，两者出现分化：一方面，由于城市环境改善和基础设施提升，"潜在地租"不断提高；另一方面，沉淀在特定地块的资本短期无法转向，并且建筑物的维护需要投入大量的人力和资金，导致实际地租下降（或者相较于潜在地租增长较慢）。随着两者差距扩大，资本便有了足够的利润空间（即"租差"超过门槛值），引发通过整治修缮或者全面改造等方式实现更新的行为。据克拉克对欧洲城市的观察，由于"租差"扩大而实现城市更新的周期约为75—105年。

从"租差"理论视角对广州城市更新的制度演变历程做一个分析，可以发现其具有几个阶段特点（图10-14）。

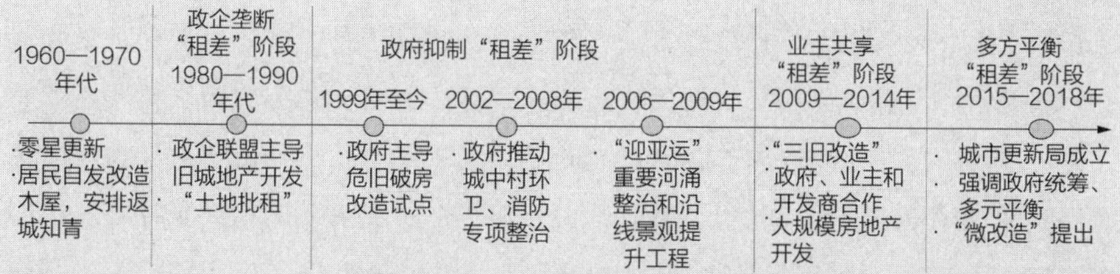

1960—1970年代
·零星更新
·居民自发改造木屋，安排返城知青

政企垄断"租差"阶段 1980—1990年代
·政企联盟主导旧城地产开发
·"土地批租"

政府抑制"租差"阶段
1999年至今
·政府主导危旧破房改造试点
2002—2008年
·政府推动城中村环卫、消防专项整治
2006—2009年
·"迎亚运"重要河涌整治和沿线景观提升工程

业主共享"租差"阶段 2009—2014年
·"三旧改造"
·政府、业主和开发商合作
·大规模房地产开发

多方平衡"租差"阶段 2015—2018年
·城市更新局成立
·强调政府统筹、多元平衡
·"微改造"提出

图10-14 广州城市更新的历程

（1）政企垄断"租差"阶段（1980—1990年代）。1980年代，随着市场经济逐步活跃和城市土地有偿使用制度的实施，资本力量被激活。地方政府和开发商结盟，参与到"租差"的获取当中。其中主要是两方面制度在发挥作用：①管控土地一级市场。政府先根据国家规定进行土地和房屋的征收，支付给业主的补偿低于潜在的"实际地租"。政府再通过"招拍挂"等市场化手段转让土地的使用权，将土地按“潜在地租”的价格出让给开发商。②规制土地再开发权。1990年代开始,政府加大对旧城更新的管控力度。除了最基本的建筑修缮,非政府主导的拆建、结构性改造、功能置换项目被严格限制。这些措施的结果是带来对“租差”分配和“土地财政”的争论。考虑建设基础设施、改善投资环境等付出的成本,政府获取合理的租金回报是必要的。然而,过度推行也会导致其形成土地财政依赖。

(2)政府抑制“租差”阶段(1999—2009年)。进入21世纪,广州明确了“东进西联南拓北优”的发展战略,并确立了城市更新的主导原则:以新城建设带动旧城区改造。政府希望通过先搞好新城区,引导人口向外疏解,达到旧城房价下降、改造成本降低的目标,从而将旧城改造作为德政工程和民心工程来实施。其具体措施为:①不采取商品房开发,抑制“租差”扩大。政府吸取前一阶段城市更新的教训,尽量避免利益最大化的商业开发对公共利益的损害,城市更新的市场化道路中断。②市区财政出资,降低整治修缮门槛。政府主导的城镇危房改造和城中村环境整治项目启动。改造方式上坚持小规模渐进式,在不增加建筑密度和强度的基础上,尽可能增加公共设施配套,提升人居环境。这些措施的结果是造成改造成效缓慢,违法建设涌现。除了东濠涌、荔枝湾改造等“迎亚运”工程外,城市更新工作局限于立面整饰、“平改坡”等美化工程。城市更新对于解决产业低端、交通拥堵、服务设施缺乏、居住条件恶化等实质问题的作为有限。由于缺乏市场资金的支持,广州的城市更新逐步趋于“沉寂”。一些利益方无法通过正规渠道获得“潜在地租”,于是“小产权房”、“村级工业园”、高密度“城中村”等违法建设进入高发期。

(3)业主共享“租差”阶段(2009—2015年)。2009年,面对日益紧缺的土地资源和不断加剧的违法建设情况,广东省和原国土资源部联合推动“三旧改造”试点。业主被纳入共享“租差”,城市更新进入快车道。在制度设计上,“三旧改造”有三个重大突破:①土地出让金返还:降低违法建设意愿。政府如果采用征收储备的改造方式,会根据相应规划用途返还业主部分土地出让金。如果是具备开发经营条件的用地,业主可以选择自行搬迁后,由政府组织公开出让,按出让成交价的60%获得收益。如果规划为绿地、道路等不具备经营开发条件的,可以选择以同地段商业基准地价为基础,按1.8(毛)容积率的60%计算补偿款。②协议供地:业主允许自主开发。以国有旧厂房为例,业主可以通过协议供地,选择“自主开发,补交地价”的改造模式。类似的,村集体用地也有自行改造(一般联合开发商)、政府收储等多种改造模式供选择。业主通过对比不同模式的收益,自主选择合适的改造模式,大大提前了更新时机。③税费减免:降低更新门槛值。比如针对“旧村”用地,农地转用本来依法需要缴纳新增建设用地有偿使用费、耕地占用税和耕地开垦费等,“三旧”改造政策施行后,这些费用全部免予交纳。

税费减免削减了更新改造的成本，也进一步降低了更新门槛，提前了业主自行全面改造的时机。这些措施的结果是促使更新改造迅速推进，其中地产项目占据多数。政府大规模让利得到了资本的强烈回应。2009—2015 年期间，全市共批复城市更新项目 373 个，约 38km^2，其中 80% 是房地产开发项目。然而，房地产导向的“三旧改造”带来了个体、集体和公共利益的失衡。一是“租差”大的热点区域，往往推进迅猛。而历史城区等规划管控严格的区域，则乏人问津。二是成本分担机制缺失，公共服务设施落地困难。三是过分倚重房地产开发而忽视产业结构升级，压缩了新型产业的成长空间，加剧贫富差距等问题。

（4）多方平衡“租差”阶段（2015 年至今）。政府对前一阶段以追求“租差”最大化为核心的模式进行了反思，强调城市更新需要服务城市的整体战略目标，并对“租差”的分配方式再次作出调整：①从“单个项目改造”向“连片改造”转变，扩大“租差”共享的范围，压低潜在地租。政策要求打破以权属边界为范围的“单个项目改造”方式，强调各区“结合城市发展战略，划定城市更新片区”。加强从片区到街道、全区的统筹，“肥瘦搭配”压低单个项目的潜在地租，避免公共利益失衡。②推出“微改造”配套优惠政策，降低整治修缮的门槛值。2015 年颁布的《广州市城市更新办法》正式将“微改造”作为一种重要的改造方式，强化其在历史文保、产业升级等方面的作用。例如永庆坊改造项目，采用与企业合作的 BOT（建设—运营—移交）模式，在不增加建筑量的前提下，提升了片区的环境品质和业态；例如工业项目改造，业主如果转型为创意产业等新型业态，可参照工业用地性质进行整治修缮，政府不收取土地出让金。待 5 年过渡期结束后，再按新用途办理用地手续。③明确公共服务设施建设的保障机制，提升全面改造的门槛值。广州在全面改造模式中借鉴日本“减步法”经验，明确需将不低于总用地面积 15% 的土地用于公建配套，建成后无偿移交政府。如果用地条件不允许，则需要折抵等值货币上缴财政。这些措施的结果是导致项目难度加大，市场持续观望。战略导向的更新政策提升了房地产开发等“挣快钱”项目的难度，连片改造模式增大了项目协调的范围，强制公建配套增加了开发项目的成本，大量更新项目进入停滞观望期。

上述分析表明，“租差”的实现往往是特定时空条件下的结果。政府、开发商、业主等利益主体通过相互博弈，参与到“租差”的创造和获取当中。生态文明时代的城市更新要重视空间的使用价值，引导资本服务人们的日常生活。主要有三个方面的工作可以深化：①细化土地权利束，创造新“租差”。区别于“非此即彼”的土地出让，城市更新应探索将土地经营权、处置权、收益权等从笼统的使用权中分离出来，为历史文化、自然生态等“无形资产”转换为具体的“租差”创造条件。②适当授予再开发权，推动整治修缮模式的“租差”实现。城市发展需要不断更新、不断试错，应允许过渡状态的存在。③构建社会共同体，降低更新门槛值。城市更新实施的难点往往在于"共识"的达成，要尝试搭建社会各方对话的平台，形成以片区为单位的政府、市场、居民、专家学者等多元共同体协商机制，降低城市更新的门槛值。

【讨论】基于租差理论谈谈制度如何影响城市更新?

（资料来源：整理和改写自丁寿颐."租差"理论视角的城市更新制度——以广州为例 [J]. 城市规划，2019，43（12）：69-77.）

延伸阅读

[1] 唐燕，杨东，祝贺 . 城市更新制度建设：广州、深圳与上海的比较 [M]. 北京：清华大学出版社，2019.

[2] 安德鲁・塔隆 . 英国城市更新 [M]. 杨帆，译 . 上海：同济大学出版社，2017.

[3] 飨庭伸，山崎亮，小泉瑛一 . 社区营造工作指南——创建街区未来的 63 个工作方式 [M]. 金静，吴君，译 . 上海：上海科学技术出版社，2018.

第 11 章

城市非正规性与规划治理

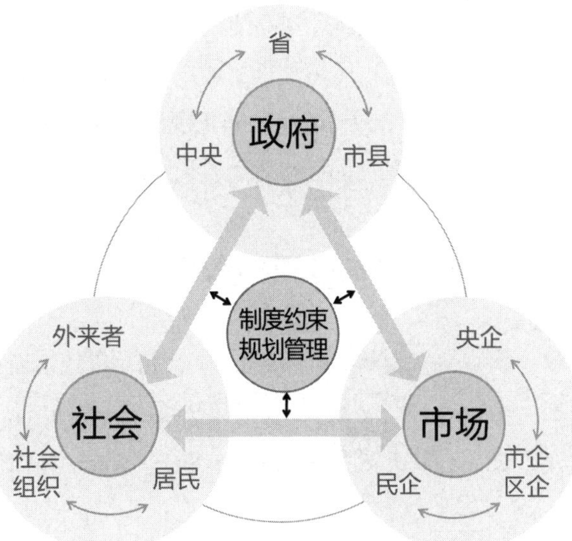

【章节要点】城市非正规性概念（非正规就业、非正规住房）；非正规城市治理的主要理论和对策（非正规经济治理、非正规住房治理）；我国非正规住房和社区的主要类型；我国非正规城市空间治理的问题与对策。

城市非正规现象是指未纳入“正式”制度确立的规范性管理之中的经济形态、社会形态和空间形态等，它不仅广泛存在于发展中国家，也存在于发达国家。城市非正规性是对正规（正式）制度的必要补充，是广义的社会救济和社会福利的一部分，对非正规活动的包容性治理是当前世界各国面临的共同议题。“非正规性”的研究要义在于其过程或结果是否受到正式制度的规制，而非其是否“合法”，从而与“非法”现象相区别。本章梳理了城市非正规性的概念及非正规城市治理的主要理论和对策，在此基础上探讨了我国非正规住宅和社区的主要类型，进而引申到对我国非正规城市空间治理的问题和对策讨论上。

11.1 城市非正规性概念[①]

非正规性（Informality）是相对正规性而言的，但对于非正规性的概念，学术界并未达成统一的认识。它最早源于非正规部门，由哈特（Hart K）于 1973 年首次提出[②]，并由国际劳工组织（ILO：International Labor Office）在《肯尼亚报告》中予以

① 本章由特邀撰稿人撰写：陈宇琳，清华大学建筑学院，副教授。

② HART K. Informal Income Opportunities and Urban Employment in Ghana[J]. Journal of Modern African Studies，1973，11（1）：61-89.

系统阐述[①]。非正规部门是指那些规模较小的、谋生型的、自我雇佣的低级经济活动，因而与贫困和边缘性相联系。1980—1990年代，非正规经济的概念逐步取代了非正规部门的概念，卡斯特（Castells M）和波特斯（Portes A）认为，非正规经济不是边缘和贫困的代名词，而是一种特殊的生产过程，非正规经济与正规经济的根本区别在于生产和分配形式是否受正式制度规制，而非最终产品是否合法，这样就将非正规经济与非法经济区分开来[②]。从生产和分配形式是否受到规制的角度，还有学者提出半正规部门的概念，认为有些经济活动虽然受到规章制度的约束，但并没有被国家认可和记录，而是介于非正规和正规之间[③]。城市非正规现象不仅存在于就业部门，也广泛存在于包括住房和公共空间等多样的城乡空间环境中。

11.1.1 非正规就业

按照国际劳工组织的统计标准，非正规部门是指"所有无法人资格、未经注册的公司或小作坊"，非正规就业则是指"发生在正规或非正规部门的所有不受社会福利保护的工作"[④]。非正规部门与正规部门在就业目的、生产方式、收入水平和劳动保障等方面具有显著差异（表11-1）。非正规就业既包括非正规部门中的各种就业门类，也包括在正规部门的临时工等非正规就业[⑤]。非正规就业中处于不同地位的就业者在贫困风险和收入水平上有所不同（图11-1）。根据官方劳动力统计数据，在南半球大部分地区，非正规就业占据了半数以上的非农就业（表11-2）[⑥]。

我国非正规就业从业者主要有三个来源：一是旧体制改革产生的失业下岗工人；二是流入城市的农民工；三是重返劳动力市场的阶段性就业女职工和老年职工[⑦]。随着我国城镇化水平的不断提高，农民工成为我国非正规就业的主体。非正规就业为我国经济社会发展发挥了重要作用，既有效地解决了剩余劳动力问题，又为城市提供了低成本的就业岗位，并具有较高的劳动效率，还为城市居民的日常生活作出了重要贡献[⑧]。

---

① ILO：International Labour Office. Employment，Incomes and Equality：Strategy for Increasing Productive Employment in Kenya[R]. International Labour Office，Geneva，1972.

② CASTELLS M，PORTES A. World Underneath：the Origins，Dynamics，and Effects of the Informal Economy[M] // PORTES A，CASTELLS M，BENTON L A，eds. The Informal Economy：Studies in Advanced and Less Developed Countries. [S.l.]：The Johns Hopkins University Press，1989：11-37.

③ KAMRAVA M. The Semi-formal Sector and the Turkish Political Economy[J]. British Journal of Middle Eastern Studies，2004，31（1）：63-87.

④ ILO：International Labor Office. Women and Men in the Informal Economy：A Statistical Picture[R]. Geneva：International Labor Organization，2002.

⑤ 胡鞍钢，杨韵新．就业模式转变：从正规化到非正规化——我国城镇非正规就业状况分析[J]. 管理世界，2001（2）：69-78.

⑥ Chen，M.，Roever，S. & Skinner，C. Urban Livelihoods：Reframing Theory and Policy[J]. Environment & Urbanization，2016，28（2）：331-342.

⑦ 金一虹．非正规劳动力市场的形成与发展[J]. 学海，2000（4）：91-97.

⑧ 李强，唐壮．城市农民工与城市中的非正规就业[J]. 社会学研究，2000（8）：13-25.

正规部门与非正规部门之间的特征差异　　表 11-1

特点	正规部门	非正规部门
就业目的	维持一定的收入和生活水平	获取收入的生存策略
组织结构	高度组织性	无组织或组织结构简单
生产规模	大规模	小规模
经营场所	固定	不固定
工作时间	固定	不固定
收入特点	水平高，稳定	水平低，不稳定
劳动关系	受法律保护	不受法律保护，依靠社会关系
社会保障	失业、养老、医疗等保障	基本无社会保障
合法性	受法律法规制约和保护	处于法律法规的边缘

资料来源：黄耿志，薛德升 . 中国城市非正规就业研究综述——兼论全球化背景下地理学视角的研究议题 [J]. 热带地理，2009（4）：389-393.

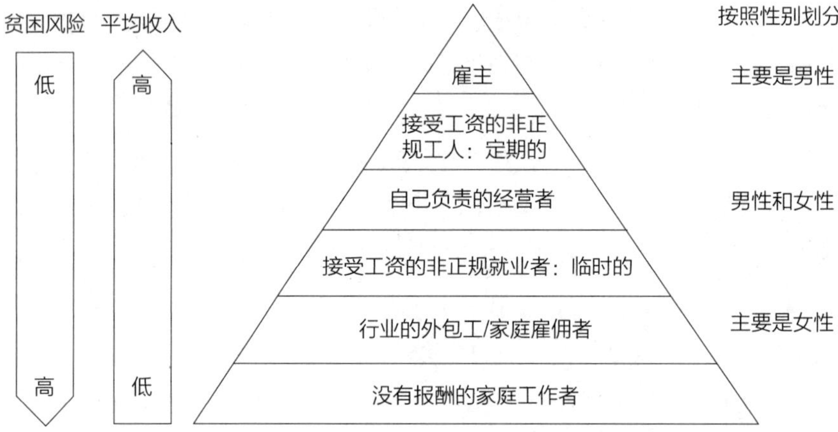

图 11-1　非正规就业模型：按就业地位与性别的收入和贫困风险层级

资料来源：Chen，M. The Informal Economy：Definitions，Theories and Policies[R]. WIEGO Working Paper No 1，Cambridge，MA，2012：9. 中文版翻译转引自：徐苗，陈宇琳，玛莎·陈 . 非正规经济下的城市空间发展：全球趋势与地方规划应对 [J]. 国际城市规划，2019（2）：1-6.

非正规就业在非农就业中的占比　　表 11-2

区域	百分比（%）
南亚	82
东亚和东南亚	65
次撒哈拉非洲	66
中东和北非	45
拉美	51
中国（根据六个城市的统计）	33

资料来源：Vanek J，Chen M A，Carré F，et al. Statistics on the Informal Economy：Definitions，Regional Estimates and Challenges[J]. Women in Informal Employment：Globalizing and Organizing（WIEGO）Working Paper（Statistics），2014，2.

11.1.2 非正规住房

非正规住房可以从狭义和广义两个层面来理解：在狭义层面，是指由于正式制度缺失而在法律、规划和管治之外产生的一种可支付住房，其核心特征是没有合法产权；在广义层面，则是指包含贫民窟、非法占住等以低标准建筑和贫穷为特征的住房[①]。非正规居住现象在拉美、非洲、亚洲等城镇化快速发展的发展中国家和地区较为普遍。不同国家对于非正规住房或住区的具体称谓有所不同，国际上一般称为贫民窟（Slum）。根据联合国人居署的估算，世界城市人口中居住在贫民窟的比例虽然在近几十年有所下降，从1990年的46.2%减少到2014年的29.7%；但发展中国家居住在贫民窟的人数却在不断增长，从1990年的6.89亿增长到2014年的8.8亿（图11-2）[②]。

中国的非正规住区主要包括两种组织模式，一种是以亲缘、地缘、业缘为纽带的聚居区，如北京的“浙江村”“河南村”“新疆村”等；另一种是混居型聚居区，主要是在快速城镇化过程中形成的城中村，主要分布在珠三角的广州、深圳等大城

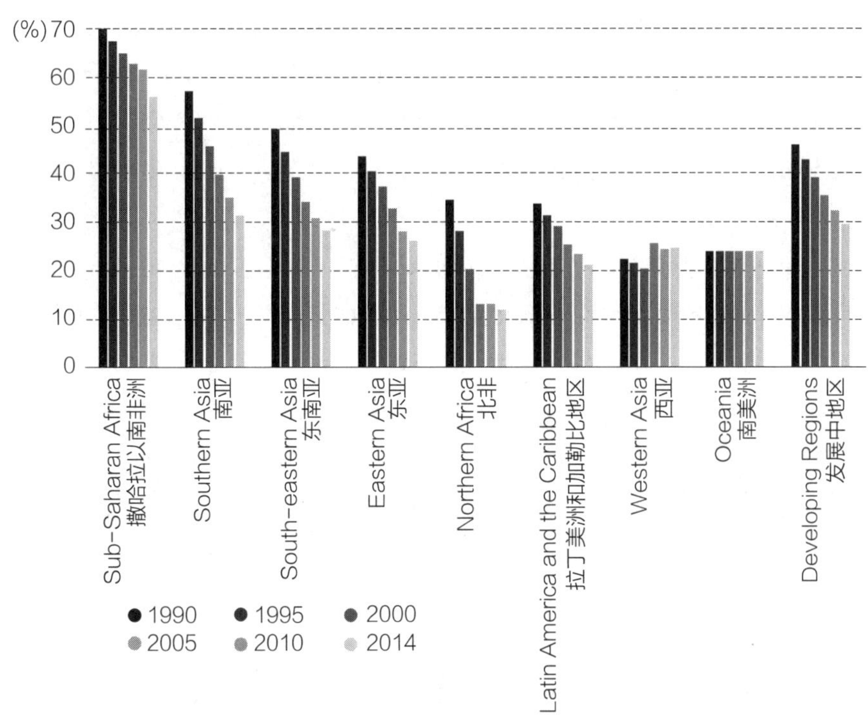

图11-2 城市人口中居住在贫民窟的比例（1990—2014年）

资料来源：UN-Habitat，Global Urban Observatory Urban Indicators Database 2015. 转引自：UN-Habitat.World Cities Report 2016：Urbanization and Development – Emerging Futures[R]. UN-Habitat，2016：57.

① 赵静，薛德升，闫小培．国外非正规聚落研究进展及启示[J]. 城市问题，2008（7）：86-91.

② UN-Habitat. World Cities Report 2016：Urbanization and Development – Emerging Futures[R]. UN-Habitat，2016：14.

市[①]。据调查发现，在深圳1500万非户籍常住人口中，有71.2%居住在城中村[②]。城中村不仅为流动人口进入城市提供了低成本的落脚之地，并且由于临近城区，极大地降低了交通成本、节约了通勤时间，同时还为流动人口学习城市的生活方式、行为和价值观，实现从乡村人向城市人的转变提供了过渡场所[③]。

11.2 非正规城市治理的主要理论和对策

11.2.1 非正规经济治理[④]

由于理论认识不同，关于非正规经济的治理主要有二元主义、新马克思主义和新自由主义三种治理理论。

（1）二元主义。二元主义理论源自20世纪60年代的现代—传统两部门理论，这一理论认为正规经济代表着现代、先进的产业形态，而非正规经济则是传统、落后产业的象征。国际劳工组织在1972年对非正规部门概念的阐释延续了这种二元思想，之后拉丁美洲区域研究计划（PREALC）进一步指出，非正规就业之所以产生，是因为在工业化发展不足和劳动力过度供给的情况下，城市剩余劳动力由于无法进入正规部门而采取的生存策略。这一理论虽然认识到非正规就业对缓解城市贫困的作用，但从长远来看，它认为非正规部门将随着正规部门的替代而消亡。因而在治理对策上，二元主义主张通过扩大现代经济部门，创造更多就业机会，吸纳剩余劳动力，减少城市贫困。

（2）新马克思主义。新马克思主义理论形成于20世纪80至90年代，波特斯、卡斯特斯等基于对马克思主义小商品生产理论的修正，提出非正规和正规部门之间存在广泛的结构联系。这一理论认为，非正规经济由于过度劳工管制与丰富劳动力供给并存而产生，是一种规避政府管制的收入获取活动，非正规化因而被视为新时期资本主义经济转型背景下资本剥削工人、削弱工会力量、重构阶级斗争关系的机制。因此，对于非正规经济的治理，基于联系的视角，新马克思主义理论主张一方面采用创新的方式解决工人阶级的权益保障问题，另一方面通过经济制度改革，增强企

---

① 具体参见：刘海泳，顾朝林．北京流动人口聚落的形态、结构与功能[J]. 地理科学，1999（6）：497-503；项飚．跨越边界的社区：北京“浙江村”的生活史[M]. 北京：生活·读书·新知三联书店，2000；吴维平，王汉生．寄居大都市：京沪两地流动人口住房现状分析[J]. 社会学研究，2002（3）：92-110；吴晓．“边缘社区”探察——我国流动人口聚居区的现状特征透析[J]. 城市规划，2003（7）：40-45；魏立华，闫小培．“城中村”：存续前提下的转型——兼论“城中村”改造的可行性模式[J]. 城市规划，2005（7）：9-13+56.

② 叶裕民．特大城市包容性城中村改造理论架构与机制创新——来自北京和广州的考察与思考[J]. 城市规划，2015，39（8）：9-23.

③ 魏立华，闫小培．中国经济发达地区城市非正式移民聚居区——“城中村”的形成与演进——以珠江三角洲诸城市为例[J]. 管理世界，2005（8）：48-57.

④ 黄耿志，薛德升．国外非正规部门研究的主要学派[J]. 城市问题，2011（5）：85-90.

业在规模调整和雇佣制度上的灵活性，从而应对新经济的挑战。

（3）新自由主义。新自由主义理论产生于20世纪80年代。受到哈耶克自发秩序和人造秩序思想的影响，代表人物德·索托认为，政府的法则是低效的、过分侵权和有失公平的，而人们采用不合规定的手段实现合法目的非正规活动，正是对这种正规法则的破除，是人们应对行政管理官僚化和高制度成本的理性选择。因此，非正规活动不是人们的无奈之举，而是自愿、主动的选择，其自发、自助的特征，体现出创造社会财富的能力和企业家精神，被视为是走向自治、民主和真正市场经济的改革方式。因此在治理对策上，德·索托主张简化合法化手续、鼓励私有化、减少政府管制，从而释放市场力量，促使非正规经济成长为具有竞争力的现代经济。

11.2.2 非正规住房治理①

非正规住房主要分布在非洲、南美洲和亚洲等地的发展中国家。各地由于政治经济社会背景不同，非正规住房的治理方式也有所不同，主要包括提供私有产权、就地升级和再开发三种。

（1）提供私有产权。代表人物约翰·特纳认为，非正规住房是城市贫民应对市场和国家未能为其提供住房的理性反应，是他们为满足自己的基本需求探索的创新方案。由于政府和正规私有市场的住房标准过高，贫民不得不自己创造标准，根据微薄预算逐步建设和加固，并确保住房安全。贫民在非正规居住区购买土地虽然有非法之嫌，但事实上他们所遵循的交易规则正是借鉴了正规交易的规则和制度。因此，对于非正规住房的治理，特纳等学者认为应通过向居民批准土地产权，使非正规居住区正规化。德·索托进一步认为，界定明确的私有产权将赋予“僵化资本”以生命，从而鼓励更多的资金投入住房改善项目，并支持贫民利用房产抵押贷款开展经济活动。

（2）就地升级。就地升级（In–situ Upgrading）概念最早由世界银行塞内加尔达喀尔分部于1972年提出。1980年代，就地升级出现公共设施私有化和由私有部门提供公共基础设施两种趋势。就地升级策略成本相对较低，但如果无法从项目中创收，很难对公共机构产生吸引力，在没有大量补贴的情况下很难长期维持。从实施效果来看，随着就地升级速度的下降，最初升级地区并未取得预期的效果，并且由于缺乏必要的维护，很多升级地区的状况不断恶化。因此，在现实中，就地升级并未大范围推广，但随着非正规住房居民对搬迁的抵制越来越强烈，该措施也在一些项目中得到应用。就地升级实践经验表明，如果没有城市经济发展和就业好转的支撑，居住区升级本身并不能为城市贫民创造可持续发展的社区。

---

① 比什·桑亚尔.发展中国家非正规住房市场的政策反思[J].陈宇琳，译.国际城市规划，2019，34（2）：15–22。英文原文发表于：Sanyal，B. Informal Land Markets：Perspectives for Policy[M]//. Birch E L，Chattaraj S，Wachter S M，eds. Slums：How Informal Real Estate Markets Work[M]. Philadelphia：University of Pennsylvania Press，2016：177–193.

（3）再开发。随着城市经济的快速发展，贫民窟重新得到政府、开发商和非政府组织的关注。通过土地利用调整、增加容积率、转让开发权等政策手段，贫民窟将潜在成为增值地区，因此贫民窟再开发成为快速增长地区非正规住区治理的一种重要手段。再开发避免了就地升级对政府补贴的依赖，似乎提供了一个本地居民、开发商和政府部门多赢的方案，但在实施过程中仍存在诸多问题。例如，由于没有建立合理的分配机制，贫民并未从地价上涨中普遍获益，而要加强贫民群体的政治动员水平则并非易事。

11.3 我国非正规住房和社区的主要类型[①]

我国城市的非正规现象与其他发展中国家既有相似性，又有独特性。首先，贫民窟集中的拉美和南亚等国家多为土地私有制，非正规居住空间正规化的一个重要途径是产权合法化。而我国则不同，在城市土地国有制和农村土地集体所有制的背景下，应对我国非正规居住问题，不仅需要关注土地产权与用地性质，还涉及我国特有的城乡二元制度和户籍制度等一整套综合的空间资源供给体系[②]。其次，我国城镇住房制度改革以来，城镇居民的居住环境有了显著改善，但还存留了大量条件较差的老旧街区和棚户区，社区形态的本底十分多元。因而我国的非正规居住现象与拉美和南亚等国家不同，并不都是伴随城镇化形成的，空间质量也是研究我国非正规居住空间需要关注的议题。第三，我国城镇化发展过程中具有突出的政府主导特征[③]，这使得中国政府在对非正规空间的治理上具有很强的权威，并形成了与巴西和印度等国家显著不同的治理路径和效果[④]。可见治理机制在我国非正规居住空间研究中也至关重要。

11.3.1 传统街区的非正规建造

在计划经济时代，传统街区由于住房空间紧张，加建现象十分普遍。1994 年一项对北京旧城北锣鼓巷街区的调查发现，违章建筑不仅用于居住、厨房和储藏等居

① 陈宇琳．中国大城市非正规住房与社区营造：类型、机制与应对 [J]. 国际城市规划，2019，34（2）：40-46.

② 具体参见：TIAN L. The Chengzhongcun Land Market in China：Boon or Bane? A Perspective on Property Rights[J]. International Journal of Urban and Regional Research，2008，32（2）：282-304；WU F，ZHANG F，WEBSTER C. Informality and the Development and Demolition of Urban Villages in the Chinese Peri-urban Area[J]. Urban Studies，2013，50（10）：1919-1934；邵挺，田莉，陶然．中国城市二元土地制度与房地产调控长效机制 [J]. 比较，2018（6）：116-149；田莉，姚之浩．中国大城市流动人口：家居何方？ [J]．比较，2018（1）：194-207.

③ 李强，陈宇琳，刘精明．中国城镇化“推进模式”研究 [J]. 中国社会科学，2012（7）：82-100.

④ REN X. Governing the Informal：Housing Policies Over Informal Settlements in China，India，and Brazil[J]. Housing Policy Debate，2018，28：79-93；ZHANG Y. The Credibility of Slums：Informal Housing and Urban Governance in India[J]. Land Use Policy，2018（79）：876-890.

住功能，还用于零售、餐饮和小作坊等社区服务功能；从面积上看，违章建筑占街区内总建筑面积的比例达 15.8%，按此比例估算，北京旧城违章建筑的面积至少有 330 万 m^2[①]。旧城传统街区出现大面积加建的根本原因是居住条件较差，而政府用于改善旧城居住条件的资金不足。1970 年代末，大批知识青年陆续返回北京、上海等大城市，组建家庭并孕育后代，人口迅猛增长，那些没有能力购买商品房的居民只能通过加建来改善居住条件。1976 年唐山大地震之后，为了抗震，北京四合院内搭建了大量抗震棚，并得以保留，这也成为非正规空间的一个重要部分。

1980 年代，我国颁布了一系列城市规划法律法规：1984 年中国第一部城市规划法规《城市规划条例》颁布，1989 年中国第一部城市规划法律《城市规划法》颁布。城市规划法律法规的陆续出台既为界定违建提供了依据[②]，也增加了拆除违建的管理成本，但一般只要违建确是百姓生活所需，并且没有影响到他人，政府不会强加干预[①]。在政府资金投入不足的前提下，建造非正规空间成为旧城贫困居民自主改善居住环境、完善社区服务的可行出路，而面对百姓切身的生活需求，基层政府也很难以非正规之名对其进行强制性管制。

相较于传统街区中的私房和房管局公房，单位大院的住房条件相对较好，违建情况也相对较少。但随着居民需求的增长和多元化，建设之初的公共服务设施配建标准已很难满足居民的需求[③]。为此，多由单位牵头在单位大院内增设居住空间和服务设施，用以改善居民的生活质量。这些住房和设施虽然在空间形态上是非正规的，但由于得到了单位认可，并且为居民提供了便利，因而得以存留。例如，在有“共和国第一住区”之称的北京百万庄小区内，有一片密度极高的平房区，与周边典型的单位大院楼房形成巨大反差，但调查发现，这片平房区最早是 1950 年代中央为参与国家重大工程建设的外地工程师提供的工棚，之后随着家属的迁入，工棚又得以拓展，一直存留至今，所以这片非正规的“棚户区”实质上是纳入正规监管、有政府备案的居住空间。

在计划经济时代的传统街区，有大量在空间建设上非正规，但在供给和治理方式上正规或介于正规与非正规之间的居住和社区空间，这类非正规空间，是居民个体或单位灵活解决住房需求和社区服务的创造。这类非正规空间有不少是在界定违法建设相关法律法规颁布之前已经建成，或是由于各种历史原因形成的。因此，要开展非正规空间治理，清晰界定空间的性质和产权关系是关键。

---

① ZHANG J. Informal Construction in Beijing's Old Neighborhoods[J]. Cities，1997，14（2）：85–94.

② 人民网．北京违建面积达 2000 多万平米，多在中心城区 [EB/OL].（2013-08-24）[2019-01-30]. http：//politics.people.com.cn/n/2013/0824/c70731-22680106.html.

③ 吕俊华，彼得・罗，张杰．中国现代城市住宅：1984–2000[M]. 北京：清华大学出版社，2003.

11.3.2 商品房社区的非正规利用

自1998年我国城镇住房制度改革全面展开以来，商品房社区逐步成为城镇主要居住区类型。随着住区规划和住房设计相关规范标准的出台，私人领域的居住面积有了显著提升，但公共领域的配套服务设施，在实际规划、建设和运营过程中多存在规划预留用地不足、配建滞后、转为他用，或缺乏维护等问题[①]。由于居民的日常生活需求得不到满足，一些非正规的服务设施逐步发展起来，以弥补现有社区功能的不足。在类型上，主要涉及社区商业（如菜市场和便利店）和服务业（如理发店和缝补店）等功能。从所占用的空间看，主要包括城市破碎地块、城市街道、居住区沿街面和小区内空间等。例如：在北京望京地区，由于配套设施设置不足，城市边角地块涌现出多处非正规的菜市场，在2009—2014年的五年间，由于城市再开发或风貌整治，有7个菜市场被拆除或取缔，但每次大型菜市场拆除后，周边都会涌现出若干个小型菜市场或临时菜市场，以替代原有市场的服务功能[②]。广州市为“创建国家卫生城市”，对街头摊贩开展了一系列治理行动，但最终由于街头摊贩的反对和社会舆论的压力，不得不采取设置疏导区的妥协治理方式，而摊贩贩卖者的经济效益仍受到很大影响[③]。

除承担一定的社区功能外，非正规空间还给社区带来了活力。受到现代主义城市规划理念的影响，我国在旧城更新和新城新区建设中多采用大规模、大尺度的开发方式，对人本尺度考虑欠佳，导致城市活力不足，而非正规空间因尺度宜人、布局灵活，反而成为社区中的活力空间。例如，武汉汉正街在改造后，由于缺乏商业氛围，沿街商贩通过加密、加高、填充等非正规手段，又将新商业街恢复到原先的传统街道尺度，生动体现了非正规商业空间强大的生命力[④]。

在非正规的服务设施之外，非正规的公共空间也广泛存在。我国大城市在快速开发建设过程中，不断生产出一些未被利用的“失落空间”，如滨河码头、城市废弃用地，以及交通设施沿线的消极空间等。这些城市发展的盲区面临诸多安全隐患，

---

① 杨震，赵民．论市场经济下居住区公共服务设施的建设方式[J]. 城市规划，2002（5）：14-19；晋璟瑶，林坚，杨春志，等．城市居住区公共服务设施有效供给机制研究——以北京市为例[J]. 城市发展研究，2007（6）：95-100；袁奇峰，马晓亚．保障性住区的公共服务设施供给——以广州市为例[J]. 城市规划，2012，36（2）：24-30.

② 陈宇琳．北京望京地区农贸市场变迁的社会学调查[J]. 城市与区域规划研究，2015（2）：73-99；陈宇琳．特大城市外来自雇经营者的市民化机制研究——基于北京南湖大棚市场的调查[J]. 广东社会科学，2015（2）：204-213；CHEN Y，LIU，C Y. Self-employed Migrants and Their Entrepreneurial Space in Megacities：A Beijing Farmers' Market[J]. Habitat International，2019（83）：125-134.

③ 黄耿志，薛德升．1990年以来广州市摊贩空间政治的规训机制[J]. 地理学报，2011，66（8）：1063-1075；黄耿志，李天娇，薛德升．包容还是新的排斥？——城市流动摊贩空间引导效应与规划研究[J]. 规划师，2012，28（8）：78-83；HUANG G，XUE D，LI Z. From Revanchism to Ambivalence：the Changing Politics of Street Vending in Guangzhou[J]. Antipode，2014，46（1）：170-189.

④ 陈煊，魏小春．城市街道空间的非正规化演变——武汉市汉正街的个案（1988—2013年）[J]. 城市规划，2013，37（4）：74-80.

但非正规活动的介入对空间起到了活化的作用。例如在重庆杨公桥立交下，周边居民自发聚集开展休闲娱乐和零售商业活动，提高了城市的可达性和舒适性，并创造了功能混合和丰富多样的公共场所[①]。

在商品房社区自发形成的非正规服务空间和公共空间，虽然在准入和运行上是非正规的，但通过对城市消极空间的积极利用，发挥了正向的社区服务功能。这些非正规社区空间是具有活力潜质的，在看似无序的背后，是对市场的灵敏和不断贴近百姓需求的努力。这些非正规空间面临的最大制度障碍在于没有被纳入城市公共服务体系，因而缺乏必要的保障，导致社会服务供给不稳定。

11.3.3 流动人口社区的非正规管理

流动人口社区是非正规居住空间中讨论最为广泛的社区类型。不论是老旧社区和商品房社区的群租房和地下室出租房，还是城中村流动人口聚居区和小产权房，产生的共同背景源于供需之间的矛盾：一方面，大量流动人口流入大城市，产生了巨大的居住需求；另一方面，由于户籍制度的限制，或购买能力的限制，既有的正规住房和保障房体系无法满足或适应流动人口的居住需求，因而他们选择转向非正规的解决办法。其中，群租房和地下室出租房的突出优势是区位好，群租房租客通过分摊租金、地下室租客通过牺牲居住条件，实现了低租金和低交通成本的双赢[②]。城中村和小产权房蔓延的制度背景更为复杂。一方面，城中村村民由于农宅无法进入房地产市场，对通过住房获取利益充满渴望[③]；与此同时，长期以来政府对农村地区建设管理的忽视，给城中村和小产权房以发展的机会[④]。

对于群租房和地下室出租房，政府的管治由来已久。国家在2010年颁布了《商品房屋租赁管理办法》，北京市也于2013年颁布了《关于公布本市出租房屋人均居住面积标准等有关问题的通知》，对出租房屋提出了明确的准入标准。北京市还开展了多次群租房治理行动，并于2011—2014年、2015—2017年开展了两轮地下空间综合治理行动，治理力度很大，也取得了一定效果，但要根治依然有一定难度。

流动人口社区的非正规特征更多地体现为非正规的管理。流动人口聚集的城中村所占用的土地多是村民自己的宅基地或村集体建设用地，因此在用地性质上并没

---

① 刘一瑶，徐苗，陈瑞．立交桥下“失落空间”的非正规性发展及其更新策略研究——以重庆杨公桥立交为例[J]. 西部人居环境学刊，2017，32（5）：42-51.

② HUANG Y，YI C. Invisible Migrant Enclaves in Chinese Cities：Underground Living in Beijing，China[J]. Urban Studies，2015，52（15）：2948-2973；KIM A M. The Extreme Primacy of Location：Beijing's Underground Rental Housing Market[J]. Cities，2016（52）：148-158.

③ ZHAO P. An 'Unceasingwar' on Land Development on the Urban Fringe of Beijing：A Case Study of Gated Informal Housing Communities[J]. Cities，2017（60）：139-146；ZHAO P，ZHANG M. Informal Suburbanization in Beijing：An Investigation of Informal Gated Communities on the Urban Fringe[J]. Habitat International，2018（77）：130-142.

④ WU W. Migrant Housing in Urban China：Choices and Constraints[J]. Urban Affairs Review，2002（1）：90-119.

有违规[①]。其遭到诟病的主要原因是，村民为了营利新建或加建大量住房用于出租，违背了农村宅基地用于自住的原则。2017 年《利用集体建设用地建设租赁住房试点方案》的出台，标志着村集体建设用地可以用于建设租赁住房，这在制度层面为流动人口住房开拓了多元化的供给渠道[②]。在当前千篇一律的商品房社区时代[③]，城中村等自建房类型，因其空间资源利用的最大化、建设成本的最小化、功能复合的多样性等特征，成为建筑师探索多元化住宅设计的重要灵感来源[④]。因此，流动人口居住空间面临的最大挑战在于如何进行常态化管理，保障空间安全有序地运行。

11.4 我国非正规城市空间治理的问题与对策

11.4.1 非正规城市空间的产生机制分析[⑤]

非正规城市空间产生的原因可以从“政府职能”与“市民需求”互动的视角，从“准入（Qualification）—使用（Use）—运行（Operation）”三个维度加以分析（图 11–3）。从政府的角度出发，政府在准入方面主要通过对空间供给的管控（如获取住房是否通过合法化的途径，以及居住空间的土地产权和功能是否合法合规），在使用方面主要通过对空间建设的规范（如居住空间是否符合相关住区规划和住宅设计的规范和要求），在运行方面主要通过对空间治理的监管（如空间在使用过程中是否受到来自政府有关部门的督查管理），来发挥政府职能，实现对居住空间的管制。从市民的角度出发，市民在准入方面会综合考虑保障性（Security）与可获得性（Availability），在使用方面会对空间的品质（Quality）和可负担性（Affordability）进行平衡，在运行方面会均衡考量秩序（Order）与活力（Vitality），进而作出居住选择。

将政府职能与市民需求联系起来可以发现，非正规居住现象产生的根源在于政府正规化的管制体系与百姓实用主义的生存策略之间的不匹配——政府在正规的制度框架下，更注重居住空间的保障性、品质和秩序；而市民，尤其是贫困群体，从个体的生存需求出发则更看重居住空间的可获得性、可负担性和活力。具体而言，在准入维度，正规的土地和住房供给虽受到法律保护，但由于资源的有限性，市民的可获得性较差，尤其是大城市的保障性住房多只面向本地居民，因而贫困居民或流动人口只能选择更具可获得性的违规加建、群租或租住城中村等非正规空间。而选择非正规居住空间的同时，他们必须承受没有安全保障、居住不稳定等诸多风险。

① 魏立华，闫小培．“城中村”：存续前提下的转型——兼论“城中村”改造的可行性模式 [J]. 城市规划，2005（7）：9–13+56.

② 严雅琦，田莉，王崇烈．利用集体土地建设租赁住房的实践与挑战——以北京为例 [J]. 北京规划建设，2020（1）：95–98.

③ 吴良镛．序 [M]//. 吕俊华，彼得·罗，张杰．中国现代城市住宅：1984—2000. 北京：清华大学出版社，2003：11–12.

④ 程晓青，尹思谨，程晓喜，等．体制外居住 [M]. 北京：清华大学出版社，2016.

⑤ 陈宇琳．中国大城市非正规住房与社区营造：类型、机制与应对 [J]. 国际城市规划，2019，34（2）：40–46.

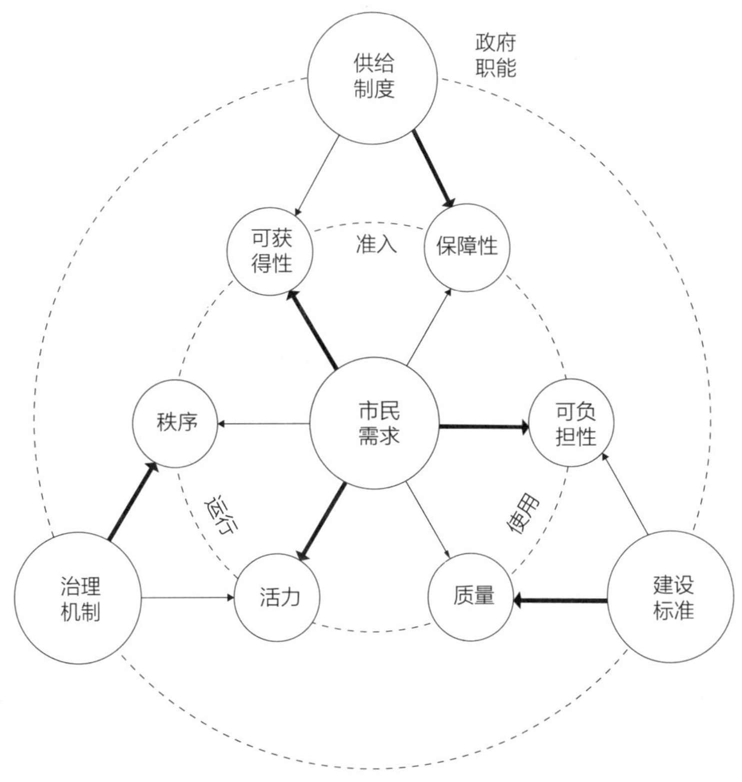

图 11-3 非正规居住空间分析框架

资料来源：陈宇琳.中国大城市非正规住房与社区营造：类型、机制与应对[J].国际城市规划，2019（2）：41.

在使用维度，正规居住空间的品质必然较高，但也意味着高昂的成本，弱势群体为了维持生计多放弃对品质的追求，牺牲生活质量甚至是最基本的安全保障，选择符合自己支付能力的居住空间。在运行维度，正规的住房和社区空间多秩序井然，但也存在活力不足的问题，百姓偏好有人气、有活力的社区空间，但同时需要承受空间失序带来的环境脏乱差等问题。值得注意的是，市民在进行生存策略选择时，并非都是被动的，例如在权衡空间的可负担性和品质时，很多人主动选择放弃居住品质，从而最大限度地降低居住成本①，这点对于研究住房标准尤其值得重视。

11.4.2 对城市非正规性的再认识

（1）非正规探索和正规制度通过不同路径共同推动城市发展。从城市非正规活动治理的经验来看，如果只堵不疏，采用运动式取缔或拆除的做法，往往只能短期见效，长期难以达到预期效果。从国际非正规现象的发展趋势看，非正规现象并不只在发展中国家才有，在发达国家也普遍存在，只是在不同的经济社会发展阶段表

① ZHENG S，LONG F，FAN C C，et al.Urban Villages in China：A 2008 Survey of Migrant Settlements in Beijing[J]. Eurasian Geography and Economics，2009，50（4）：425-446.

现形式有所不同。例如 Roy 指出非正规性是发展中国家巨型城市发展的一种重要模式[①]，Mukhija 等基于对美国的研究发现，受到全球化、去管制思潮和移民增长等国际因素，以及经济不稳定、社会福利削减和失业率上升等国内因素的影响，非正规现象呈现不断蔓延的趋势[②]。因此，非正规性其实是内嵌于正规的制度框架中的，是社会发展的一种常态。非正规探索和正规制度共同推动了城市的发展，只是路径和策略有所不同。

（2）非正规探索为正规制度的建立完善提供了重要基础。现代城市规划是一个不断建立规矩的过程，正规化进程往往都源于非正规化。一方面，先进超前的规划理念源自非正规化的探索；另一方面，很多规则来源于对非正规风险教训的总结与防控。历史上正是因为巴黎、伦敦等地的公共安全隐患，才推动了正规化的现代城市规划制度的建立[③]。我国当前出现的诸多非正规城市现象，在很大程度上与现有土地制度、保障房制度、公众参与制度等正规制度的不健全不完善相伴相生。因此，应当积极看待非正规探索对正规制度建立的推动作用，并据此对城市发展薄弱环节做出相应的制度安排。

（3）主动为非正规活动做出包容性的制度安排。虽然非正规活动是一种暂时现象和临时结构，但非正规活动空间却具有广泛性和持久性。日常都市主义概念的提出，揭示了城市社会生活中被忽视的日常生活，尤其是非正规的、未经规划的和自发活动的重要性[④]。因此，城市规划和管理工作者不能忽视城市中的非正规现象，应深入研究非正规活动的运行规律，从而在城市规划管理工作中做出包容性的制度安排[⑤]。

11.4.3 非正规城市空间治理对策[⑥]

（1）将非正规空间纳入监管，保障民生健康安全底线。城市非正规发展是政府保障不足和市场供给不匹配的产物，不论社会发展到什么阶段，始终会有来自底层

---

① ROY A. Urban Informality : Toward an Epistemology of Planning[J]. Journal of the American Planning Association，2005，71（2）：147–158.

② MUKHIJA V，LOUKAITOU–SIDERIS A. Reading the Informal City：Why and How to Deepen Planners'Understanding of Informality[J]. Journal of Planning Education and Research，2015，35（4）：444–454；MUKHIJA V，LOUKAITOU–SIDERIS A，eds. The Informal American City：Beyond Taco Trucks and Day Labor[M]. Cambridge，MA：Massachusetts Institute of Technology Press，2014.

③ 叶裕民，徐苗，田莉，等 . 城市非正规发展与治理 [J]. 城市规划，2020，44（2）：44–49.

④ CRAWFORD M. Introduction and Preface：The Current State of Everyday Urbanism[M]// John L. Chase，Margaret Crawford and John Kaliski，eds.，Everyday Urbanism（6–15）. New York：Monacelli Press. 2008.

⑤ 威尼·穆西贾，阿纳斯塔西娅·卢卡图 – 塞德里斯 . 非正规美国城市：深化对非正规城市主义的理解 [J]. 陈瑞，译 . 徐苗，校 . 国际城市规划，2019，34（2）：7–14+30。英文原文发表于：MUKHIJA V，LOUKAITOU–SIDERIS A，eds. The Informal American City：Beyond Taco Trucks and Day Labor[M]. Cambridge，MA：Massachusetts Institute of Technology Press，2014.

⑥ 陈宇琳 . 中国大城市非正规住房与社区营造：类型、机制与应对 [J]. 国际城市规划，2019，34（2）：40–46.

的需求。对非正规现象采取包容的态度，体现了对社会救济和社会福利的补充。因此，城市规划和管理不应将非正规现象排斥在监管范围之外，而应对结构安全和公共卫生等刚性底线进行管控，保障百姓的基本健康安全；对于在此基础上的再开发和再创造，可充分发挥民间智慧，交予真实的资产使用者去完成[①]。

（2）设置合理的空间标准，提升城市的可负担性。非正规空间产生的一个重要原因是相较于正规空间，其具备更低的建设和运营成本，而成本与空间环境的标准密切关联。因此，从提升城市可负担性的角度而言，非正规空间治理的关键在于如何设定合理的空间标准。以城中村治理为例，应将城中村更新的空间治理与新市民住房的社会治理结合起来，通过对新市民住房需求的分析和支付能力的测算，利用城中村更新契机将非正规住房转变为合法正规住房，从而同步解决城中村更新与新市民可支付租赁住房供给问题[②]（图 11–4）。

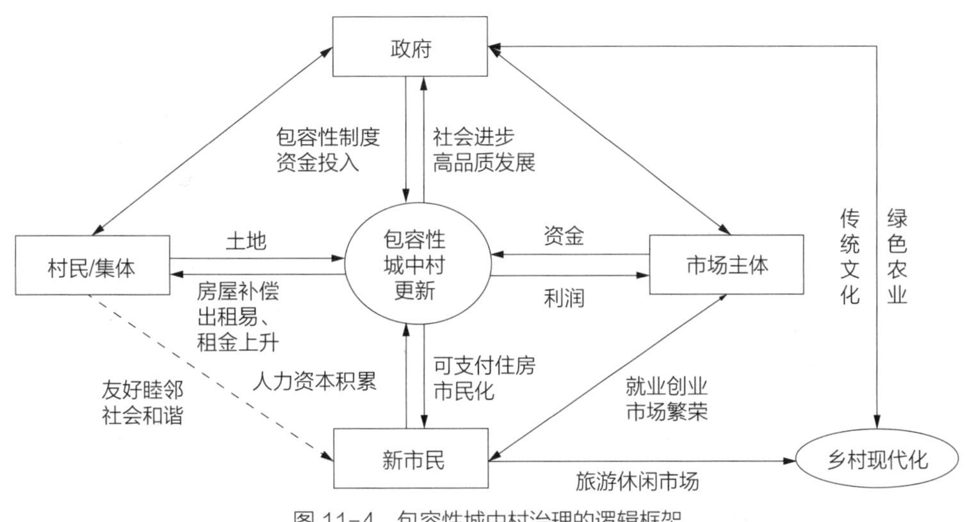

图 11–4 包容性城中村治理的逻辑框架

资料来源：叶裕民，张理政，孙玥，等 . 破解城中村更新和新市民住房“孪生难题”的联动机制研究——以广州市为例 [J]. 中国人民大学学报，2020（2）：21.

（3）赋予基层自治空间，激发城市活力。城市非正规性产生于民众自下而上应对政府供给不足或市场失灵而采取的主动策略，体现出基层极大的能动性和创造性，并且营造的空间往往都能较好地贴切百姓需求，具有较强的活力。因此，在城市规划和管理过程中，应处理好管控的刚性与弹性的关系，赋予基层社区更多的自主权，并通过制度化、常态化的公众参与机制，培育基层自我决策、自我

① 叶裕民，徐苗，田莉，等 . 城市非正规发展与治理 [J]. 城市规划，2020，44（2）：44–49.

② 叶裕民，张理政，孙玥，等 . 破解城中村更新和新市民住房“孪生难题”的联动机制研究——以广州市为例 [J]. 中国人民大学学报，2020，34（2）：14–28.

管理的意识和能力。这样既能缓解政府工作压力、提高问题解决效率，又能提升百姓的参与度和获得感。

11.5 小结

我国过去近四十年的快速城镇化进程，为非正规空间提供了很大的生存空间，非正规空间的正效应也得以充分发挥。但与此同时，多样的非正规空间类型及其复杂的权属关系，也给城市治理带来前所未有的挑战。我国当前正处在从增量发展向存量提升的转型阶段，这正是非正规空间治理的关键时期，如何运用智慧的方式方法，在保障性和可获得性、品质与可负担性、秩序和活力之间找到平衡，探寻非正规治理的中国路径，是城市规划管理理论和实践探索的重要领域。

思考题

（1）非正规的概念是什么？与正规和非法是什么关系？

（2）从国际经验来看，非正规城市治理主要有哪些理论和手段？

（3）谈谈我国非正规空间治理的主要挑战与改进方向？

课堂讨论

【材料】拆除重建到就地升级：基于非正规性视角的深圳城中村治理转型研究

在深圳，城中村指的是“原农村集体经济组织和原村民实际占有使用的土地”。1992年，深圳原特区内实行土地“统征”，即一次性将特区内集体土地全部征为国有，同时将村民转为市民。但是上述土地在“统征”后，在法律上虽然属于国有，实际并未完成征地，因此一直由原村民实际控制、受益和转让，并进行私房建设。此外，原村集体和村民早年在上述用地范围外还占用了一部分国有土地。以福田区城中村为例，15个城中村占用国有土地进行建设的建筑面积达到107.7万平方米，占福田区城中村总建筑面积的20%。在2001年的相关政策中，原村民实际占有使用土地上的“历史遗留违法私房”，总量在当年达到5394万m^2，由此形成了原经济特区内的非正规住区。

早在2005年，深圳就已经遭遇人口、土地、资源、环境“四个难以为继”的严峻挑战，进入2010年以后，深圳空间资源紧缺的矛盾更加尖锐，几乎到了无地可供、无地可用的状态，通过城市更新挖掘存量空间效益成为深圳的必然选择。

面对巨大的土地增值收益，原特区内占地约 7.2km^2 的 79 个城中村的更新改造成为释放土地资源的重要突破口。

（1）通过拆除重建实现非正规住区正规化。2009 年以后，随着城市更新单元规划制度的出台，通过拆除重建，实现城市更新单元内城中村的产权整理与违建处理是这一阶段非正规住区正规化的核心。例如，A 村及其周边地区由于地处罗湖区核心，拆除用地面积达 30 余万平方米，作为重点更新单元，在政府、市场、原村民都有很强的更新意愿的前提下，其基本模式是“政府主导，市场运作”。历经 A 村股东大会通过、列入深圳市城市更新单元计划、更新单元专项规划编制、土地审查、两轮规划方案公示、项目城市设计国际专家咨询会等环节，该更新项目在 2019 年初报市城市规划委员会审批后，进入实施阶段。根据城市更新政策，拆除用地范围内土地要先经过土地确权，然后针对确权后不同的土地权属按不同的地价政策缴纳地价，并按城市更新政策规定的贡献用地指标，将相应的土地无偿移交政府作为公共利益和政府储备用地后，土地才能进行协议出让，并最终确定开发建设用地指标。A 村城市更新项目完成土地确权后，实际更新单元用地 33.6 公顷，其中实际开发建设用地和移交政府用地的面积各占一半。拆除 A 村的非正规住宅进行土地再开发，这个过程实现了非正规住宅的消除。

（2）以承认事实上的产权为基础的就地升级。政府反思城中村在解决低成本住房问题方面的积极作用，开始探索新的治理模式，以达到短期内改善城中村治安消防管理和居住品质提升的目的。2017 年底至今，深圳市政府通过政策指引，提出 2018—2025 年期间，原特区内 75% 的城中村不能再拆除，同时支持社区股份合作公司和原村民通过“城中村”综合整治和改造，提供各类符合规定的租赁住房。在这一背景下，通过政府承认并加强事实上的产权，城中村就地升级成为新一阶段重要的治理模式探索。

福田区 B 村进行了城中村规模化租赁的探索。B 村由于建筑老化和管理的不规范，面临巨大的消防安全隐患。在 2017 年底深圳发布城中村综合整治和完善租赁住房体系建设的一系列政策后，私有房地产企业开始涉足非拆除重建的城中村住房升级，其中 W 公司是专门从事城中村整治运营项目的专业化房地产公司。2017 年末，由 B 村村集体股份公司推动，与 W 公司达成合作协议，对 B 村原村民私人建房进行就地住房升级。如何对没有合法产权的建筑进行升级是 B 村住房升级面临的最大难题。W 公司采首先从原村民手中将村民自建房整体租赁，然后进行设计和装修改造，对楼栋治安、消防、建筑结构三方面的隐患进行一定的改造处理后，以长租公寓的形式进行出租，并配有工作人员进行公寓的物业管理。由于建筑没有合法产权且不满足消防规范，因此这一类城中村住房改造项目无法报批报建，W 公司在改造时按“小散工程”到街道登记备案。改造完成之后，因为改造后的建筑还是无法达到建筑结构和消防规范的要求，因此相关部门不会对这一类改造进行验收，所有后续消防安全问题由改造方，即W公司承担。

从上述两种模式来看，在拆除重建的更新改造中，政府、开发商和原村集体都能获得土地增值收益，这种模式虽然实现了“三赢”，然而却导致了城中村拆迁后大量租户的搬迁。在就地住房升级的模式探索中，在目前没有相关政策、实施细则和规范指引的前提下，绝大部分城中村长租公寓改造是由政府许可，村集体股份公司推动，引入市场运作，自下而上推动更新的多元治理方式。由于城中村是深圳最大规模的存量住房市场，政府要解决原特区内城中村一定时期内的住房租赁管理的问题，因此通过“以函代证”“小散工程”“室内装修”等非正规的方式对长租公寓改造予以许可和默认，从而降低企业改造非合法产权建筑产生的风险，但同时由于改造不能报批报建，企业需要相应承担建筑改造后的消防安全风险。

深圳城中村治理转型的研究，对我国和其他发展中国家非正规住区治理提供了政策启示。在未来的城中村治理相关政策设计中，首先应在城市整体层面结合城市发展阶段、区位条件、职住关系等因素，综合权衡城中村作为低成本住房的社会价值与通过改造获取的经济价值，以此作为城中村治理模式选择的依据。然后，对于既存且短期内不能进行改造的城中村，应重点考虑提升城中村居住的安全性，不断完善治安消防管理和提升居住环境品质。

【讨论】深圳城中村非正规住宅的“拆除重建”和“就地升级”治理途径各有什么特点？你认为两种模式的优劣和适用性如何？

（资料来源：整理和改写自 Gan Xinyue，Chen Yulin，Bian Lanchun. From Redevelopment to In-situ Upgrading: Transforming Urban Village Governance in Shenzhen Through the Lens of Informality[J]. China City Planning Review，2019，28（4）：30-41.）

延伸阅读

[1] 李强 . 当代中国社会分层 [M]. 北京：生活 · 读书 · 新知三联书店，2019.

[2] 项飙 . 跨越边界的社区：北京“浙江村”的生活史（修订版）[M]. 北京：生活 · 读书 · 新知三联书店，2018.

[3] 黄耿志 . 城市摊贩的社会经济根源与空间政治 [M]. 北京：商务印书馆，2015.

第 12 章

结语：规划管理的制度发展走向

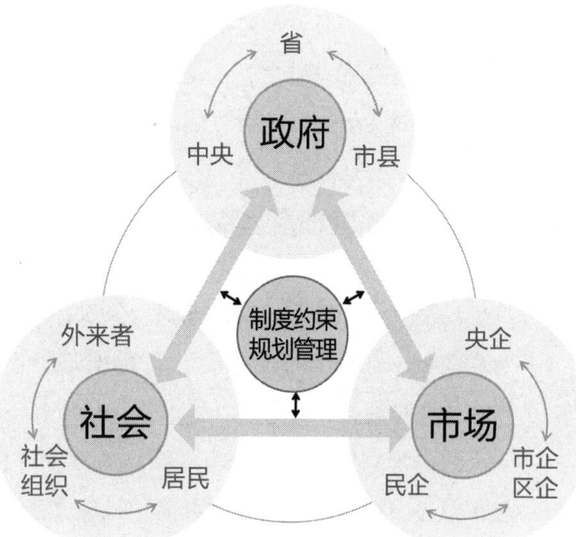

【**章节要点**】规划管理及其制度建设的总体发展趋势（去中心、透明化、包容性、法治化、综合性、科学化）；规划管理制度变革的影响思潮与行动：运行方式转变与权力关系调整（行政改革）、从管理走向治理（角色转变）、新数据与新技术（科技支撑）。

本章重在从制度视角思考城乡规划管理的未来发展方向，尝试提供一个具有前瞻性的发展趋势判读，从而在更大的时空观中深化对规划管理的认识。城乡规划管理作为公共管理或公共行政的重要组成内容，其未来走向与全球、国家和地区的公共管理演进趋势具有一定的一致性。本章在概述城乡规划管理及其制度建设的总体发展趋势特点的基础上，选择行政改革、角色转变、科技支撑三方面，结合重要的理论思潮或变革行动进行具体剖析。

12.1 规划管理及其制度建设的总体发展趋势

城乡规划管理作为以政府等公共组织为主导来管理城乡规划事务和建设发展的专业领域，在新的时代背景下呈现出新的变化和发展趋势，具有去中心、透明化、包容性、法治化、综合性、科学化等特点。

（1）规划管理的去中心。城乡规划管理在过去强调以政府和行政权力为核心，未来将更多地转向关注客体和其他社会角色，在权责关系、价值取向、决策过程中呈现去中心化的态势，具体包括从主体中心主义转化为客体中心主义，从权力中心主义转化为服务中心主义，从效率中心主义转化为价值中心主义，从个别利益中心主义转化为公共利益中心主义等[①]。规划管理的行政权在纵向层级上将不断下沉，决策权将更多地交由利益相关者来共同行使（如公众参与），同时对政府工作者的寻租等行为在监督上将更加严格和途径多元。

（2）规划管理的透明化。城市规划管理的流程、决策和监管等将越来越透明化和公开化。这种政府行政行为的逐步透明过程，是将规划管理的活动与服务等置于社会大众视野之中，以减少信息不对称，强化管理主体与公众之间的交流、沟通和互动反馈，方便社会了解和监督政府的办事效率和行政效果。过去由政府承担的一些职能会被市场和社会所分担，并且随着政府与市场作用边界的不断调整，转变职能、精减机构、放宽规制、公共服务社区化等变革也会伴随规划管理的透明而持续出现。

（3）规划管理的包容性。由于城乡规划管理活动的参与角色将越来越多，需要调和的利益关系将越来越复杂，社会的价值理念也越来越多元，这使得未来的城乡规划管理需要具备更高的包容性，特别是在做出具体规划决策时。因此更加包容、灵活和开拓性的规划管理流程与决策将持续涌现，规划从“管理”向“治理”逐步转型。与此同时，政府需要顺应这种变化趋势，不断强化规划管理的规则与流程建设，加强对规划管理风险的监测和预警。

（4）规划管理的法治化。城乡规划管理在未来依然要坚持法治化道路，不断完善相关法律法规建设以提升规划行政的科学性和规范性。城乡规划管理的法治化是国家法治化建设的组成部分。党的十八届四中全会通过的《关于全面推进依法治国若干重大问题的决定》明确了建设“法治中国”的目标，这需要通过法治国家、法治政府和法治社会一体化建设，依法治国、依法执政与依法行政的共同运作来实施推进。

（5）规划管理的综合性。城乡规划管理面对的公共事务与社会角色将具有更加显著的广泛性、多变性和复杂性，政府组织需要具备能够综合处理政治、经济、社会、环境等不同领域涌现出的相关问题的能力。城乡规划管理工作的综合性在未来会进一步突显，规划管理与其他领域的相互交叉、相互渗透以及跨部门合作等将成为工作所需。因此规划管理行为及其研究离不开各学科之间理论与方法的互补，从而充分调动多领域知识来解释与解决公共行政中存在的疑难问题，增强规划管理解决客观问题的现实作用。

（6）规划管理的科学化。随着信息时代和知识经济的到来，科技发展、知识进步与探索创新影响着城市的方方面面，通过科技创新来完善城市规划管理途径、支

---

① 具体参见：公共管理的发展趋势和特点 [EB/OL].（2010-05-15）[2020-03-07].http：//wenku.baidu.com/link?url=Sadw3h_WCvj8fpbRRbY_4bKqBlgH7M7KXvF9ERwDy3RWTvSycrwVi_x3Z0RLqHLQmo14hzJA5PwIpiVUyg25nw_gBNmCMnOuZFJupCIhUXC###.

撑城市规划的科学决策等成为大势所趋。规划管理的科学化表现在决策更为符合客观规律、行动和流程更加规范合理、管理途径融入先进科学技术等方面。当前网络技术、数据信息等领域的突飞猛进，为规划管理收集了更为丰富的基础信息、创造了更加集成的动态管理平台、提供了以互联网为表征的更加多元的管理媒介和工具，因此规划管理需要完善方法和手段、充分利用现代信息与计算机技术来提高办事效率、服务能力、工作质量和社会公众的满意度等。

城乡规划管理及其制度建设的总体发展趋势并不局限于上述几点，但以上变化却无疑是未来变革的重要方面。下面将从行政改革、角色转变、科技支撑三个维度结合一些重要的理论思潮或者行动方法，展开具体的分析和阐述。

12.2 运行方式转变与权力关系调整：行政改革

12.2.1 新公共管理①

新公共管理（New Public Managment）是1980年代以来兴盛于英美等西方国家的一种新的公共行政/管理理论和管理模式，也是近年来西方行政改革的主体指导思想之一，它以现代经济学为理论基础，主张在政府等公共部门广泛采用私营部门成功的管理方法和竞争机制，重视公共服务的产出，强调文官对社会公众的响应力和政治敏感性，倡导在人员录用、任期、工资及其他人事行政环节上实行更加灵活、富有成效的管理②。

新公共管理的主要理论基础包括③：①工具理性的思维方式，把行政看作是获得高效率的工具，关注行政的“功能性”而对公共管理的“公共性”注重较少，将公共管理的追求目标设定为经济、效率和效益构成的“3E”（Economy、Efficiency、Effectiveness）；②个人主义的理性思维方法，即以“理性经济人”假设作为公共管理的前提与逻辑起点，主张从个人利益的角度出发来考虑公共管理问题，从而将竞争机制引入政府内部，以建立一种顾客取向的管理方法；③经验的实证主义分析方法，即不看最初的事物与原则，而是看最后的事物、收获、效果和事实，注重方法的手段性与结果性，而忽视方法的价值性与目的性。总体上，新公共管理提倡依靠自由化、市场化与竞争机制来变革行政行为，鼓励以市场经济为取向的竞争式管理方法，以效率为取向的战略管理方法，以结果为取向的绩效目标管理方法，以顾客为取向的回应性管理方法。

---

① 内容主要整理和来源自：何颖，李思然．新公共管理理论方法论评析[J]. 中国行政管理，2014（11）：66-72；金太军．新公共管理：当代西方公共行政的新趋势[J]. 国外社会科学，1997（5）：20-25.

② 金太军．新公共管理：当代西方公共行政的新趋势[J]. 国外社会科学，1997（5）：20-25.

③ 何颖，李思然．新公共管理理论方法论评析[J]. 中国行政管理，2014（11）：66-72.

我国规划领域对“企业型政府”等的讨论，是新公共管理思想的一种影射。新公共管理方法论的重要性体现在[①]：①突破传统公共行政学的学科界限，将当代西方经济学以及工商管理学作为理论基础，使得公共组织对于市场价值的重视取代了传统官僚组织对于效率的重视，开创了公共管理学的研究新视角[②]；②汇集社会科学各学科的理论和方法，使公共管理方法更具广泛性与综合性，拓展了公共管理理论的研究范围与主题。在“服务行政”理念的指导下，新公共管理强调公共行政管理活动的服务性与民主化，关注公共管理者与公民之间的关系，使“公共责任”与“公共服务”成为新的研究议题；③创新了以激励为导向的公共管理方法，使政府公共管理方法的侧重点由规制转变为激励。传统官僚制的制度设计以“人性恶”为前提假设，因此为尽可能减少权力滥用，强调对政治权力的控制，而新公共管理用市场的观点来分析问题，把政治市场和经济市场中的人都看作是追求个人利益最大化的理性经济人，从而在政府内部引入了竞争机制。

12.2.2 新公共服务

公共管理经历的新公共管理革命，使得公共行政官员不再关注控制官僚机构和提供服务，而是对“掌舵而非划桨”的告诫作出反应，试图成为新型、有偏向且日益私人化的政府的企业家。然而，许多学者和实践家都不断地对新公共管理以及该模式所主张的公共管理者的角色表示担忧，认为这可能会逐渐地腐蚀和破坏公平、公正、代表制和参与等民主与宪政价值观[③]。因此将“公民”置于中心位置的“新公共服务（New Public Service）”理论由此产生，新公共服务理论认为政府应“服务而不是掌舵”[④]，呼吁人们重新重视民主、公民权、公共利益等公共行政中的卓越价值。

新公共服务先驱者们倡导的观点包括[⑤]：①民主化的公民权利与责任，即提倡复兴和实行更为积极的公民参与、公民权利与责任保障。桑德尔（Sandel）指出由于公民对公共事务的认知和归属感的建立、集体意识的形成，以及危机时刻将自己的命运与社会命运相结合的认识，使得公民可以超越私利而关注公共利益。柯因（King）和斯缔文斯（Stivers）认为行政人员应该把公民看作是公民而不仅仅是投票者，不仅仅是客户、顾客或消费者；行政人员应该和政府共享权威、减少对公民的控制；行

① 何颖，李思然．新公共管理理论方法论评析[J]. 中国行政管理，2014（11）：66-72.

② 新公共管理也往往被称作“以经济学为基础的新政府管理理论”或“市场导向的公共行政学”。

③ 罗伯特・B・丹哈特，珍妮特・V・丹哈特，刘俊生．新公共服务：服务而非掌舵[J]. 中国行政管理，2002（10）：38-44.

④ 珍妮特・V・登哈特，罗伯特・B・登哈特．新公共服务：服务，而不是掌舵[M].3版．丁煌，译．北京：中国人民大学出版社，2016.

⑤ 具体参见：顾丽梅．新公共服务理论及其对我国公共服务改革之启示[J]. 南京社会科学，2005（1）：38-45.

政人员应当相信协作的功效；公共管理者应当追求更高的责任心和增加对公民的信任。②社区和市民社会范式，即将社区认为是产生整合和融汇各种思想的主要途径，在公共行政领域，政府的角色需要帮助创造和支持“社区”。这一努力建构在一系列健康和积极的“协调机制”基础上，同时需要关注公民的愿望和利益，为公民更好地在大政治体系中的参与提供良好经验准备。在公民参与的基础上，各种类型的活跃组织、协会以及政府团体共同作用，这些小组织是公民为了实现他们的利益和能得到社会的关注而结合在一起的，它们与公众共同组成“市民社会”[①]。③组织人道主义和话语理论，即对官僚制和实证主义提出批判，寻求一种选择性方法来进行管理和组织——通过新的路径获取知识，包括解释理论、批判理论和后现代主义理论等。这些理论方法都在寻求如何改革公共组织使之对公民的需求更为关注、更为关心公共组织中的雇员、更为关心外部的客户和公民。后公共行政学理论家怀疑公共参与的传统方法，认为需要通过公众对话来复兴官僚体制，重建公共行政领域的合法性认识，也就是不论知识层面还是实践层面，都需要更新公共服务领域的概念，重新建构新公共服务。

新公共服务的基本原则包括[②]：①政府的职能是服务而不是“掌舵”，公务员日益重要的角色是帮助公民表达并满足其共同利益需求，而非试图通过控制或掌舵使社会朝着新的方向发展[③]；②公共利益是目标而非副产品，公共行政官员必须致力于建立集体的、共享的公共利益观念，这不是要在个人选择驱使下找到快速解决问题的方案，而是要创造共享利益和共同责任；③政府在思想上要具有战略性，在行动上要具有民主性，其满足公共需要的政策和方案可以通过集体努力和协作过程最有效、最负责任地实现；④为公民服务而不是为顾客服务，因为公共利益不是由个人的自我利益聚集而成，而是产生于关于共同价值观的对话；⑤政府责任并不简单，公务员所应该关注的不只是市场，还应关注宪法法律、社区价值观、政治规范、职业标准以及公民利益；⑥重视人而不只是重视生产率，公共组织及其所参与的网络要获得长远成功，就需要以对所有人的尊重为基础，通过合作和分享领导权的过程来加以运作；⑦公民权和公共服务比企业家精神更重要，与那些试图将公共资金视为己有的企业管理者相比，乐于为社会作出有意义贡献的公务员和公民更能够促进公共利益。

---

① 这种由公民参与的对话与协作是社会和民主体系建立的基础，政府在创造、促进和支持这些公民与社会之间的联系中扮演着重要而又关键的角色。

② 具体参见：丁煌．当代西方公共行政理论的新发展——从新公共管理到新公共服务 [J]. 广东行政学院学报，2005（6）：5-10.

③ 当今时代为社会领航的公共政策实际上是一系列复杂的相互作用过程的后果，这些相互作用涉及多重群体和多重利益集团。具体参见：丁煌．当代西方公共行政理论的新发展——从新公共管理到新公共服务 [J]. 广东行政学院学报，2005（6）：5-10.

12.2.3 简政放权与“放管服”

我国当前新一轮的行政体制改革是一场以理顺政府与市场和社会关系为核心，以简政放权和职能转变为着力点，以建设现代化政府为目标导向的全方位政府治理变革[①]。党的十八届三中全会通过的《中共中央关于全面深化改革若干重大问题的决定》提出要“推行地方各级政府及其工作部门权力清单制度，依法公开权力运行流程”；2014年《政府工作报告》指出应“深入推行行政体制改革，进一步简政放权”，明确了将“简政放权”作为推进政府职能转变的抓手，再以政府职能的转变带动行政体制的总体改革[②]。

“简政”就是精简政务、精简机构和人员，重点是缩减行政权；“放权”就是将权力下放或将权力转化为权利，赋予社会（公民）或市场。由此可见，简政放权的核心是将行政权力（尤其是审批权）向市场、社会放权，把应该交给市场、企业、中介机构的事情交出去，在本质上是对政府、社会和市场三者关系的重新审视与定位[③]。简政放权既包括政府向社会与市场放权，也包括上级政府向下级政府放权[④]。

仅2012年新一届政府组建后的一年多时间内，国家就已取消下放479项行政审批事项，修改了一批行政法规，删减了很多不必要的管理环节，极大地激发了市场和社会活力；各地积极探索建立“审批权力清单”和“负面清单”,积极推进审批“流程再造”和“机制创新”，有些地方甚至设立“行政审批局”来革新政府审批权力运行[⑤]。但仅就行政审批制度改革的简政放权工作来看，目前仍然面临着许多来自体制法制、部门权责利、文化行为习惯、行政管理能力等因素的困扰，行政审批多、程序繁、效率低以及重审批、轻管理的现象依然大量存在，行政审批领域仍然是部门和官员为政不为、寻租牟利的易发领域[⑤]。

从更加广泛的行政改革行动来看，引起诸多社会关注的是为优化营商环境等而开展的“放管服”改革。“放管服”是简政放权、放管结合、优化服务的简称：“放”即简政放权，降低准入门槛；“管”即创新监管，促进公平竞争；“服”即高效服务，营造便利环境。党的十九届四中全会明确提出要深入推进简政放权、放管结合、优化服务，李克强总理多次强调“放管服”改革是一场刀刃向内的政府自我革命，旨在重塑政府和市场关系，使市场在资源配置中起决定性作用，更好发挥政府作用[⑥]。

---

① 陈振明. 简政放权与职能转变：我国政府改革与治理的新趋势 [J]. 福建行政学院学报，2016（1）：1–11.

② 胡宗仁. 政府职能转变视角下的简政放权探析 [J]. 江苏行政学院学报，2015（3）：106–111.

③ 郭人菡. 基于“权力清单”“权利清单”和“负面清单”的简政放权模式分析 [J]. 行政与法，2014（7）：23–28.

④ 魏琼. 简政放权背景下的行政审批改革 [J]. 政治与法律，2013（9）：58–65.

⑤ 张定安. 全面推进地方政府简政放权和行政审批制度改革的对策建议 [J]. 中国行政管理，2014（8）：16–21.

⑥ 彭云，王佃利. 机制改革视角下我国“放管服”改革进展及梗阻分析——基于七省市“放管服”改革的调查 [J]. 东岳论丛，2020，41（1）：125–133.

可见深化“放管服”改革对于方便企业和群众办事创业、有效降低制度性交易成本、加快转变政府职能和工作作风、提升政府治理能力和水平，具有重大意义[①]。近年来，在各地积极的改革探索与实践推进努力下（例如一站式服务等），中国在世界银行发布的《2020年营商环境报告》中名列第31位，较2019年上升15位，实现连续两年跻身全球营商环境改善最大的经济体前10位[②]。

12.3 从管理走向治理：角色转变

12.3.1 政府治理

“治理（Governace）”概念自1990年代在全球范围内逐步兴起，虽然治理一词在不同尺度（全球、国家、地方、社区等）和不同行动领域（公司治理、政府治理、公共治理、社区治理等）往往会有差异化的认知和解读，但是按照全球治理委员会给出的定义，治理是或公或私的个人和机构经营管理相同事务的诸多方式的总和；它是使相互冲突或不同的利益得以调和并且采取联合行动的持续过程；它包括迫使人们服从的正式机构和规章制度以及种种非正式安排[③]。治理理论的引入改变了人们的观念，使人们认识到管理社会不仅仅是政府的事情，而是与每个公民息息相关[④]，治理包含着一些关键的要素：分权与授权、合作与协商、多元与互动、适应与回应等[⑤]。

格里·斯托克总结治理理论具有5个显著观点[⑥]：①治理意味着一系列来自政府但又不限于政府的社会公共机构和行为者；②治理意味着在为社会和经济问题寻求解决方案的过程中存在着界限和责任方面的模糊性；③治理明确肯定了在涉及集体行为的各个社会公共机构之间存在着权力依赖；④治理意味着参与者最终将形成一个自主的网络；⑤治理意味着办好事情的能力并不仅限于政府的权力，不限于政府的发号施令或运用权威。

治理改革是政治改革的重要内容，治理体制也是政治体制的重要内容[⑦]。治理理论的兴起给政治学、行政学、管理学等学科的研究提供了新的知识背景和话语体系：从知识论角度看，治理理论是人类在寻求解决社会一致有效性问题上做出的一

---

① 沈水生 . 把握深化“放管服”改革优化政务服务的重点 [J]. 行政管理改革，2020（1）：45-52.

② 丁邡，周海川 . 我国优化营商环境成效评估与建议 [J]. 宏观经济管理，2020（2）：59-65.

③ 全球治理委员会 . 我们的全球伙伴关系 [R]. 牛津大学出版社，1995：23；俞可平 . 治理与善治 [M]. 北京：社会科学文献出版社，2000.

④ 易晋 . 我国城市社区治理变革与社会资本研究（1978—2008）：一种制度变迁的分析视角 [D]. 上海：复旦大学，2009.

⑤ 包国宪，郎玫 . 治理、政府治理概念的演变与发展 [J]. 兰州大学学报（社会科学版），2009，37（2）：1-7.

⑥ 格里·斯托克，华夏风 . 作为理论的治理：五个论点 [J]. 国际社会科学杂志（中文版），2019，36（3）：23-32.

⑦ 俞可平． 中国治理变迁 30 年（1978—2008）[J]. 吉林大学社会科学学报，2008（3）：5-17+159.

次深刻的认识转折，政治学知识体系都在悄悄地脱离“统治”这一核心而转向“治理”这一主题；治理理论从某种意义上说是公共管理最新发展的理论范式[①]。从政治治理来看，它与传统的统治、管制不同，是通过多元协商和共同目标推进的活动与过程，其本质依然在于行动不是由政府的权威或制裁来实现，而是依靠相互影响的多种社会机构与行动者等之间的互动。俞可平研究中国改革开放后30年间的治理变革轨迹，指出其变革方向是从一元治理到多元治理，从集权到分权，从人治到法治，从管制政府到服务政府，从党内民主到社会民主；我国治理改革的重点内容是生态平衡、社会公正、公共服务、社会和谐、官员廉洁、政府创新、党内民主和基层民主[②]。

12.3.2 公共管理社会化

公共管理社会化是1970年代以来西方行政改革的一个趋势，所谓公共管理社会化，是指政府在社会管理和公共服务领域，通过向社会转移或委托代理等方式将一些政府职能转移出政府，转由市场或社会组织等来承担，以达到提高行政效率，节约财政开支的目的[③]。可见，在公共管理的社会化过程中，政府将公共管理职能向社会转移，与企业、非营利组织和公民等共同生产和提供公共物品和公共服务，从而形成公私合作治理的新格局；公共管理的社会化不仅体现为管理主体的多元化，而且要求在多元管理主体之间形成制度化的分工合作机制，以实现多元管理主体的整合[④]。

公共管理社会化的途径主要包括两大类[⑤]：一是政府在公共管理中引入市场机制；二是将一些原来由政府承担的职能转移给社会组织等。从引入市场机制来看，其具体做法包括：①在原由政府承担、私营部门未曾介入的基础设施和公共设施领域引入竞争机制，打破以往的政府独家垄断局面；②把能够进行经营性投资、开展市场竞争的公共服务项目，通过推行公共服务市场化，交给私营企业经营；③采取承包方式，将一些公共服务项目委托给私营企业管理，如城市垃圾处理、社区管理、医疗教育等；④对于必须政府承担的公共领域，通过改善管理制度、提高服务质量、减少财政投入等来实现社会效益的最大化，如公立学校运营等。从公共管理职能向社会组织等转移来看，主要是将政府的一些职能剥离之后，交由社会中介组织或公众等来承担。

---

① 胡祥．近年来治理理论研究综述[J]．毛泽东邓小平理论研究，2005（3）：25-30.

② 俞可平．中国治理变迁30年（1978—2008）[J]．吉林大学社会科学学报，2008（3）：5-17+159.

③ 内容主要整理和来源自：梁莹．公共管理社会化：行政改革的新趋势[J]．党政干部论坛，2003（3）：37-38.

④ 曾军荣．政策工具选择与我国公共管理社会化[J]．理论与改革，2008（2）：87-89.

⑤ 内容主要整理和来源自：汪玉凯．西方公共管理社会化给我们的启示[J]．陕西省行政学院、陕西省经济管理干部学院学报，1999（3）：10-12.

公共管理社会化破除了“政府中心论”的窠臼，以一种更为宽广的视野来审视政府与社会的关系及其变化，体现了政府与社会双向互动的内在精神，其“还权”的深层内涵对中国的社会经济发展具有重要启示意义[①]。

12.3.3 行政公开与透明政府

我国改革开放前的经济社会显著特点是“全能大政府”包揽了从经济到政治一切事务的决策权，并最终将中国经济推到紧迫的边缘，促成了我国经济改革和对外开放的施行[②]。吴敬琏指出,为了建立市场经济所需要的“有限政府”和“有效政府”，国家需要通过行政改革建设公开、透明和可问责的“服务型政府”。在他看来，全能政府的体制往往把公共事务的处理和反映处理过程的信息看作是党政机关的“内部秘密”，忽视了人民的知情权；而现代国家倡导信息公开的“阳光政府”与“透明政府”，将除涉及国家安全并经法定程序得到豁免的公共信息之外的内容都公之于众——因为政府在执行公务过程中产生的信息本身是一种公共资源，是公众得以了解公共事务和政府工作状况、监督公务人员的必要条件[①]。

莫于川认为行政管理体制改革具有民主化、科学化、亲民化、法治化的趋势，改革的基本目标是按照市场经济和民主政治的要求重新定位政府角色而形成“有限政府”；着力打造方法好、效率高、柔性管理的行政机制而形成“有效政府”；通过强化公共服务职能、转向服务行政模式来改善政民关系而形成“亲民政府”；将行政权力掌控者和权力行使过程全部纳入公共监督视野而形成“透明政府”[③]。行政公开是建立政府公信力与政治信任、开展政府公关、化解行政危急的重要途径[④]，它是指行政主体在实施行政行为的过程中，除法律规定的情形外，将该行政行为公开于行政相对人及社会有关方面，让他们知晓和了解以实现知情权（知情权）、监督权和其他合法权利，促进政府与人民的沟通；行政公开的原则体现在法律公开、资料公开、行政过程公开、行政决定公开等方面[③]。借助网络平台、规划展览馆、新闻媒体等多种途径，我国的规划管理已经进行了规划成果公示与公开、规划许可等行政决议公开、规划编制等流程公开的多方位改革，逐步改变了过去将规划成果当作政府机密的行政现状，但规划基础信息等的共享还比较有限。

---

① 陈庆云，鄞益奋．再论“公共管理社会化”[J]. 中国行政管理，2005（10）：43-46.

② 吴敬琏．建设一个公开、透明和可问责的服务型政府 [J]. 领导决策信息，2003（25）：20-21.

③ 莫于川．有限政府・有效政府・亲民政府・透明政府——从行政法治视角看我国行政管理体制改革的基本目标 [J]. 政治与法律，2006（3）：2-13.

④ 马得勇，孙梦欣．新媒体时代政府公信力的决定因素——透明性、回应性抑或公关技巧 ?[J]. 公共管理学报，2014，11（1）：104-113+142.

12.4 新数据与新技术：科技支撑

12.4.1 政府信息化与电子政务

1990年代以来，伴随着信息技术，特别是网络技术的飞速发展，信息化成为各国普遍关注的一个焦点，在国家信息化体系建设中，政府信息化成为整个信息化中的关键[①]。电子政务实际上就是政务工作信息化，是指国家机关在政务活动中，全面应用现代信息技术、网络技术以及办公自动化技术等进行办公、管理和为社会提供公共服务的一种全新的管理方式[①]。资讯公司IDC研究提出了电子政务的四个发展：第一阶段为公布信息（Publish），即政府通过网站发布和提供政府机构简介、采购通知等信息；第二阶段为互动沟通（Interact），即政府通过网络与社会大众形成一定互动，政府网站会回应用户提问，给出其所需信息；第三阶段为网上处理（Transact），这时候的政府网络平台已经开始允许并鼓励用户到网上进行项目申请、获得服务和产品等；第四阶段为整合政务（Integrate），即政府机构将电子政务整合到所有的办公程序中，实现了线上工作的全面推行和资源共享，以及政府内部工作的垂直和水平整合等[②]。

电子政务的实施不但使信息技术与互联网在发挥政府职能和政府管理方面起到更加积极的作用，并且使政府的行为方式发生改变，主要体现在[③]：①降低政府运作成本，使政府运行更加开放和透明，提高了工作效率；②打破传统政府部门之间的界限，促使部门林立、条块分割、等级森严的结构关系发生改变，帮助重构政府工作模式；③使公众能够在任何时间和任何地方获得政府的在线服务，公众无需直接到政府的办公场所，无需知道哪个部门、哪个层次的政府提供什么样的服务，他们只需要通过政府的一站式网站和网上链接就能获得相关服务；④在更广泛的意义上实现了信息资源的共享，使公众更接近信息和更了解政府的作为，使政府"黑箱"变透明，让网络成为公众参与政府决策、参与政府管理和监督政府行为的重要渠道；⑤使政府与公众之间形成平等的关系，公众不再是政府信息的被动接受者，政府不再是公众行为的单向控制者，政府与公众将建立新型的合作协同关系。据调查，我国当前的电子政务建设还存在以政府网站建设为主、因管理体制问题影响资源共享、主要用于政府内部工作所需而非开放的公共服务等不足[④]。

---

① 汪玉凯．中国政府信息化与电子政务[J]. 新视野，2002（2）：54-56.

② 党秀云，张晓．电子政务的发展阶段研究[J]. 中国行政管理，2003（1）：21-23.

③ 陈波，王浣尘．电子政务建设与政府治理变革[J]. 国家行政学院学报，2002（4）：23-25.

④ 吴昊，孙宝文．当前我国电子政务发展现状、问题及对策实证研究[J]. 国家行政学院学报，2009（5）：123-127.

12.4.2 信息化与数据平台建构[①]

党的十九大提出要加快建设网络强国、数字中国、智慧社会，《国家信息化发展战略纲要》提出要充分发挥信息化在促进经济、政治、文化、社会和军事等领域发展的重要作用，不断提高国家信息化水平，走中国特色的信息化道路。2019年自然资源部发布的《自然资源部信息化建设总体方案》指出网络安全和信息化建设对行政管理具有重要意义，是未来发展方向，方案提出了自然资源部信息化建设的路径与内容，明确建立以统一共享的数据平台为基础的"一张图"系统。

习近平总书记提出，"网信事业要发展，必须贯彻以人民为中心的发展思想。要打破信息壁垒、提升服务效率，让百姓少跑腿、信息多跑路。善于运用网络了解民意、开展工作，是新形势下领导干部做好工作的基本功，各级干部特别是领导干部一定要不断提高这项本领"。"要运用信息化手段推进政务公开、党务公开，加快推进电子政务，构建全流程一体化在线服务平台，更好解决企业和群众反映强烈的办事难、办事慢、办事繁的问题"。

（1）我国信息化建设进入全方位多层次推进的新阶段：①需要大力推进以"放管服"深化改革为导向的"互联网+政务服务"系统，形成全国政务服务"一张网"；②大力推进以便民利民服务为目标的公共数据共享和政务信息系统整合，充分发挥政务信息资源共享在深化改革、转变职能、创新管理中的重要作用，以最大程度利企便民，让企业和群众少跑腿、好办事、不添堵为目标，建设"大平台、大数据、大系统"；③围绕提升政府治理能力和推动经济转型升级大力促进大数据发展。整合各类空间关联数据，建立全国统一的国土空间基础信息平台。以国土空间基础信息平台为底板，实现主体功能区战略和各类空间管控要素精准落地，推进政府部门之间的数据共享以及政府与社会之间的信息交互；④实现自主可控和安全高效。网络安全关乎国家安全，关键信息系统和设施实现自主可控是实现安全的根本保障。国家颁布《网络安全法》后又出台《密码法》，从源头上维护网络空间国家主权、安全、发展利益，保护人民群众隐私权利。

（2）新形势下开展自然资源信息化工作的主要任务：①需要形成全覆盖的三维自然资源数据底板。要以全覆盖、全要素、立体调查监测为基础，整合已有国土资源、海洋、测绘地理数据，构建"地上地下、陆海相连"并相互关联的自然资源数据底板，形成统一协调的支撑自然资源和国土空间开发利用与保护的数据基础；②构建以数字化、网络化和智能化为支撑的国土空间规划体系并监督实施。以自然资源数据底板为基础，整合集成社会经济数据、相关部门数据，构建科学合理的国土空间规划体系，形成人与自然和谐共生的国土空间开发和保护格局，

① 内容主要整理和来源自：自然资源部 . 自然资源部信息化建设总体方案，2019.11.

通过数据综合分析挖掘增强监管和决策能力，严格保护和节约资源，管控“三条红线”；③建立“互联网＋自然资源政务服务”体系。运用现代信息网络技术为社会公众提供优质的自然资源政务服务，为全社会监督自然资源管理和开发创造条件；④加强自然资源数据共享。通过数据共享促进与其他部门的业务协同，形成生态文明建设合力。

（3）新一代信息技术的广泛应用与快速发展为自然资源信息化创造的新条件：①对地观测与定位技术为自然资源动态监测提供了先进感知手段。现代空间对地观测的颠覆性技术不断涌现，北斗卫星定位、导航、授时服务，基于卫星遥感、航空遥感、无人机、倾斜摄影、先进传感器、物联网等现代遥感和监测技术，可提供精度达亚米级的全覆盖自然资源监测和重点地区全天候实时观测服务，在轨国产遥感卫星系列使得获取覆盖全国高分辨率遥感数据的周期大大缩短，对同一地区可实现全方位立体观测；②计算机硬件与网络的发展为自然资源信息化提供了高效的计算和访问能力。存储器和服务器运算能力的提高，轻、小、薄和低功耗的集成度，为自然资源海量数据存储、处理和传输带来了极大的便利；③云计算、大数据与人工智能的发展为自然资源智能化管理与服务提供了技术手段。云计算、大数据、新一代人工智能、区块链等相关领域发展，理论建模、技术创新、软硬件升级等整体推进，正在引发链式突破，推动经济社会各领域向数字化、网络化、智能化加速跃升，为实现自动的分析研判和管理决策、提高自然资源治理的能力和水平提供有力技术支撑；④信息安全技术的发展为自然资源信息化筑起牢固防护墙。密码技术、云安全、可信计算、安全态势感知、主动防御等前沿技术将更好地保护信息系统和网络中的信息资源免受各种类型的威胁、干扰和破坏，将对自然资源安全保障体系建设起到重要支撑作用。

12.5 小结

城乡规划管理不是静态工作，其制度建设与方法手段会随着时代的进步、科技的发展、社会的成熟而不断丰富与完善，呈现出去中心、透明化、包容性、法治化、综合性、科学化等演进特征。城乡规划管理需要依靠行政部门被赋予的相关权力和不断完善的法律法规支撑，通过指令、规定、约束和激励等方式来组织、实施和监督城乡建设的土地使用和各类保护与开发行为。但与此同时，新公共管理、新公共服务、简政放权、政府治理、公共管理社会化、行政公开、政府信息化等一系列思潮和行动，也会在未来持续影响和重塑城乡规划管理的价值导向、角色定位和行动方式，促使规划管理不断适应新的趋势和需求。

思考题

（1）城乡规划管理制度建设的发展趋势有哪些特点？

（2）举例说明未来将持续影响规划管理发展的理论思潮或改革行动？

课堂讨论

【材料】精细化治理时代的城市设计运作

伴随存量规划与精细化治理时代的到来，我国的城市设计发展需要不断强化运作模式的“规范化”与“个性化”建设，并由此表现出二元转型的多重工作特点。

（1）城市设计的方式演进：从“设计控制”迈向“设计治理”。城市设计在我国开始出现从“设计控制（Design Control）”向“设计治理（Design Governance）”迈进的萌芽。在以存量提质和新常态为表征的新时期，我国的城市设计不再只是基于政府权力的“设计控制”，即政府从三维空间视角对城市建成环境进行的干预和引导，而是开始建立由政府、专家、投资者、市民等多元主体构成的行动与决策体系，迈向基于正式与非正式工具的“设计治理”。这种转型的实质是在建成环境设计领域中，将公权力面向全社会进行的一次再分配。

（2）城市设计的作用途径：从倡导“公共政策”走向重视“产品设计”。“过程”和“产品”是城市设计的两种典型属性，很长一段时期，我国规划界更多提倡的都是城市设计作为公共政策的“过程”属性，以城市设计导则（总体、片区或地段）、城市设计结合法定规划或规划许可制度进行实施等做法为表征。然而，在城市增长速度逐步放缓的精细化治理时代，城市设计的“产品”属性越来越重要，其价值地位和实践需求正不断崛起。这在当前具体表现在：一方面，如街道设计导则、社区生活圈导则、老旧小区改造导则等更加细分和精细的新形式城市设计导则正在涌现；另一方面，许多城市存量空间的改造急需可直接落地实施的设计方案，从而将城市设计从政策性的“后台管控”推向了建设性的“前台实施”，“产品设计”成为新时期城市设计的重要工作内容。

（3）城市设计的行动转换：从“设计活动”转向“社会动员”。城市设计在行动转换上从“设计活动”转向“社会动员”。城市设计不是单一的专业设计与规划技术手段，而将发展成为倡导社会参与、培育公众意识、落实空间使用需求的一项社会动员行动，这从当前各地广泛开展的开放型城市设计竞赛、城市设计展览、参与式城市空间改造等活动中可见一斑。精细化治理时代，规划设计者不仅仅是设计师或专业技术人员，还需具备“社会活动家”的意识和技能，并逐步走出技术的封闭殿堂，走近社区和居民。城市设计的“社会动员”行动，在当前主要体现在规划设计的技术闭环正在被打破，更多元的社会成员或组织开始通过不同途径加入到城市设计方案的制定、决策或实施中来。

（4）城市设计的机制建设：“顶层设计”结合“基层创建”。城市设计的关键在于如何实施它，但我国城市设计因其非法定性，长期以来存在着制度建设不完备、政策导引缺乏、与管理对接不足等困境，导致应有作用难以有效发挥。当前，城市设计机制建设无疑需要“顶层设计”结合“基层创建”的力量推动：在国家机构改革的大背景下，城市设计运作的顶层设计急待破题，以进一步厘清城市规划与城市设计、建筑设计的整合运作途径；“基层创建”是借助社会多元力量开展的个案型城市设计机制与做法创新，这些勇往直前的新尝试，是探寻城市设计本土化经验及可推广制度的重要实验平台。

针对上述四方面转型思考，我国的城市设计发展需要从“适变”和“应变”两方面实现“动态适应”和“主动应对”。从“适变”来看，城市设计需要动态适应当前因社会经济变迁和国家机构改革这双重变化带来的变革需求，在技术方法、思维理念和工作方式上进行相应的调整与完善。重点体现在逐步推进设计治理转型和重新重视产品设计上，以顺应我国规划设计从“图景规划”到“运营规划”，再到“政策规划”和“治理规划”的发展轨迹。城市设计响应要更多地从关注“物”转向真正关注“人”，从通行化的技术手段转向差异化和精细化的设计应对。从“应变”来看，我国城市设计经过近四十年的探索，已经逐步形成四种实施路径：一是设计“产品型”方案并直接用于建设；二是将城市设计核心要点纳入法定规划体系，借助法定规划管控的层层传导作用于城市建设；三是对具体建设方案开展“设计审查”来落实城市设计要求；四是将城市设计规定作为规划许可颁发的依据或土地出让合同条件来加以落实。针对当前新的社会、政治、经济、文化等环境，城市设计需要积极寻找新的制度做法和工作模式来实现思路更开阔、办法更丰富、角色更多元的改革创新，无论是顶层设计、基层创建还是社会动员都是未来努力的重要方向。

【讨论】结合精细化治理的时代背景，谈谈城市设计的发展方向？

（资料来源：整理和改写自唐燕．精细化治理时代的城市设计运作——基于二元思辨 [J]. 城市规划，2020，44（2）：20-26.）

延伸阅读

[1] 珍妮特·V·登哈特，罗伯特·B·登哈特．新公共服务：服务，而不是掌舵 [M]. 3 版．丁煌，译．北京：中国人民大学出版社，2016.

[2] 陈振明，等．公共管理学 [M]. 2 版．北京：中国人民大学出版社，2017.

[3] 赵国俊．电子政务教程 [M]. 3 版．北京：中国人民大学出版社，2015.

附录

课堂教学方法探索

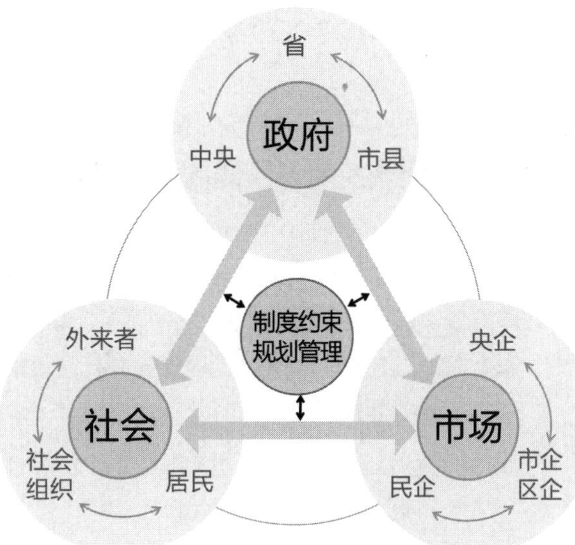

城乡规划管理教学的方法与视野探新
——基于“图绘·制度·实证·案例”的四维综合[①]

唐 燕

摘要：论文以清华大学近期开设的本科生“城乡制度与规划管理”课程的教学探新为例，在总结分析我国城乡规划管理教学中普遍存在的相关问题的基础上，从教学内容、方法与视野创新等方面，搭建起整合“图绘、制度、实证、案例”四个维度具体策略的教学改革做法，并综合评述了将该教学方法应用于城乡规划管理课堂的实际效果与改进方向。

关键词：城乡规划管理；图绘；制度；实证；案例；教学创新

一、背景与缘起：清华大学增设城乡规划本科专业

长期以来，城乡规划在清华大学仅开设有研究生专业，直至2011年，清华大学才批准建筑学院增设城乡规划本科专业，这对于学院完善和深化城乡规划一级学科建设具有重要意义。在本科教育办学过程中，2014年清华城市规划系按照城乡规划学科专业指导委员会要求开设了“城乡制度与规划管理”课程——这门课既要求区别于研究生阶段已有的“城市规划管理与法规”课，又要求借助后发优势，更加前沿和充分地挖掘该学科方向发展的新趋势和新特点，从而实现课程教学上的探索创新。

二、我国城乡规划管理教学的特点和不足：单一固化的法律法规视角

所谓“三分规划，七分管理”，城乡规划管理是城乡规划学科本科教育的重要组成内容，该课程是对当前城乡规划教育过于侧重规划设计技能培养的重要知识拓展和全面能力补充[1]。当前，尽管各高校开设的城乡规划管理类课程在教学内容和教学方法上千差万别，但总体概括起来，我国城乡规划管理的教学视野主要聚焦在以“依法行政”为基础的单一法律法规思维之下，注重对《中华人民共和国城乡规划法》（后

---

① 本文收录和发表于：高等学校城乡规划学科专业指导委员会，内蒙古工业大学.地域·民族·特色——2017中国高等学校城乡规划教育年会论文集[M].北京：中国建筑工业出版社，2017.

简称《城乡规划法》）及其他相关法律法规中关于规划编制、审批、实施和监督等不同阶段内容的规定讲解和条文解释。这一方面造成城乡规划管理课程的内容方向相对固化，在应对新时代城乡规划管理发展的新变化和新需求时常常捉襟见肘，导致城乡规划管理课程的核心内容亟待重构；另一方面，围绕法律法规授课的内容与方式相对单调，在提升课程内容丰富度的基础上，还需重点思考引发和提升学生学习兴趣等的具体方式方法。

三、课程概况：城乡制度与规划管理

清华大学建筑学院的“城乡制度与规划管理”课程开设在本科四年级（毕业班）的秋季学期，为期 8 周（建议依据本教材开展 16 周的教学安排）。为丰富教学内容、激发学生学习兴趣、引导学生的研究与思考，课程采用 20 名左右学生参与的“小班授课”模式，课程内容安排及特色化的“多渠道”教学组织方式见表 1。具体来看，创新性的教学方法与途径探索包括案例分析、实践体验、学生讲台、专家授课、课堂研讨等，而其中最具影响价值和个性化变革的维度有四方面，分别为图绘、制度、实证和案例，也是下文聚焦分析讨论的重点。

四、整合“图绘 · 制度 · 实证 · 案例”四个维度的教学改革探索

在“图绘 · 制度 · 实证 · 案例”四个维度的整合途径中（图 1）：图绘维度主要侧重“方法”，其目的是通过要求同学用“图示”来阐述相关法律条文以达到促进理解和推进交流；制度维度强调教学的“内容”变革，从传统的法律法规视角走向更加广阔的制度领域（包括正式与非正式制度，如住房、交通、用地、户籍、习俗等制度）；实证维度突出的是“实践”，通过推动“高校—政府”协作式教学模式，为学生搭建起体验、见习政府城乡规划管理部门相关工作的实践平台；案例维度关注“思辨”，借助参与式的事例讨论和剖析实现带有“小班教学”和“研论教学”特色的课程讲授。四个维度加以融合形成了“方法—内容—实践—思辨”的综合教学框架体系。

（1）图绘维度：课程挑战性与学生兴趣激发

从清华大学建筑学院的学生状态来看，本科四年级同学由于已经在三年级末完成了推研，因此在学习动力和学习激情上与前三年相比，呈现出比较明显的倦怠趋势。因此，为了激发学生志趣并建构适合本科高班学生特点的授课途径，高年级理论课需要转变传统的“教授讲、学生听”的单向“灌输”模式，通过将课堂交给学生、

课程安排与主要内容（8 周，1 学分，48 学时） 表 1

课次	内容构成与活动安排	“多渠道”教学组织方式
第一讲	概论课：城乡制度、公共行政与城乡规划管理	激发学习兴趣：让学生明确课程的教学组织、教学目标和教学方法、考评方式等；课堂提问与讨论
第二讲	理论＋图绘课：公共行政与《城乡规划法》解读	学生上讲台：学生课前预读下发材料；按照知识板块划定分工，图解讲述选定的法律法规条文
第三讲	理论＋案例课：从城乡规划管理到国土空间规划管理	小班式教学：分析国土空间规划管理建构的新趋势，并借助案例来集体剖析和讨论规划管理从编制、审批、实施到监督过程的权责利、问题处理和工作方法应对
第四讲	理论＋案例课：城乡制度（制度环境，土地、户籍等制度）及其对规划管理的影响	案例式教学：在社会、政治、经济的制度环境下，分析土地、户籍等多元制度与城乡规划的关系及其影响
第五讲	理论＋分析课：城乡制度（国际经验、社区治理等）及其对规划管理的影响	激发学习兴趣：国际视野、多元视角，接轨学科前沿
第六讲	实践课：规划管理部门座谈与工作体验	“高校—政府”协作：了解规划管理部门的组织结构，体验规划管理部门的办公环境与办公方法；了解规划局 / 室 / 处的具体工作内容、工作程序和工作要点
第七讲	专家课：城乡规划管理工作实务（城乡住房制度）	管理部门专家授课：身处管理一线的专家将工作经验带入课堂
第八讲	讨论课：制度分析与课堂陈述	课程挑战性：学生课堂陈述；制度讨论 / 案例分析；终期论文要求点评

（根据最新的国家机构改革变化，在原表基础上略做修改）

增加课程难度与挑战性，以及引入一些形式新颖、内容入胜的新环节来吸引同学的参与并提升其学习热情[2]。因此，“城乡制度与规划管理”的课程改革尝试了多种途径，将它们因地制宜地应用在不同课堂的不同教学片段中，例如：创造学生上讲台做小老师的机会，法律法规条文解读的“图绘”[3]游戏，学生自主选择感兴趣的“城市制度”进行管理影响和成效评述，课堂提问和“圆桌讨论”，角色扮演与利益相关者分析等。

这其中，收获最意想不到效果的是从“看不见”到“看得见”的法律法规条文的“图绘”游戏。上课之前，老师将《城乡规划法》拆分为几个板块，由 2—3 人组成的小组各负责其中的某一板块，通过画图的方式来解读法律条文中的关键信息（图 2），并在课堂上加以展示和讲述，老师和同学可以对图绘的准确性、清晰度等随时提出疑问——这个图绘、问答、思考与讨论的过程，无疑在趣味中帮助全体同学读透读懂了法律的全文。“图绘”法律不仅有效发挥了学生们的画图特长，增加了课堂趣味性，同时让严谨的文字变得轻松易懂，既能督促学生在课下充分自学和做足功课，也便于老师检查学生知识掌握的情况。

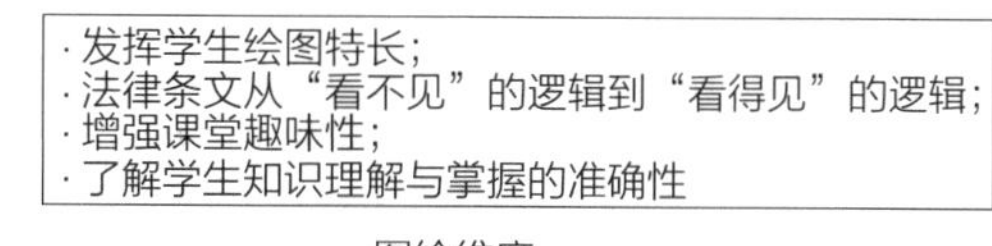

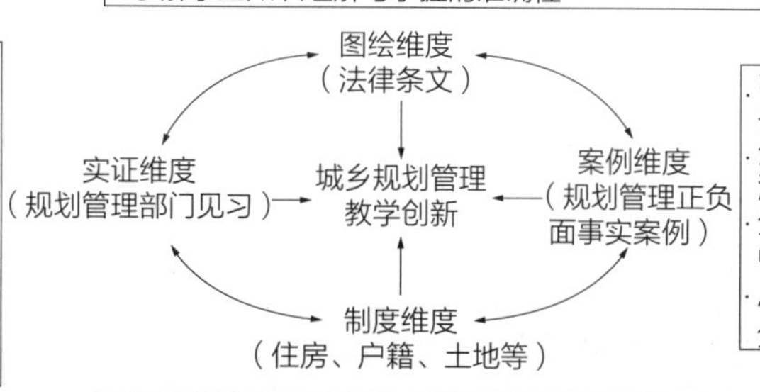

图 1 “图绘 · 制度 · 实证 · 案例”四个维度的教学改革途径整合

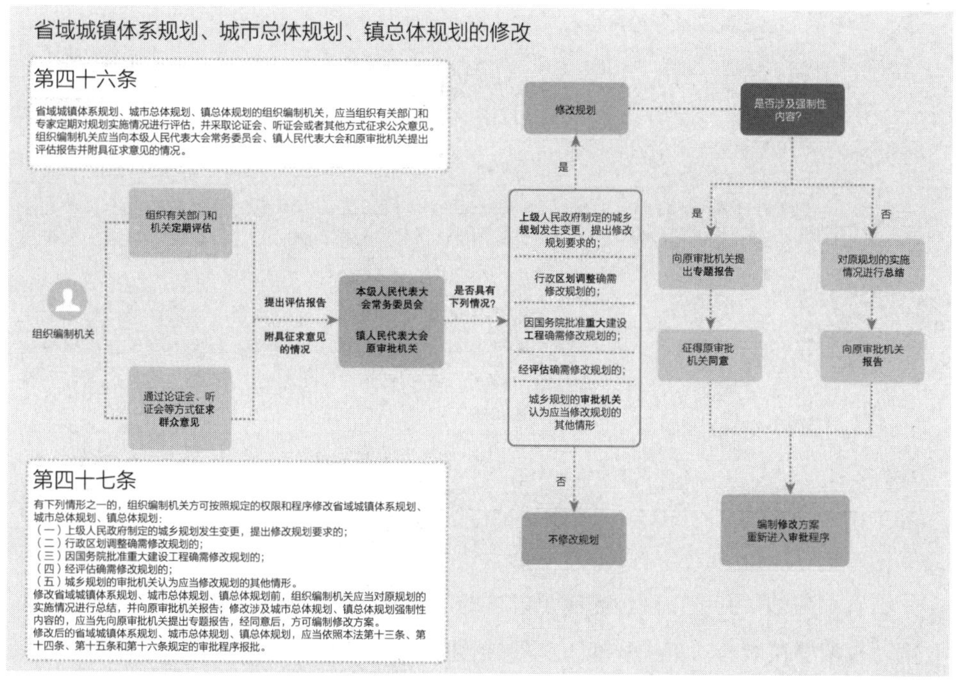

图 2 图绘《城乡规划法》的学生成果示意

（2）制度维度：从“法规”走向“制度”的内容与视野重构

国外城乡规划管理教育的特点因各国城乡规划制度体系的不同而各有差异，教学内容也常常因为归属学科门类和院系的差异而表现出不同特色，如侧重法律法规介绍，城乡规划运作程序、方法和实施评估，管理案例分析，部门实习和参与项目管理等，这些都为学生认识理解城乡规划管理工作或将来成为城乡规划管理者奠定了基础。总体上，国际城乡规划管理教学的特点体现出明显的交叉融合趋势，探讨的范畴已经远远超出传统上的规划本身，公众参与、NGO、区域治理等活动均是其重要的关注和探讨对象。

相比之下，我国的城乡规划管理教育具有明显的视野和内容上的局限性。现有教学主要以《城乡规划法》等为依托，从依法行政的角度讲授有关城乡规划全过程中的法律权限、责任义务、程序设定和监督管理等内容，这显然不能全面反映“规划管理”丰富的学科内涵和日趋多元的研究范畴。因此，课程改革的首要目标就是要重构城市规划的教学内容，使传统的“法规与城乡规划管理”演进到“制度与城乡规划管理”的新阶段，从“管理”走向“治理”，以回应新时代学科发展的需求和趋势（表 2）。

课程内容重构的主要走向 表 2

内容方面	传统城乡规划管理教学	课程教学改革的内容重构
视野尺度	国内视野。基于国内政治、经济、社会背景的我国规划管理体系介绍	国际国内视野，增加对国外城乡规划管理的体系特点、构成方式和主要议题等的讨论，反应城乡规划管理学科发展的最新特点和趋势
内容依托	法律法规解读	以法律法规为核心，拓展到对公共政策、公共行政以及其他非正式制度的解读
体系构成	按照规划的编制、审批、实施和监督等流程来组织内容体系	除讲解法律法规设定的城乡规划管理内容之外，增补不同城乡规划制度对城乡规划管理的作用和影响，包括土地二元制度、户籍制度、住房制度等
研究对象	政府和行政管理对象	除了传统意义上的政府及行政管理对象以外，从更大范围考察公众、非政府组织、社区自治团体等对规划管理的作用，突破“管理”思维，走向基于多元主体和网络建构的“治理”途径
内容展示	分章节的基本知识体系汇总	在基本知识体系的框架下，引入“案例式”教学模块，增加城乡规划管理的案例评述、思考题、讨论议题等

课程聚焦的“制度”远远超越了以往的法律法规讲授范畴，既包括以法律法规、政策、规章等在内的“正式制度”，也包括惯常做法、道德习俗、行为准则等“非正式制度”，涉及的对象除了政府与常规管理客体之外，还包括公众、非政府组织等更为多元的群体，从而顺应国内外规划管理的发展方向。除了引入制度探讨重构授课内容以外，课程还要求学生最终需提交一篇基于管理维度的城乡制度分析论文，从而推动学生逐步建立起独立研究和分析思考的基本能力。2016 年学生提交的最终论文选题见表 3，内容涉及规划实施运作制度、住房制度、公众参与制度、户籍制度、社区治理、公共交通管理制度、农村土地管理制度等诸多领域，而新制度经济学的交易成本、产权理论、委托—代理关系等往往成为他们研究的有力分析工具。

学生结课论文的城乡制度分析选题（2016年） 表3

选题方向	结课论文题目
公共交通管理制度	德国停车政策与管理制度分析
	公共交通制度及其分析
农村土地管理制度	农村经营性建设用地入市制度的发展历程与实践
	农村经营性集体用地准入及交易机制浅探
	农村土地制度与农业生产效率探究
城市用地管理制度	白地规划土地管理
城市更新制度	集体的博弈：我国历史街区保护更新制度概述与思考
	中国台湾容积率转移制度三十年
住房制度	中国住房公积金制度研究
	新加坡组屋制度
	中国香港居屋制度研究
	公共租赁住房制度的梳理研究
公众参与制度	NGO在城市规划公众参与中的发展研究
	城市规划中的公众参与制度在社区中的实践分析
	城市规划公众参与制度分析——以德国为例
户籍制度	户籍制度改革与城市规划管理
社区治理	中国城市社区治理制度变革历程及发展方向研究
规划实施运作制度	PPP模式在中国

（3）实证维度：探索“高校—政府”协作式教学模式

课程教学与北京市规划管理部门——“北京市规划和国土资源管理委员会”（机构改革后组建“北京市规划和自然资源委员会”）紧密合作，共同探索依托教育平台的“高校—政府”协作教学新模式。合作内容主要包括：邀请工作在一线的规划管理工作者（主要来自规划处、建管处和用地处）进行专题性的课堂授课；引导同学参观规划管理部门并进行现场座谈，帮助学生了解规划管理部门的工作环境、部门设置、工作内容、工作程序和面临的挑战等；指导学生深入工作一线开展城乡规划管理的“临床”体验实习，特别是亲身体验建管处“一书两证”的发放和办理流程（图3）。

带领学生走出课堂，建构理论与实践之间的桥梁搭接，这一方式让学生在实证参与中对城乡规划管理有了更为直观的感受和体验：一方面，身处管理一线的政府工作人员与专家的工作经验被带入课堂；另一方面，学生借助规划管理部门的见习经历，亲身体验了规划管理工作的实际运作状况，深化了对规划管理工作的理解和认识（图4）。

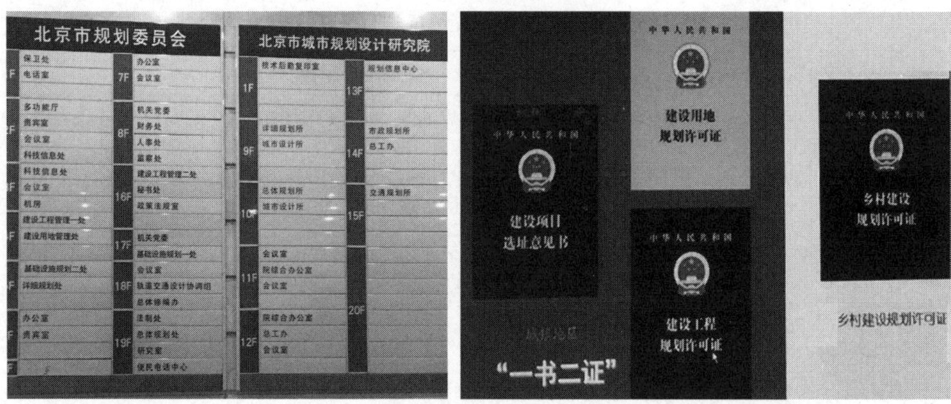

图 3　北京规划委员会的机构设置与城乡规划管理中的“一书两证”

图 4　学生在政府规划管理部门的实习、参观、座谈与工作讨论

（4）案例维度：案例式教学的组织与讨论

源自哈佛大学情景案例教学课的“案例式教学”在国外高校教育中已被广泛使用，其形式并非简单讲授式的案例分析，而是全方位调动学生讨论与思考的参与式教学模式，这种模式在我国的城乡规划管理教学中值得进一步推广与应用[4]。以具体的情境为媒介，案例式教学可以将隐性的知识外显，或将显性的知识内化，从而提高学生分析问题与解决问题的综合能力[5]。通常，案例教学的难点在于两个方面，一是如何选取最具教学价值的例子，例子要贴切恰当、具有吸引力，并易于理解；二是如何利用案例组织好课堂上的参与进程和讨论总结，这对教师的授课过程设计与全局掌握能力提出了很高的要求。

因此，在课程改革探索进程中，我们以任课教师曾参与编制的全国干部培训教材《城乡规划与管理（科学发展主题案例）》[6]（2011）为依托，仔细甄选出富有代表性和讨论价值的城乡规划管理的正面或负面案例用于教学，例如“杭州望江门热电厂项目停建一举多赢（图 5）”“从采煤塌陷区到生态新城”“要殷墟还是要高炉？”“爆破‘地产之冠’为长江让路”等生动事例。教学安排上，课程要求学生提

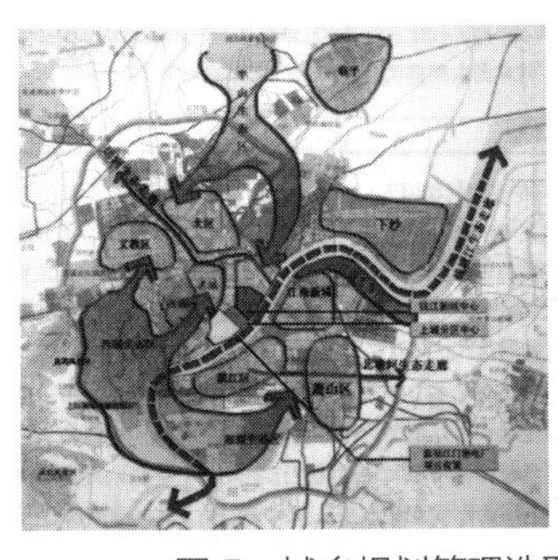

图 5　城乡规划管理选取的相关分析案例：杭州望江门热电厂项目停建一举多赢
（左图标注望江门热电厂选址，右图为可能因热电厂建设而破坏景观的西湖美景）

前预读案例，老师通过适时、适度的提问与过程引导，组织学生参与到课堂案例研讨、分组辩论、头脑风暴和结论陈述等环节中，以此展现小班教学的个体交流与深入思辨特色。

五、结论

综上所述，“图绘 + 制度 + 实证 + 案例”四个维度的综合改革途径给“城乡制度与规划管理”课程带来了全新改观，课堂内容更加多元充实、授课方式生动有趣，学生的参与也更加积极主动，研究性和思辨性得以不断强化。再进一步对比这四个维度各自发挥的具体课堂成效，可以发现以下结论——这些也是教学探新需要继续坚持或者逐步提升的方向：

（1）图绘法律法规的做法简单易行，在帮助同学理解法律条文以及检查同学认知正误等方面具有明显推动作用；

（2）制度维度的引入突破了传统法律法规视角的狭窄领域，极大程度地丰富了授课内容，并因此全面提升了规划管理思考方法的宽度和广度；

（3）实证维度下的“高校—政府”协作式教学的潜力值得进一步挖掘，未来需不断探索跟进。当前受制于课程 8 周授课时间的限制，“高校—政府”合作关系主要还停留在参观、走访、座谈、见习等短时期、片段式的行为；

（4）案例式教学不仅活跃了课堂气氛，还让隐形和显性的知识点变得生动而易于理解，给学生提供了真实可感的学习“情景”。案例维度的探新成功与否很大程度上取决于例子选择的得当，以及教师在组织学生参与式讨论中的整体掌控能力。

总体上，教学活动常常是多种技术手段的综合应用，刻意推行某种教学模式并不是我们追求的根本。因此，教学成功的关键在于教师能够针对各个教学断面采用最为合适的方法体系，并且不留痕迹、融会贯通、自然而然地将这些方法整合在一起，做到自由切换与应用自如，以达到最好的教学效果。

参考文献

[1] 熊国平 . 城市规划管理与法规的案例教学研究与实践 [J]. 华中建筑，2010，28（12）：180–182.

[2] 张磊，王紫辰 . 由多样走向规范——北美城市规划理论教学趋势分析 [J]. 城市规划学刊，2012（2）：67–72.

[3] 韦亚平，董翊明 . 美国城市规划教育的体系组织——我们可以借鉴什么 [J]. 国际城市规划，2011，26（2）：106–110.

[4] 张慎娟，曹世臻，邓春凤 . 基于网络教学平台的多维互动教学体系探索与实践——以城乡规划管理与法规课程为例 [J]. 高等建筑教育，2016，25（5）：176–181.

[5] 齐慧峰 . 城市规划专业中的公众参与教育——基于一次模拟讨论会的教学思考 [J]. 城市规划，2011，35（9）：74–77+82.

[6] 全国干部培训教材编审指导委员会 . 城乡规划与管理（科学发展主题案例）[M]. 北京：人民出版社，党建读物出版社，2011.